Earth*rise* 地出

How Man First Saw the Earth

人类初次看见完整地球

[英国] 罗伯特 · 普尔 著

吴季 许永建 译

译林出版社

中文版序言

非常荣幸向广大中国读者介绍新版《地出：人类初次看见完整地球》。借此机会，我想简单介绍一下本书的写作背景、内容特色，以及新版变动。

首先需要说明的是：我是一位历史学家，本书是一部历史著作。无论未来如何发展，第一个太空时代跨越的1957年至1972年已成为历史。那也是我的少年时代。1968年，十一岁的我正痴迷于科幻小说。那年夏天，我去看了最新上映的电影——《2001：太空奥德赛》[1]。令我难忘的是电影结束时的画面：人类从太空俯瞰整个地球，就像几个月后阿波罗8号宇航员们实际所做的那样。这个电影结局让人颇费思量，但也让人感觉意义重大。此后几个月，太空计划中关于月球探测的消息时常登上新闻版面，科幻作家们预言的未来似乎提前到来了。我没有成为宇航员或天文学家，而是成为一名历史学家，专攻远比太空时代更加遥远的历史主题。然而，在职业生涯中期，像很多历史学家一样，由于职业使然，我对自己出生时的世界产生了好奇。有人认为，在人类首次载人探月任务（阿波罗8号）中，地球从月球月平线上升起的景象让宇航员们倍感意外，而这样一种说法触及我的兴趣点。《2001：太空奥德赛》的导演斯坦利·库布里克预见了这一幕。那么美国国家航空航天局（NASA）训练有素的宇航员们是否真的太专注于月球，而几乎忘了回望地球？著名的“地出”照片只不过是一张匆忙间抓拍的照片吗？

不久后，我发现阿波罗计划的档案仍然保存在得克萨斯的约翰逊航天中心——著名的休斯敦任务控制中心就坐落在那里。几周后，我走进了约翰逊航天中心的大门，经过了保存完好的土星5号火箭和NASA宇航员训练设施，来到了园区边上的档案室。档案室外面，鹿儿正在觅食。档案室里，按任务次序

1 《2001：太空奥德赛》，又译《2001：太空漫游》，是由斯坦利·库布里克执导，根据科幻小说家亚瑟·克拉克的小说改编的美国科幻电影，于1968年上映，被誉为“现代科幻电影技术的里程碑”。影片当年获最佳美术指导、最佳导演、最佳编剧、最佳视觉效果等四项奥斯卡奖提名，最终获最佳视觉效果奖，并获英国电影学院奖最佳摄影、最佳音响、最佳美工三项大奖。

排列的阿波罗计划档案记录都装在硬纸盒中，整齐地摆放在开放式的书架上。接下来几天，我电话采访了前阿波罗计划摄影总监、才华横溢的理查德·安德伍德，并根据档案室第一手资料在脑海中再现了整个阿波罗8号任务。后来，我又去了华盛顿特区，查阅了美国国家航空航天局、美国国家航空航天博物馆、美国历史博物馆和国会图书馆的馆藏。几位航天历史学专家还慷慨地给我提出了建议。回到英国曼彻斯特大学图书馆，我找到了一些老的月球地图——因为曼彻斯特大学拥有射电天文学项目，该图书馆收录了所有NASA的出版物。我真的不得不吹掉这些地图上的尘土——阿波罗计划确实已经成为历史。《地出：人类初次看见完整地球》第一版由耶鲁大学出版社于2008年出版，适逢阿波罗8号任务四十周年。

这本专著受到了太空爱好者和环保主义者的好评，而好评的原因不尽相同。对这两个领域都感兴趣的一些人尤其欣赏这本书。让他们和我同样兴味盎然的是，阿波罗计划载人任务实施阶段（1968—1972）也是环保运动的发起时期，而首批从太空拍摄的地球照片与环保运动有关。我原本计划用一章的篇幅介绍太空视角对地球的影响，但最终扩展成三章，分别介绍了宇航员视角（第六章）、反主流文化（第七章）和詹姆斯·洛夫洛克的盖亚假说（第九章）。洛夫洛克的颠覆性假说受到了从太空看地球的启发，假说认为地球的生命系统有助于调节气候。这本书的核心主题可以归纳为最后一章的标题：发现地球。自此，本书中以地球为中心的概念得到了进一步的发展。

中文版《地出：人类初次看见完整地球》有两个主要变动。第一个变动是插图变成了彩色。出于印刷成本的考虑，第一版中的图片均为令人失望的黑白形式（封面除外）。因此我很高兴译林出版社能够以彩色形式呈现这些图片。在新版中，我又增加了图片的数量，因为很多图片只有彩色印刷才有感染力。第二个变动是新增了一章——冷战与蓝色行星。我本人在曼彻斯特大学科学、技术和医学史中心打下了成为科学史专家的基础，并参加2011年全球科学史大会。该中心的西蒙娜·图尔凯蒂和同事们于2012年组织了一次“冷战与蓝色行星”研讨会，新增章节的标题源自这次会议。2012年的会议吸引了研究冷战时期地球科学大发展的学者，当时的大型项目（通常与军事相关）聚焦从全球视角了解地球自然系统，包括大气、海洋、构造板块、磁场、放射性以及生物量，而系统科学的语言将这些全球系统联系了起来。我为出版的会议论文集贡献了一篇文章，题为“什么使地球成为一个整体”。这篇文章经过修订，成为本书的新章节。我还借此机会删掉了一些重复和冗余的文字，因此新版体量和第一版相当，但是我希望品质获得了提升。

历史学家撰写的太空计划研究文章有什么不同之处呢？答案很简单：历史背景。这里的“历史背景”是敏锐地理解围绕研究主题所发生的事情。历史学家通常需要精通某一专业领域以便理解他们的研究课题，比如战争、社会、文化、自然或科学。他们选择的侧重点可能与学科专家不同，但研究方案必须具有可操作性，并力图准确。把专业研究内容生动地介绍给大众读者需要历史背景意识，尤其是意识到时间维度的变化。将完整地球放入历史背景中去考察可能看起来过于雄心勃勃，那么请允许我来解释一下我的思路。

空间和时间是历史背景的两个主要元素。自从哥白尼以来，人们已经认识到地球是宇宙中的一个天体。随着人们宇宙知识的扩展，地球看起来已不再处于宇宙的中心位置，不那么特别，也不那么独一无二。太空旅行的铁杆粉丝认为地球是可以远离的童年家园。但在我有生之年，人类能实现的可能只有实地从太空看地球。从地面看，大气似乎是无限外展的；从地球之外回望，大气是一层薄薄的膜。人类旅行者离开地球，看到地球在太空中的样子，并向其他人传达这一视角，这无疑代表了一个重要的历史时刻。出人意料的是，回望地球使家园地球看起来更特殊：孤独、独特，甚至可能是独一无二的。肉眼可见，飘浮在太空中的地球包裹在其自带的大气层内。我们现在更倾向于把地球看作是生命系统和非生命系统的组合，具有某种内部调节能力。这种理解是现代行星科学、环境科学和环保主义的核心。

从时间维度看，地球也有背景。我们看到的地球不是永恒不变的（不同于宗教原教旨主义者和气候变化否认者的主张），而是处于其生命周期某个阶段，一些变化正在上演。这种变化不仅体现在地质时间上，还体现在历史时间上，因为最大的变化仅出现在地球生命周期的一小段时间内。而在这一小段时间里，智人这种最具侵略性的物种占据了地球。他们首次探索离开行星家园还是新近发生的事，但地球同时正处于其地质历史的拐点。我们仅用几代人的时间，就开发了数亿年来稳定沉积在地表下的大量碳和甲烷，这有助于在太阳辐射稳步增加的同时调节大气温度。毫不意外，这改变了大气和海洋的成分和温度，影响了我们当前的文明模式和生命的长期演化。曾有高端辩论讨论过是否给这个短暂的时期起一个既有历史意义又有地质意义的名字（即人类世）。

在本书第一版中，我指出1972年阿波罗任务最后一次拍摄让人叹服的“蓝色弹珠”完整地球照片已成为历史照片。它看起来是永恒的——事实上，阿波罗8号的指挥官弗兰克·博尔曼认为，“这是上帝所看到的东西”。但我推测，如果再次拍摄类似照片，照片将有所不同：冰盖将会缩小，绿色地区会变成棕色，甚至天气系统可能也会有所不同。现在我们有了这样的照片，而时间上距离“蓝色弹珠”照片已有五十多年了。这张照片清晰地显示了气候变化如何影响了处于危险中的、遭到侵蚀的家园行星。

那时，发现地球是令人振奋的，但如今这种兴奋已大打折扣。然而，这个发现的故事仍然启迪人的心智，而且故事仍在继续。这又让人有了某种希望，面对全球变暖可能失控的局面，人类也许还能力挽狂澜，控制住气候变化，保护好我们的行星家园。

罗伯特·普尔

2024年夏，于曼彻斯特

译者序

2019年7月20日是阿波罗11号宇航员登上月球五十周年纪念日。那一天，很多人都开始思考：为什么五十年过去了，人类太空探索的脚步却始终停留在距离地球表面仅400公里的近地轨道上，没有再向更远再迈出一步。

为了解答这个问题，我也是从那一天起，开始在网上检索并阅读各种关于阿波罗计划的书籍。除了陈述事实的各种资料，一个不断出现的英文词引起了我的注意，那就是“Earthrise”。如果你查阅比较老一点儿的英文字典，是查不到这个词的，甚至1979年上海译文出版社出版的《新英汉词典》也没有收录。从字面意思来看，“Earthrise”就是“地出”的意思。它是阿波罗8号宇航员在绕月球飞行时，无意中看到并用彩色相机拍摄下来的景象。这张照片的名字就是“地出”：蔚蓝色的地球从灰色的月球表面升起。然而，大量文献表明，Earthrise的意义远不止于此。它甚至成为人类文明发展进程的一个转折点，是人类对地球环境和自身的顿悟。本书正是深入探讨这个问题的专著。

在宇宙中，银河系也许并不特殊，而类似太阳系的恒星系在银河系中也有数以百亿甚至千亿之多。但我们生存的地球，在太阳系中却是那么特殊。在黑暗的太空之中，地球凸显着自己的蔚蓝色，上面飘浮着洁白的云层，生机盎然。而在地球上生存的数以亿计的不同的生命中，唯有人类这个物种，以其独特的自我意识和智慧，成为生命之王，在地球之上特立独行。但是人类直到离开了地球家园，来到太空之中，才完全意识到自身的处境和存在的意义。正如唐代诗人李白所言：“不识庐山真面目，只缘身在此山中。”

《地出：人类初次看见完整地球》正是陈述这一事实，研究这个历史进程的好书。刚拍摄的地出照片给人类带来了前所未有的震撼，五十多年过去了，世易时移，我们再来研究它所带来的影响，一定会更加全面、更加深刻。作者罗伯特·普尔是一位严肃的科学史研究者，本书是他在曼彻斯特大学历史系担任访问学者期间的主要成果。当他三年前得知我们要将*Earthrise*译成中文时，他决定再次审视这个题目，加入了人类关于太空及对地球环境的新思考，并重新出版。目前的中译本，正是基于他2023年的新版而翻译的，不但具有历史参考价值，也具有现实参考意义。

正如本书所表述的，人类自20世纪中叶进入太空，特别是阿波罗计划的二十四位宇航员从远离地球的外太空带给人类的新视角（以地出照片为代表），是人类文明发展过程中的一个重要里程碑。它不仅仅是象征人类走出地球的重要事件，更为重要的是，它使人类在回望地球时对自身产生了新的认识，使人类在文化甚至哲学层面上产生了顿悟。自从哥白尼之后，尽管从太空中回望地球可以通过想象来实现，但是通过真实的、人类自己的双眼回望，必定会与想象有很大的不同。这就是地出及其之后的一系列照片所带来的影响。

本书所述的历史和思考，是人类的思考，但也仅仅是西方社会，甚至是英语文化圈内的思考。它确实代表了人类的思考，但也许并不是全部。中国正在实施我们自己的载人登月计划。在不远的将来，中国人将再度代表人类，从距离地球38万公里之遥的月球上回望我们的蓝色家园。这不仅象征着中华民族的伟大复兴，更代表着拥有五千年悠久文化传统的中国人，以人类一员的身份，书写下新的历史。我们的登月航天员会想到什么，会如何表述中国人的思考，这必将是对人类文明发展的一个重要补充。

在人类刚刚发射第一颗人造地球卫星后不久，毛泽东主席于1958年在《七律二首·送瘟神》中写道："坐地日行八万里，巡天遥看一千河。"这无疑展示了中国人的宽广视野和深厚的文化底蕴。然而，这仍然是基于环绕地球的近地轨道的畅想。当我们真正来到月球上，手挽嫦娥，玉兔驾车，并把地球作为一颗完整的行星回望的时候，地球家园将具体呈现为人类命运的共同体，中国人的声音将再次唤醒人类对和平、共荣和责任的意识。为此，我们应该做好准备，了解五十年来地出照片及其影响给人类带来的变化。可见将本书翻译出版，介绍给国人，特别是我们的登月航天员，应是正当其时。

在此，我要感谢译林出版社，特别是吴莹莹编辑和侯擎昊编辑，对译稿进行了全面认真的审阅，并提出了具体的修改建议。我要感谢合译者许永建在文字上的推敲，使这部翻译作品能够更贴近原文的精髓。我也要感谢未来事务管理局的姬少亭，正是她向译林出版社的推荐，使本书的付梓成为可能。最后，我要感谢目前已从英国中央兰开夏大学退休的历史学教授罗伯特·普尔对中译版的支持和鼓励，以及他为中译版专门付出的努力。

如果本书能给中文读者带来与原文读者一样的震撼和思考，译者的任务目标就完成了。

吴　季

2024年6月10日　端午节

目　录

第一章

地出：人类第一次亲眼目睹地球升起

1968年圣诞前夜，三名美国宇航员到达月球轨道，他们是弗兰克·博尔曼、詹姆斯·洛弗尔和比尔·安德斯。联合国立即宣布阿波罗8号乘组是“人类派往外太空的使者”，同时他们也是人类探索未知的眼睛[1]。阿波罗8号乘组创造了多个第一：第一次飞离地球轨道，第一次看到整个地球，第一次看到月球背面，但最具冲击力的体验还在等着他们。环绕月球的前三圈，他们通过指令舱的小窗向下仔细观察月球表面，并忙于任务规定的各种检查和观测，任务日程满满当当，这让乘组无暇顾及任务之外的东西。

就在绕月的第四圈，当飞船就要从月球背面飞出来时，有意思的事情发生了。那时，乘组仍然无法通过无线电联系地面，但是飞船上的录音机记录下了他们的兴奋之情。

> 安德斯：哦，天哪！快看那儿的景象！地球升起来了。哇，真漂亮！
> 博尔曼：嘿，别拍照，日程上可没有这个安排。
> 安德斯：（笑）吉姆（即詹姆斯），你有彩色胶卷吗？快把那卷彩色胶卷递

图1.1　人类第一次目睹地出，1968年12月24日

图片来源：美国国家航空航天局AS814-2383

给我，快点！

洛弗尔：哦，天哪，太棒了！

安德斯：快，快点……

洛弗尔：多拍几张！给，快给我……

安德斯：冷静点，洛弗尔。[2]

阿波罗8号乘组亲眼看到了地球升起。任务指令长弗兰克·博尔曼后来回忆说：

地球在月球月平线上升起的那一刻，我碰巧朝窗外瞥了一眼。这一眼看到了我平生见过的最美丽、最令我心动的一幕，那一刻内心的怀旧之情和纯粹的思乡之情如泉涌一般。地球的颜色在太空中是独一无二的，因为其他的物体要么是黑色的，要么是白色的。[3]

博尔曼后来评论道，“从那样远的距离看地球，激烈的民族主义利益、饥荒、战争、瘟疫都消失了。人类变成了飘浮在太空中的一大块土地、水、空气和云。从月球轨道上看，地球真的是‘一个世界’”。詹姆斯·洛弗尔解释道，“在月球轨道上看到的是一个黑白的世界，没有其他颜色。不管我们望向哪里，整个宇宙中的一抹彩色来自我们的地球……地球是宇宙中最美丽的天体。地球上的人可没有意识到自己竟然坐拥最美丽的地球”。[4] 比尔·安德斯回忆起“地出”那一刻是如何震惊到“这些坚毅的试飞员”的：

> 在地球上，我们所有的时间都花在了对月球开展研究的训练上，以及如何到达月球——这种训练是以月球为导向的。然而，当我抬头看到地球从漆黑一片、满目疮痍的月平线升起时，我马上意识到我们克服艰难到达月球，看到的最壮观的东西就是我们的行星地球，我们的家园，也是太空中唯一的一抹彩色，她看上去是如此脆弱，又如此微妙。

二十年后，安德斯接受记者采访时说，尽管自己现在只是偶尔想起那些任务场景，但是“当我想到阿波罗8号时，我脑海里真正浮现的是地球。这让我也很意外，其实我们的任务并没有把地球考虑进去”。[5]

事实上，有远见的思想家们已经开始思考从地球之外看地球会是什么样子。英国天文学家弗雷德·霍伊尔就是其中之一，他于1950年出版了当时的顶级畅销书《宇宙的本质》。被制作成英国广播公司（BBC）收音频道的系列课程之后，该书的内容已经为大批听众所知。听众们听霍伊尔预言道：“一旦看到了从地球之外拍摄的地球照片，从情感上说，我们就获得了另外一个维度。”随后，他把自己的思想解释为：

> 无论人的国籍或信仰如何，一旦人们清楚地知道地球是完全孤立的，那么就会产生在历史上影响力难出其右的新思想。我认为这种并不遥远的新思想发展很可能是向好的，因为它一定会越来越多地暴露民族主义纷争的徒劳。新宇宙论可能会以这种方式影响整个社会的组织。[6]

这个系列谈话节目于1950年冬季播出，并获得了BBC第三栏目所有系列节目中最高的听众评分；听众表示他们“被这些宏观概念所吸引，并感到震撼，霍伊尔友好的约克郡口音‘优雅简洁’地呈现了这些概念”。这些谈话节目在夏季的家庭服务节目中也取得了类似的成功，并成为企鹅出版社的常年畅销书，也成为一代英国人的宇宙学标准入门材料。[7]

1970年初，在“地出”和人类登月之后，霍伊尔可以对自己的预言进行反思了。他在一次月球科学会议的餐后演讲中说：“现在，我们有了这样一张照片，我一直在想，这个旧预言是如何成立的。是否有新的想法产生？当然有。”环保运动最近兴起，并开始把地球作为一种标志，但偏重技术的霍伊尔对此并不以为然。

> 你们会注意到，突然之间，每个人都开始郑重其事地关注自然环境保护。这种想法从何而来？可以说是来自生物学家、自然保护主义者和生态学家。但是，他们现在说的话和多年前说的话是一样的。在此之前，他们从未站稳脚跟。新近发生的事情让全世界都意识到，我们的星球独一无二，且无比珍贵。在我看来，这种意识恰恰应该产生在人类向太空迈出第一步的当口，这绝非巧合。[8]

在这里，霍伊尔的出发点是严格从技术的角度看待整个地球的照片，而不是从环境保护角度（他是坚决的反环境主义者，后来他指责地球之友组织是代表“他们的俄国主子”来剥夺西方的能源权利）。[9]霍伊尔认为，太空计划使普通公民认识到地球是太阳系中的一个天体，从而科学而客观地认识到地球在宇宙中的位置。霍伊尔的“地出”是出于技术视角，而非生态视角。

霍伊尔观点的不寻常之处在于，他相信从天文视角来看，地球会显得更加重要和珍贵。大多数20世纪的技术预言家都认为情况恰恰相反：当从宇宙视角看地球时，地球会因距离的增加而变得渺小，沦为平凡的东西。哥白尼原则认为地球并没有特别之处，长期以来这一直是科学信仰的一部分。自从16世纪确定了太阳（而不是地球）是太阳系的中心以来，可观测宇宙的范围一直在扩张。到了20世纪中期，人们普遍认为人类未来的前沿在太空，地球只是发射塔架，而不是目的地。太空旅行的支持者经常引用具有远见卓识的俄罗斯航天先驱康斯坦丁·齐奥尔科夫斯基（1857—1935）的话："地球是人类的摇篮，但人类不能永远生活在摇篮里。"[1][10]这一重要的激进思想主导了1950年代和1960年代人们对太空的思考，这些思想当时因被视为理所当然而遭忽视，因此直到最近才被命名为天体未来主义。这种通过推测性科学作品和科幻小说传播的思想影响了所有政治派别，从左派到右派都能找到它的身影。一些杰出人物在上述思想传播的两个领域内都获得了很高的声誉：阿瑟·克拉克、艾萨克·阿西莫夫，以及弗雷德·霍伊尔本人。一代又一代的火箭先驱和空间科学家，在青年时期都从科幻小说中获得过灵感，有些人后来还写起了科幻小说，其中包括纳粹德国的火箭专家沃纳·冯·布劳恩[2]和倾向社会自由的天文学家卡尔·萨根。[11]

1945年，在德国被救出的沃纳·冯·布劳恩和他的V–2火箭成为美国导弹计划的基础。由于证明了自己非常善于宣传太空旅行，在被政治隔离一段时间后，冯·布劳恩最终获释。他头脑足够灵活，大胆地预测苏联导弹可能部署在地球轨道甚至月球上，以此来提醒美国的将军们："想控制地球就必须控制环绕地球的太空。"此外，他愉快地和富有影响力的媒体机构合作，如和《科利尔杂志》[3]的出版商以及迪士尼合作出版或制作了系列文章、图书、电视纪录片，甚至还建设了一个主题公园，这些传播方式的设计都使得太空看起来非常真实。"今天读到的，明天就能实现！"一家科幻杂志打出了这样的宣传标语。说教式的冒险电影，如《月球目的地》和《征服太空》，与科幻小说和科普作品的激增同频共振，强化了"太空旅行不可避免"的概念。[12]冯·布劳恩曾说，"人类已经把鼻子伸入了太空，就不可能再把鼻子收回去……不可能有结束的想法"。后来，美国国家航空航天局的一位局长也认同这个观点，"我们已经在

1 英文原文为：The Earth is man's cradle, but one cannot live in the cradle forever。——译注，后同

2 沃纳·马格努斯·马克西米利安·冯·布劳恩（1912—1977），出生于德国东普鲁士维尔西茨，德国火箭专家，20世纪航天事业的先驱之一。曾是著名的V–2火箭的总设计师。纳粹战败后，美国将他和他的设计小组带到美国。移居美国后任美国国家航空航天局空间研究开发项目的主设计师，主持设计了用于阿波罗载人计划的运载火箭土星5号。

3 20世纪50年代，沃纳·冯·布劳恩在《科利尔杂志》上阐述了他对"带翅膀的火箭"的设想。

宇宙的大海中起航。已经不能回头”。[13] 就像进步一样，太空旅行只有一个方向：前进。

天体未来主义所体现的独一无二的美国特色来源于“边疆神话”——美国社会的核心价值和社会成就是在向西扩张过程中碰到的源源不断的挑战中铸就的。[14] 东部持续向西扩张是为了寻找生存空间，德国的对外侵略也是基于同样的想法[1]，在欧洲发生的所谓寻找生存空间的运动被第二次世界大战成功阻止和打断。欧洲和美国的不安分精神到哪里去找施展空间呢？在沃纳·冯·布劳恩的帮助下，答案变得很明显：生存空间在太空中。

这不是传统的政治游说，而是一项长期的文化工程，旨在使公众相信人类的未来在太空，而且未来已来。只有这样，纳税人和国会才有可能为四面开花的航天计划提供所需的联邦资金。1949年，只有百分之十五的美国人预计五十年内能够实现登月。到1960年，也就是肯尼迪总统做出“十年内登月”这一著名承诺的前一年，超过一半的美国公民已经预期十年内能够实现登月。[15] 太空旅行甚至在实际发生之前就已经变得非常真实了。因此，1962年上映的采用三屏立体播放的史诗片《西部开拓史》[2]是早期太空时代最受欢迎的电影之一就不足为奇了。后来，罗纳德·里根总统这样评论，“空间，就像自由一样，是无限的、永无止境的边疆，在那里我们的公民可以证明他们确实是具备美国精神的美国人”。[16] 这种引人注目的言论转移了人们对庞大的星球大战计划的注意力，而聚焦导弹技术和导弹监视的星球大战计划与太空计划并驾齐驱。然而，载人航天并不是唯一的副产品；另一个副产品是全球范围内的环境科学研究——它将与太空计划带来的地球照片一起，创造出行星级别的新知。

作为训练有素的技术专家和职业科学作者，英国科幻小说家阿瑟·克拉克引领了对太空计划的公开支持。1946年听了一场历史学家阿诺德·汤因比题为“世界的统一”的演讲之后，克拉克成为“大历史”的支持者。当时，汤因比

---

1 纳粹分子提出的生存空间是指国土以外可控制的领土和属地。

2 《西部开拓史》是一部史诗西部片。影片讲述一家三代从1839年到1889年之间的艰难曲折的西部迁徙经历：他们从纽约出发，经历了内战、淘金热，路遇印第安人和西南部的流放者，经历各种艰难险阻，终于到达西部，并联合其他开拓者在平原上修建了铁路，把法律与正义也带到了边疆。全片包括五个部分：《急流》、《平原》、《非法之徒》、《南北战争》和《铁路》。

正在撰写大部头《世界史》。汤因比描述了文明兴衰的循环往复：受战争和停滞困扰的旧文明受到挑战，并最终被文明内部大胆而富有创造力的少数民族所取代。克拉克对此深以为然。“在我看来，当太空时代开启时，我们将会给出这样一个典型例子。”他写道，“毫无疑问，这是我们的行星地球上生命所面临的、目前最大的物理挑战，这些生命在远古时代从海洋上岸，进入不利于生存的环境，占领干旱的、太阳炙烤的土地。”1946年10月，克拉克接着在英国星际协会发表了题为“宇宙飞船的挑战”的演讲，指出行星际旅行是现在唯一与文明兼容的“帝国征服”形式。没有它，人类的思想会被迫在行星鱼缸中永远绕圈，并最终停滞不前。[17]

二战后，克拉克将自己定位为太空时代的预言家，并对太空旅行可能带来的文化和心理变化有了更多的认识。未来的科幻作家本·波瓦当时还是一名科学家。1962年，他写信给《哈珀杂志》，为克拉克辩护，当时克拉克被指责为“技术傲慢”。波瓦反问道：“你有没有试想过，对月球上的一对恋人来说，看到地球会多么令人激动？”NASA非常了解克拉克的工作，偶尔会向他咨询载人航天公共关系方面的问题（尽管克拉克似乎认为他是NASA整个航天计划的顾问）。在阿波罗计划的早期，他会见了NASA载人航天的负责人乔治·穆勒。穆勒曾记录道：“在月球任务中，克拉克先生建议宇航员以星球视角来拍摄地球。”两年后，当NASA正在寻找一个能够盖过苏联首次太空行走风头的公开壮举时，他再次提出了这个建议。[18]

克拉克因与斯坦利·库布里克合作拍摄电影《2001：太空奥德赛》而声名大噪，该片于1968年春季上映。这部代表了技术未来主义终极宣言的影片最初被命名为“太阳系是如何被击败的”。其现实主义是通过与实际太空计划的紧密结合实现的。电影邀请NASA的设计师哈里·兰格和外部顾问弗雷德里克·奥德韦加入特效团队，这使得该片呈现出现实主义风格。在载人航天计划暂停的两年间，这部电影满足了公众对太空旅行的向往。作为有史以来成本最高的电影（截至该片上映时），其先进的特效以及太空计划缩影的制作，吸引了大量观众，使其成为史上观众最多的电影（截至该片上映时）。电影传达了这样一种信息：太空旅行是人类进化的重要一步，这有助于公众形成对真实事物的看法。[19]电影以从太空俯瞰整个地球的壮丽景象结束，这也预示了阿波罗8号宇航员的经历。

与此同时，1960年代的新环境主义运动开始将人们的视线重新引回地球。这一运动在从太空看地球的景象中找到了其终极象征。回顾历史，我们可以看到“地出”标志着一个转折点，即太空时代的意识从理解太空的意义转向理解地球的意义。一些思想家很早就注意到了这种逐渐兴起的地球意识，并将其与从太空看地球联系起来。斯诺认为阿波罗计划“是最伟大的探索工程……几乎也是最后一个”，并预言人类文明将因之“向内驱动”。微生物学家雷内·杜博斯写道：“如果没有生命的光辉，这个星球将会多么单调、灰暗、毫无生气和无足轻重。”“我认为阿波罗号最大的贡献是把诸如‘地球号太空船’和‘全球生态’之类的抽象的概念，变成了这样一种意识，即地球有独特之处，因此人类也有独特之处。”生物物理学家约翰·普拉特写道：“这张从月球上方拍摄的伟大地球照片是当今人类头脑中最具影响力的图像之一，这可能让整个阿波罗计划的花费都物有所值。它正在改变我们与地球的关系，以及彼此之间的关系。我把它看作人类探索的一个伟大里程碑——飞离地球一窥全貌。”[20]

在阿波罗8号史诗般的绕月之旅结束的十五个月后，美国就组织了第一个地球日的庆祝活动。就在这之前，《科学》杂志的记者约翰·卡弗里写道，“于我而言，我自己的环境意识可以追溯到阿波罗8号任务和该任务拍摄的第一批清晰的地球照片……如果我的预感是正确的，我想阿波罗任务最伟大的长远益处可能是这种突然涌现的启示，也就是如果还来得及，我们应该全力拯救我们脆弱的环境——整个地球环境”。阿波罗8号任务的四年后，最后一次阿波罗任务（即阿波罗17号任务）传回了一张更著名的拍摄了完整地球的照片：蓝色弹珠。生态学家唐纳德·沃斯特写道，“这是一个令人醍醐灌顶的启示……地球的生命圈只是薄薄的一层……比任何人想象的都要薄得多、脆弱得多”。一时间，地球的图像遍布各地，无处不在。对一些人来说，这似乎标志着“文明的新阶段”——“生态时代”——的开始。环境学家高伦·罗威尔称其为“有史以来拍摄的最具影响力的环境照片”。[21]

从那时起，“蓝色星球”这个短语就和爱护地球的理念紧密联系在一起了。以“蓝色星球”命名的例子就不下三个，其中包括一档美国公共电视台制作的、以环境为主题的、长期播放的儿童系列节目，一部关于海洋生命、制作精良的英国自然系列纪录片，和一项NASA的项目名称，该项目从太空中对每平方公里的地球环境进行测绘。然而，直到1960年代中期，没有人知道地球究竟是什么颜色的。以切斯利·博内斯特尔[1]1952年的艺术作品《空间站》为代表，想象中的从太空拍摄的地球照片显示出的是近乎传统的蓝绿色地理地球，陆地（通常是北美洲）突出且清晰，海洋是绿色的，而云层很少。当看到最终的清晰拍摄的地球照片时，人们惊讶于占据大部分照片的耀眼的蓝色海洋，云层的覆盖，以及陆地和人类居住地的相对不起眼。地球看起来似乎很渺小，这是对人类虚荣心的迎头一棒——正如古代哲学家们所预料的那样。

在某种程度上，经常有人提出环境意识与从太空看地球是联系在一起的，但是很少有人追根溯源；很少有人同时对环境和航天计划都感兴趣，这种情况直到最近才得以改变。然而，正如安德鲁·史密斯所洞见的，“在航天计划的框架下，似乎有两个界限分明的航天计划在平行展开——一个是关于工程、飞行和击败苏联的官方计划，另一个是非官方的和近乎秘密的计划，主要关于人和人类在宇宙中的位置、意识、上帝、思想和生命”。[22]我们现在感兴趣的正是这个非官方的航天计划。有两部制作精良的电影使下一代人有机会体验第一个太空时代的纯粹魅力：阿尔·赖纳特主导的《为了全人类》(1989）和大卫·辛格顿的《月之阴影》(2007)。两部电影都聚焦宇航员的经历，并且深度挖掘了从太空看地球的景象。

迈克尔·莱特名为“满月”的展览取得了非凡的反响。为纪念登月三十周年而举办的这次展览，以盛大的方式展示了一些修复后的阿波罗照片，包括房间大小的月球地貌全景图。即使用彩色呈现，月球仍然是黑白两色的，这一点引起了最多的讨论。有一张照片没有被放大——在连接展览两个部分的门廊，有一个小小的彩色圆球，飘浮在死寂的地表上方。图片的标题比图片本身更吸引人——“地出，人类第一次亲眼目睹地球升起”。光是“地出”就足够扣人心弦了，而“人类第一次”则引入了历史视角；但为什么还要加上“亲眼”

1 切斯利·博内斯特尔（1888—1986）是美国太空艺术的先驱，其作品助力了载人太空旅行的普及。

呢？还有谁的眼睛见过“地出”景象？是多久以前？这个视角大而广之，包括了宇宙中的所有生命，以及自宇宙开始以来的所有时间。这些由“地出”引发的问题是本书写作的原因。[23]

1957年至1972年是第一个太空时代，从斯普特尼克1号卫星到“蓝色弹珠”，这些曾经看起来是遥远的未来，现在都已成为历史了。自此，航天史已经从原本航天活动的主观延伸，演变成对航天活动意义的客观评价。航天史将第一个航天时代的理想和设想作为需要解释的事物来处理，并寻求将这些理想和设想与当时发生的所有其他事情联系起来。[24]《地出：人类初次看见完整地球》是一部从太空首次看地球的历史：如何拍摄地出照片，当时产生了什么影响，以及它们更广泛的意义是什么。我们需要把航天史和地球史放在一起考量，本身它们也是同源的。

本书是一部历史著作，将太空旅行和环境保护主义这两个20世纪后期的重要特征联系起来，而这两个特征在同一历史时空中相互作用，但通常是被分开对待的。本书尽可能地依据当时的音像和书面历史记录。阿波罗计划的记载汗牛充栋，NASA的口述历史项目在这方面尤其出色。因此，我不确定新一轮的采访会让我们更接近那个历史时期。我曾就一些重要问题咨询过健在的人，尤其是理查德·安德伍德（本书历史故事中的默默无闻的英雄），本书的写作不可避免地依赖后来的回忆录，但重点仍然聚焦于第一个太空时代。

本书大致分为三个部分。前三章聚焦截至1960年代中期，人类想象的和真实拍摄的地球图像的历史。贯穿始终的是早期太空时代不断进步、放眼未来的精神，而没有兴趣回顾过去。然而，本书也介绍一种更古老的哲学传统，即以谦卑的态度从远处审视地球。第四至六章主要关注1968—1972年的阿波罗载人登月计划：近乎传奇的完整地球的照片是如何拍摄的，以及宇航员们自己是如何看待我们自己的行星家园。其余章节则关注那些早期从太空看地球所产生的更广泛的影响，尤其是对反主流文化运动和环保运动的影响，这两项运动在阿波罗时期兴起。我们还需要回溯冷战时期，了解二战后兴起的环境科学。和地球图像一样，环境科学的兴起和军事计划，以及太空计划紧密相连。自那时起，环境科学和地球图像在保护地球方面发挥了越来越重要的作用，使地球保持在我们最初看到它时的那种生机勃勃的状态。

1968年，从太空看地球的景象让NASA自己也感到意外。这似乎很奇怪，但却是事实。即使是事先知道会看到什么的宇航员在看到地球的那一刻之前，也都没能想到他们可以看到什么，他们并没有为此做好准备。本书探讨了这种奇怪的矛盾。载人航天计划与地球无关，但其最大的遗产却是看到地球的景象。其落幕的礼物是著名的“蓝色弹珠”地球照片，这张照片是最后一次阿波罗任务在1972年12月拍摄的（这次拍摄是任务设计的）。1968—1972年的阿波罗时期也是全球环保运动兴起的年代，这场运动采用完整地球图像作为其标志，这是巧合吗？这张照片代表了那个时代分裂意识的两个方面被统一了起来：一方面是以太空旅行为象征的对进步的激情向往，另一方面是以地球为象征的对地球本身的强烈关爱。公众迅速意识到大自然是珍贵且有限的资源，但这要归功于航天计划。正如环境历史学家唐纳德·沃斯特所言，“人类第一次看到了，我们手上有一颗需要照顾的星球”。[25]

这本书是太空时代的另一种历史，采用了回顾地球的视角。它审视了与完整地球相关的科学和文化，以及从太空看到的整个地球。人们对科学技术进步的信心从未像第一次登月时那样高涨。之后是第一个地球日、信心危机和环保主义复兴。在人类进步的顶峰，有人问：“下一个目标是什么？”回答是：“回家。”地出是人类在太空中的顿悟。

第二章

人类观察地球全景简史

“我们离开地球时会看到什么呢?”影片《宇宙》抛出了这个问题,这是1960年加拿大拍摄的公众知识影片。[1]影片是为了以润物细无声的方式教育公众而拍摄的,并展示天文学家发现的宇宙巨大尺度。为了回答这个问题,观众被安排观看地球从月球后面出现的动画——不是在月球上面升起,而是从月球左边出现,就像几年后阿波罗8号乘组看到的那样。这确实是从太空看到的景色。

《宇宙》深刻影响了电影导演斯坦利·库布里克,几年后他在拍摄电影《2001:太空奥德赛》时雇用了几位《宇宙》的特效设计师。这部电影旨在为公众提供信息,并使他们为即将到来的发现做好准备,电影也包含了壮丽地球的画面。克拉克的小说描述了飘浮在太空中的一个人类胎儿,满怀婴儿式的好奇,凝视着整个地球,“所有人都生活在这颗行星上,出现在眼前的是所有星辰之子都无法拒绝的闪闪发亮的玩具”。克拉克写道,“人们所知道的历史将迎来终途”。九个月后,阿波罗8号乘组在惊奇中看到了遥远的地球。在飞船升空的三个月前,他们在休斯敦参加了《2001:太空奥德赛》的首映式。当阿波罗8号宇航员看到地球不断后退时，安德斯想到了这部电影。[2]

天体未来主义认为，从地球之外回望地球，就是从人类的未来回望人类的过去。哥白尼证明了地球并不是宇宙的中心；画面中，地球在月球上升起，也证明了地球并不是宇宙的中心。然而，以地球为载体，人类心存畏惧地反思自身的渺小，这并不是太空旅行的产物，而是古老的文化传统。在《阿波罗之眼》这部开创性作品中，文化地理学家丹尼斯·科斯格罗夫就指出，“在实际拍摄地球照片之前很久，人们就预感到了地球照片的意义。对地球的想象有益于人类思考自身在宇宙中的位置（一种谦卑的思考），事实上这种思考有相当长的历史”。科斯格罗夫认为，“思考地球对西方的想象力的激发起到了特别大的作用”。[3]在人们真切地看到整个地球之前，两千年以来，少数有远见的作家和哲学家就已经想象到了地球的样子。

2.1 未来的视角

1950年代，太空倡导者为了让太空旅行变得真实做出了一系列努力，其中包括引发人们设想从太空看地球的景象。科幻作家罗伯特·海因莱因作为顾问的电影《月球目的地》（1950）设想了一个现实的政治情景：通过爱国私人企业实现飞往月球，并通过动画片《啄木鸟伍迪》来解释火箭原理。在飞往月球的过程中，乘组冲向飞船舷窗去观察地球。他们未能将地球作为一颗行星看待。

> “天哪，这可真漂亮！我还以为我什么都见过呢。”
> “看看这些城市吧！那是洛杉矶！那是纽约！”
> “你能看到布鲁克林吗？”

影片中他们看到的地球呈现蓝色和棕色，被白色旋涡云层环绕，这与1949年出版的《征服太空》一书中的图片相似，该书由德国太空倡导者威利·利撰写，由太空艺术家切斯利·博恩斯蒂尔精心绘制插图。书里描述了从24 000公

图2.1 《月球目的地》中的地球画面

里[1]外的航天器鼻锥体内看到的地球景色，以及从较低的高度看到的一系列其他景色。[4]然而，1955年《征服太空》的同名电影选择了无云的蓝绿色地球，这张地球图片曾作为博恩斯蒂尔空间站的背景，出现在1950年的《科利尔杂志》上。遥远的地球的位置在这里同样没有什么意义。两名宇航员被迫出舱，进行飞船维修，并注意到了美国在遥远的地球上是如此渺小。“你知道我真正要做的是什么生意吗？房地产！”[5]

科学家们对于从太空看地球的景象有更多的思考。当弗雷德·霍伊尔在1950年预测这将改变人类看待自己的方式时，他接着推测了完整地球彩色照片的样子：

反射阳光的云层和雪地会呈现出明亮的白色斑块。总体上，北极和南极比温带和热带地区显得更明亮。地球上将绿色满布，各种绿色，从幼苗

1 为方便读者阅读，除适合保留的部分，翻译时已将原文英里换算为公里，换算标准为1英里约等于1.6公里。

图2.2 《征服太空》中的地球画面

> 的浅绿色到北方大森林的深绿色。沙漠将呈现出暗红色，而幅员辽阔的海洋呈现出可怕的黑色，某些黑沉沉的区域偶尔也会被刺眼的闪光打亮，那里的条件刚好能够强力反射阳光，就像我们有时会看到从远处房子窗户反射过来的绚烂阳光。对一个星际旅行者来说，地球的全景很可能比其他任何行星都要壮丽。[6]

后来，霍伊尔转向写科幻小说，向更多读者介绍自己认为的进步。科幻小说的技巧大师是与霍伊尔同时代的亚瑟·克拉克。在1951年出版的小说《如果我忘记了你，地球》中，克拉克想象了一位年轻的月球殖民者凝视着新月形地球的场景，而他从未到访过的美丽的地球；他知道，由于核战争的摧残，几个世纪以来，地球已不适宜居住："在25万英里[1]开外的太空，死亡原子的光芒

1 地月平均距离为38万公里，英语世界一般使用25万英里表示地月距离。

依然可见，常年提醒我们已经毁灭的过去。”无独有偶，罗伯特·海因莱因在1947年发表的小说《地球的绿色山丘》中，想象了一位来自遥远未来的旅行音乐家，向某颗遥远行星的定居者吟唱：“我们祈求最后一次着陆于赋予我们生命的地球上，让我们的目光驻留在地球自由飞翔的天空和凉爽的绿色山丘上。”执行阿波罗15号任务的戴夫·斯科特在最后一次返回登月舱前，收听到了这些广播歌词；斯科特后来写道，“这些歌词有助于减轻航天器从月球表面起飞时我感到的痛苦”。[7]

之后，克拉克想象着地球升起的景象带给滞留在月球轨道上的宇航员的情感力量。“前方的月球，月平线不再平坦。比耀眼的月球地貌更壮观的东西在星空里升起。当太空舱环绕月球边缘飞行时，它正在创造唯一一种可能的地出——人造地出。在一分钟内，一切都结束了，这就是他（宇航员）在轨道上的速度。那时，地球已经完全跃出了月球月平线，并迅速在天空中爬升。能看到的地球部分占四分之三，几乎亮得让人无法直视……看到地球升起给了他以不可抗拒的力量，使他意识到让自己心生畏惧，但又不能推掉的职责。”这位宇航员的职责是给家里打最后一个电话。[8]对于克拉克笔下被困住的宇航员来说，地出的景象完全是一个惊喜；对阿波罗8号乘组来说，同样也是惊喜。

在《太空探索》（1951）中，克拉克认为太空探索带来的世界观会取代狭隘的、偏向地球的思想：“当人们真正地将地球看作群星中一个独立的小天体时，更极端的民族主义形式将无处遁形。”他似乎想到了霍伊尔新近的广播节目和图书，但他受到了在第二次世界大战期间出现的国际理想主义的人文传统的启发。1943年，当时正在皇家空军当技术员的克拉克曾向信仰基督教的作家刘易斯推测道，“从星际的大背景看问题，造成过去大部分痛苦的国家冲突，将最终被以适当的视角审视”。[9]就职于国会图书馆的美国诗人阿奇博尔德·麦克利什也有类似的想法，他写下了关于阿波罗8号（详见第四章）的令人难忘的文字。早在1942年，麦克利什就写道，“我们每个人都知道图像在个人生活和国家生活中的分量”。

在整个人类历史中，人们从来没有真正地把世界想象成一个整体：一个独立的球体，一个具有全球性的地球，一个圆形的地球，地球上的任何方向最终都将交会；地球上没有中心，因为每一个点都是中心，或者说没有一个点是地球中心——从这个意义上说，地球是平等的，地球上居住的人们也是平等的。飞行员看到的地球，如果说这个地球是自由人创造的，将是真正的圆形，是现实的圆球，而非理论上的圆球。[10]

麦克利什看到阿波罗8号拍摄的地球后陷入沉思，对此阿波罗9号宇航员罗素·施韦卡特提出了令人钦佩的问题："他是怎么知道的？"这个问题的答案如下：

1946年出版的政治地理学论文集《世界的指南针》提出了全球和平的愿景。其收录的许多文章都是战争年代写成的，涉及的主题包括"大陆神话""航空逻辑"，以及"圆形地球与和平的胜利"。在《边界问题的和平解决》中，政治地理学家惠特莫尔·博格斯想象了一个搞不清楚状况的外国人（原文为alien，不过不是指来自太空的外星人）遇到的场景，对外国人来说，国界将变得不再明显。然而，麦克利什那一代的理想主义者身处两次大战之间，陶醉于飞行员看到的世界：从高空看，地球自由而开放，既现代又像上帝一样。[11]在一场"刀枪入库，武器民用"的运动中，战争时期的轰炸机技术催生了具有促进和平交流潜在作用的远距离航空旅行，正如冷战时期洲际弹道导弹技术催生了太空旅行一样。致力于创新的制图师理查德·哈里森绘制的圆形地图突出了从上空看世界的不同角度，其中一幅地图名为"一个世界，一场战争"。从极地看，北美和俄罗斯北部是北极圈附近的邻居；在航空时代，北冰洋就是新的地中海。

相比之下，纳粹世界观仅仅是以权力为基础的平面的、二维的世界观。纳粹绘制的地图中，巨大的黑色箭头从德国本土射出，意在控制欧亚大陆和非洲，即"世界岛"；而热爱自由的新世界则被大片的海洋挤压到了地图边缘。麦克利什阐明，盟军的胜利取决于赢下一场愿景之战，即"纳粹飞行员眼中的地球vs我们眼中的地球"，以及"暴虐的地面统治vs空中自由"："如果那些控制了领空的人是自由人，并想象自己作为自由人的世界会是什么样子，那么他们的世界将是完整的地球——人们长久以来一直追求，但从未实现过的最终图景。"[12]1945年，德国不是向英国、美国，甚至同盟国投降，而是向联合国投降，向全世界投降。

正如杰伊·温特所写的那样，乌托邦主义像雪花一样在最黑暗的时期绽放；1940年代正是这样的时期。[13]但是，虽然第二次世界大战使全球愿景成为看似可行的政治，但二战并不是这些愿景的创造者。在两次大战之间，长达几个世纪的扩张时代似乎即将终结，帝国主义和极权主义国家在一个完全殖民化的星球上争夺生存空间，在这种背景下，第一代天体未来主义者梦想着逃往太空。战前，克拉克曾确信，人类的未来在太空中，而不是"在小小的地球的表面畏首畏尾地爬行"。[14]后来，时任美国驻联合国大使阿德莱·史蒂文森将战后的理想主义与新近出现的将地球视为宇宙飞船的隐喻结合起来（详见第七章）：

> 正如哥伦布远航之后，欧洲再也不能变成封闭的旧社会，在令人心生敬畏的浩瀚外太空面前，我们再也不能成为一群纷争不断的国家。
>
> 我们搭乘一艘小宇宙飞船一起旅行，我们依赖这艘宇宙飞船上储量不多的空气和土壤；我们只有精心呵护、努力工作，并给予我们脆弱的飞船以足够的热爱，才能使它免于毁灭。我们无法让飞船停留在一半幸运、一半悲惨的状态，抑或是一半自信、一半绝望，一半奴隶、一半自由的状态……没有任何一艘飞船及其乘员，可以在如此巨大的矛盾中保持安全飞行。[15]

对于像克拉克这样的天体未来主义者来说，地球的愿景总是伴随着飞离地球的冲动；对于像史蒂文森这样的自由主义者来说，地球的愿景总是伴随着改善地球的强烈愿望。

苏联作家尤里·梅尔维尔展示了苏联版本的天体未来主义。他在1966年写道："人类的宇宙飞船走得越远，人们就越能清楚地看到地球的美丽和统一。""从宇宙的角度看地球，将使人们获得新的认知，包括人类的不可分割性、人类的共同起源和共同的宇宙命运。"但是，梅尔维尔认为，西方资本主义无法实现这样的愿景，因为这需要"和平……消灭殖民主义……消除各种形式的压迫"。只有"社会化的人类"——根据马克思的说法——"才能胜任这一任务”。[16]在一本面向西方受众的英语期刊上，梅尔维尔撰文，挑战了西方价值观声称的放之四海而皆准的说法，该文章可能是对阿德莱·史蒂文森在联合国演讲的回应。

大卫·拉瑟试图做这两个阵营的骑墙派。德威特·道格拉斯·基尔戈精彩地呈现了他的人生故事。在1931年出版的《征服太空》一书中，拉瑟认为从太空中看地球将化解种族分裂。“我们会感到一种无与伦比的精神宁静——一种对人类自身渺小的谦卑和对继续这种无限平和的向往。人类的存在似乎超越了我们所能看到的永恒。现在，我们明白了爱因斯坦的‘宇宙宗教’的全部含义。城市、帝国、国家，以及梦想和抱负，冲突和混乱都是无限遥远的，这些都属于缓慢转动的地球梦幻世界的一部分。”这里提到的“宇宙宗教”来自爱因斯坦当时在《纽约时报》上发表的关于“宗教和科学”的文章：“‘宇宙宗教’情感是科学研究最强烈、最崇高的动机。”尽管拉瑟从未失去对人类在太空中的共同命运的憧憬，但他感到有必要把实际的太空热情搁置，并选择了行业工会成员和政府行政人员的职业。“我决定必须先解决我们地球上的问题。”他向亚瑟·克拉克解释道。[17]

没有人比奥拉夫·斯特普尔顿更能强烈地感受到“宇宙宗教”情感，这体现在他的小说《最后和最初的人》（1930）和《造星主》（1937）中。他对宇宙“水晶般狂喜”的追求启发了以儒勒·凡尔纳和威尔斯为代表的维多利亚时代和20世纪中期的“硬科幻”小说。克拉克在谈到《造星主》时写道：“没有哪本书对我的生活产生了更大的影响。”1948年，克拉克邀请斯特普尔顿在英国行星际协会做了一次知名度很高的演讲，但令人失望的是，斯特普尔顿对未来的愿景是纯精神层面的，而不是技术层面的。[18]在《造星主》一书中，斯特普尔顿想象自己“以难以置信的速度飞离地球家园”，就像在做梦一样，直到地球变成“一个被众星环绕的暗黑的大圆盘”。当太阳升起的时候，地球看起来像是一枚“明显逐渐满盈的月亮”，直到变得又圆又亮，“无边的光亮渐渐消失在周边的黑色太空中”。虽然他已经考虑到了这些细节，但斯特普尔顿对地球的感觉基本上是一种精神层面的感觉，而不是天文层面的科学。

我面前的景象以一种奇异的方式在移动。叹为观止和高山仰止的心情超越了个人焦虑；我惊叹于我们地球的纯美……它的可爱超过了任何珠宝。地球呈现出的图案色彩更微妙，更优雅。它的优美和流光溢彩，它的精致和统一和谐都是活生生的。奇怪的是，我莫名地隐约感觉到地球是有生命的，这种感觉以前从来没有过。……地球这整块岩石，表面覆盖着海洋和空气，这薄薄的生命圈层是分散的、多样的和悸动的。

在这里，对于一个渴望崇拜某种东西的世俗人文主义者来说，这是对盖亚[1]这颗脉动着的地球的一种预感。[19]

所有天体未来主义者都可以溯源到苏联作家康斯坦丁·齐奥尔科夫斯基，在西方，他因为将地球描述为人类的摇篮而广为人知。齐奥尔科夫斯基教科书式的科幻小说《超越地球》于1916年在俄国首次出版，但这本书的创作开始于1896年，肯定受到了费奥多罗夫的启发。小说描述了由一位名叫伊万诺夫的科学家领导的国际星际移民团体在一百年后秘密进行的人类首次太空航行。在确定飞船确实进入轨道之后，伊万诺夫下令拉开飞船的百叶窗。“一些站在别的窗口的太空旅行者看到了几千公里外的地球，起初他们甚至不知道自己看到的是什么。”地球、太阳和星星似乎触手可及。因为视错觉，地球看起来是凸起的，像一个巨大的碗。

我们的太空旅行者看到的这个碗的边缘非常不平整，到处都是山峰点缀，突出的山峰就像巨大的牙齿一样。远离地球边缘的地方，看起来薄雾朦胧，再远一点，还有一些长方形的灰斑，这些是被厚厚的大气层遮挡了的云层……

这种景象让其中有些旅行者手足无措，惊叹不已，更有甚者因惊骇于这种景象而远离舷窗。有的人被周边朋友的惊呼声吓住了，甚至没敢望向窗外。很多人飞快地跑进自己的船舱，拉上百叶窗，关上了微弱的电灯。

---

1 盖亚是古希腊神话中的大地女神，也被称为地母神。她是宙斯的祖母，她生下了天神乌拉诺斯、海神蓬托斯和山神乌瑞亚。所有天神都是她的子孙后代。她被认为是宇宙的化身，是大地的象征和保护者。盖亚被描述为一个美丽而强大的女神，她是万物的母亲，孕育了所有生命形式。在现代环境保护和生态学的语境中，盖亚也被用来指代作为整体的地球生态系统，强调地球是一个复杂而相互依存的生命体。

而其他人则飞快地从一个窗口跑到另一个窗口，大饱眼福……就像生平第一次坐火车或蒸汽船的孩子一样。最吸引眼球的是地球。

吸引他们的是地球大部分被覆盖时所呈现的“巨大的镰刀”形状，是投射在昏线上的山影，是被月亮微光照亮的地球的黑暗部分。在更远的黑暗里，新恒星正在不经意间诞生。齐奥尔科夫斯基笔下的旅行者也从月球附近观看地球，但在这里，航天之父的想象力出现了不足：“从更远的地方看，地球看起来没有什么不同，只是尺度变小了。”当旅行者们飞往小行星带时，地球变得“更像一颗明亮的恒星，而不是一颗行星”。他们争论太空的自由是否比地球上的生活更有诗意。他们问道：“人类本身不就是最高层次的诗意吗？”在勘察了太阳系的宜居区域之后，他们回到了地球。此时地球上的人们正在温和的世界政府的领导下，准备向太空进行大规模移民。[20]

20世纪中期以前，对大多数人来说，能够看到整个地球的捷径是到欧洲和北美各大城市的国际博览会上参观展出的巨型地球仪。1851年在伦敦举行的世界博览会起初并没有地球仪展出，但一位深谙舞台表演和舞台全景魅力的演员看到了机会。在大展期间，怀尔德大环球公司在莱斯特广场向游客收取参观一个巨型地球仪的费用，地球仪上的海洋和大陆是由石膏制作的。[21]一个多世纪后，另一个巨型地球仪出现在1964年的纽约世界博览会上，阿瑟·克拉克和斯坦利·库布里克一起去参观地球仪，为他们即将合作的电影《2001：太空奥德赛》寻找创作灵感。

在1900年的巴黎世界博览会上，埃菲尔铁塔旁边展出了一个极其壮观的大球（尽管球体表面画的是动物而不是大陆），展览本身也致力于宣传全球贸易将带来世界和平的理念。法国刚刚开始摆脱反犹太主义的德雷福斯事件[1]——该事件差点把法国带入内战——已经准备好迎接一些令人振奋的事情。杰伊·温特认为，1900年的世界博览会和它所带来的全球项目是20世纪的六个“乌托邦时刻”之一。法国银行家和慈善家阿尔伯特·卡恩受到启发，发

1 指19世纪90年代法国军事当局对犹太裔军官阿尔弗雷德·德雷福斯的诬告案。1894年，德雷福斯因间谍罪被捕，之后，真正的罪犯埃斯特哈齐浮出水面，但被法国军事法庭宣告无罪，引发社会公愤。1899年时任总统决定赦免德雷福斯，以平民愤。但直到1906年，最高法院才撤销原判，为德雷福斯昭雪。

起了一个拍摄整个地球的项目，并在巴黎建立了一个“地球档案馆”。他派出摄影小组，到最遥远的地方去“捕捉人类的面孔”，足迹遍及所有五个有人居住的大陆。与他们一起回来的是大约七万五千张照片和480公里长的胶卷，其中大部分是彩色的。作为一个国际主义者与和平主义者，“阿尔伯特·卡恩坚信，他的地球档案将向我们所有人展示我们的共同点，从而使战争成为不可想象的事情”。[22]卡恩的方法很新颖，我们现在明白他的信念，即看到整个地球而产生的命运共同体的感觉会将人们团结在一起，这种信念是20世纪乌托邦传统的肇始。

随着新世纪的到来，威尔斯出版了《月球上的第一批人》（1901），这是最早出版的科幻小说之一，小说里描述了对整个地球的想象。小说中的月球旅行者们乘坐的宇宙飞船被一种神秘的反重力向上推进。威尔斯在书中给了旅行者从800英里高空迅速回望地球的机会，但时间只有短短三十秒：

> 咔嚓一声，飞船舷窗飞快地打开了。我踉跄摔倒，手脸着地。在伸出的黑色手指间，我看到了我们的地球母亲——一颗在脚下天空中的行星。
>
> ……已经可以清楚地看到，地球是一个圆球。飞船下面的地球大陆处于暮色之中，模糊不清，但向西看去，随着白昼的流逝，大西洋广阔的灰色地带像熔化的银子一样闪闪发光。我想我认出了法国、西班牙和英国南部的云雾缭绕的海岸线。

舷窗很快被关闭，以防止进一步的眩晕。具有讽刺意味的是，当一些冷静的有远见的人能够从远距离想象整个地球时，威尔斯这个极端进步的人文主义者却把距离解释为一个巨大的高度。行星地球给了斯特普尔顿一种和平的感觉，给了维尔纳茨基一种生命的感觉；而威尔斯只感到了眩晕。[23]

19世纪另一位伟大的科幻小说先驱儒勒·凡尔纳在1870年出版的《环游月球》中想象出了一次类似的太空之旅。凡尔纳笔下的先驱们乘坐由大炮发射的弹丸进行太空旅行（有点不切实际），但在其他方面，他们的太空之旅与阿波罗8号的飞行有着明显的相似之处。凡尔纳笔下的三位旅行者于12月从佛罗里达州向东升空，其乘坐的太空舱的重量与阿波罗8号几乎一样，飞船的速度也很相似；他们到达月球的耗时相似，并绕月飞行数次，没有着陆；他们也在太平洋上溅落。和阿波罗8号乘组一样，他们被遥远的地球景象所吸引，“纤细的新月形地球悬浮在深黑色太空中。其大气层的厚度使光线呈现出蓝色，似乎没有真正的新月那么亮”。起初，这些旅行者将地球误以为月球，直到他们发现反射的月光使地球的其余部分隐约可见:“新月似的地球，环绕星盘的弧线似乎更加突出——这是地球亮度造成的错觉。”[24]这使地球看起来像月球一样很陌生——是一颗行星，而不是家园。

2.2 历史的视角

以凡尔纳的早期科幻小说《环游月球》为起点，我们把时间回调，就能迈入更早的、非未来主义的传统，并以此来想象整个地球。凡尔纳的上一部小说是《气球上的五周》。19世纪30年代，埃德加·爱伦·坡描写了汉斯·普法尔的故事(《汉斯·普法尔历险记》)，他乘坐气球一路升到月球。从17英里高的地方，“地球的景色……确实很美”，海洋的颜色变成了更深的蓝色，并开始出现凸起。看到的风景让人心头一紧:“根本看不到单个建筑物，人类最自豪的城市已经完全从地球表面消失了。直布罗陀岩现在已经缩小为一个暗淡的斑点，亮闪闪的岛屿点缀着黑暗的地中海，就像繁星点缀夜空一样……这些似乎都一头扎进了地平线的深渊。”从更远的地方看，“根本看不到陆地或水域的痕迹，整个地球被变幻莫测的斑点所笼罩，被热带和赤道区所环绕”。最后，地球“就像一个巨大的、暗淡的铜制盾牌，角直径约为两度……其边缘呈新月形，像是镶了最亮的金边”(爱伦·坡可能想到了荷马史诗《伊利亚特》第十八卷中赫菲斯托斯神铸造的著名的阿基里斯盾牌——“盾牌上有大地、海洋、天空、不知疲倦的太阳和满月，以及所有为天堂加冕的星座”，而在盾牌边缘则是“强大的洋流”)。在另一个故事《风景园》中，爱伦·坡设想，从高处看，自然界的无序是否可以证明“上帝将半球的广阔风景园按一定阵列进行了安排”。[25]

再往前追溯一两代人，我们进入到“革命时代”，地球作为行星的认识与科学和世俗主义有关。可能早在1793年，第一幅关于整个地球的全景图就已经出现在了革命中的巴黎(气球发射之乡)，一个被称为“自然与理性的殿堂”

的空心球体被展示了出来。[26] 1791年，法国大革命期间，旅行家和历史学家康斯坦丁·德·沃尔尼出版了《废墟：帝国革命的沉思》。在书中，一个旅行者因看一处废墟而感到疲惫和不安，并陷入了冥想，这处废墟代表的文明比他所处的充满启蒙和动荡的文明更古老、更伟大，在冥想中一个“天才”幽灵把他轻飘飘地带到了天堂。“我看到了一个完全陌生的场景。在我的脚下，虚空中飘浮着一个像月亮一样的球体，但体积较小，亮度较低，这个球体展现了其圆缺的一个阶段，此时呈现为斑块满布的圆盘，有些斑块是白色和云雾状的，有些是棕色、绿色或灰色。”地球就像“在观测日食时，通过望远镜看到的月亮”；海洋是棕色的，沙漠是白色的。“我说：‘什么！这就是地球——人类定居的地方？’”[27] 对于沃尔尼这样的启蒙学者来说，古代强大的文明使随后基督教主导的几个世纪显得像一个漫长的黑暗时代。英美激进人士托马斯·佩恩在《理性时代》（1793）中进一步认为，地外生命的发现将彻底粉碎正统的基督教：“那些认为自己两方面都相信的人，对这两方面都没有认真思考。”对于沃尔尼和佩恩来说，当地球以真实的状态出现时，人类将变得谦卑——不是在上帝面前，而是在宇宙面前。[28]

前面的启蒙和科学革命时代似乎没有产生任何关于完整地球的重要想象，而对完整地球的构想更多的是以机械主义的方式进行的。[29] 在18世纪的英国，天文学讲座在中产阶级内部长期风靡，与之相伴而来的是一种机械轨道，代表太阳、地球、月亮和行星的小铜球或木球随着手柄的转动优雅地做圆周运动。到了18世纪末，木制的袖珍地球仪已经很便宜了，可以放在工人的口袋里。巴洛克时期的君主们为地球仪的镀金模型和其他地球仪的制作花了大价钱，以此来宣示他们作为世界级统治者的地位，最具代表性的是“太阳王”路易十四。与这种华而不实的虚夸相比，一种更虔诚的传统得到了滋养，这种传统把地球仪刻画为一种契机，让人们谦虚地思考世俗存在的局限。画家和雕刻家们将地球仪刻画成一种圣诞树装饰球或一种气泡，象征着物质世界的虚荣。因此，哲学家书房中的地球仪起到的作用和经典静物研究中诱人但微微发霉的苹果一样。对于罗马天主教徒来说，还有一种心形地图——地图的子午线被弯曲，使世界看起来像一个心形的垫子，教会以此唤起人们对圣心的虔诚思考：世界处在一桶巴洛克式的血液中。

17世纪30年代，欧洲出版了一系列想象月球本质模样的书籍，以想象之旅的形式展开叙事，这被戴维·克雷西描述为“欧洲的第一个太空计划”。特别是1638年，这一年被称为“英格兰的月球时刻”，尽管这一名称的缘起还要追溯到约翰·开普勒在1634年对月球想象之旅的描述，或者时间更远一点，可以追溯到伽利略用望远镜对月球和行星的观察。这种宇宙学体裁将神学和太空探索杂糅在了一起，为讨论神学上的敏感问题提供了一种相对安全的形式，比如探讨宇宙中其他地方是否存在智慧生命。1638年，主教弗朗西斯·戈德温和自然哲学家约翰·威尔金斯（皇家学会的创始人）都发表了关于想象中飞升到月球的作品。戈德温写道："我们飞得越远，我们面前的地球就越小。”它似乎是“一个巨大的数学地球，在我面前悠闲地转动着，在那里，在二十四小时周期内，我看到了地球上所有国家。这就是我现在计算日期和计算时间的全部手段”。非洲大陆“仿佛是一个侧面被咬掉一口的梨子”，而大西洋则呈现出“大片灿烂的亮光”。[30]

威尔金斯预计，由于海洋反射阳光，从远处看，地球会非常耀眼。他引用了两位当代作家的话——数学家卡罗勒斯·莫珀修斯认为，“如果我们身处月球，从那里看我们的地球，地球会非常明亮，和一颗宏伟的行星一样”；来自鲁汶的神学家吕贝特斯·弗罗门迪斯也有类似的观点，“我相信，对于任何从月球上看地球的人来说，他们看到的地球会像一些伟大的星星一样”。威尔金斯的“王牌”是生活在公元3世纪的古罗马哲学家普罗提诺[1]的一段话："如果你设想自己处在一定高度，在那里你可以看到整个地球，并在地球被阳光打亮时，能够区分陆地和水域。也许你看到的地球形状就像现在我们看到的月球一样。”威尔金斯认为，月球和地球是相似的，并且从地球反射的阳光将使月球保持一定的温暖，以产生季节和孕育生命。[31]

开普勒同样也预测地球是明亮的，因为“每当人们观察彼此相邻的陆地和水面时，陆地总是呈暗色，而水面是闪亮的”。但与威尔金斯不同的是，他对

---

1 普罗提诺（205—270），又译作柏罗丁、普洛丁，生于埃及，新柏拉图学派最著名的哲学家，更被认为是新柏拉图主义之父。他是晚期古罗马哲学中无可争议的大师级人物，堪称整个古代希腊哲学伟大传统的最后一个辉煌代表。其学说融汇了毕达哥拉斯和柏拉图的思想以及东方神秘主义，视太一为万物之源，人生的最高目的就是复返太一，与之合一。其思想对中世纪神学及哲学，尤其是基督教教义，有很大影响。

地外生命的影响感到担忧："那么万物怎么可能是为了人类？我们怎么能成了上帝作品的主人呢？"[32]后来，法国哲学家阿德里安·奥祖回答了月球上的生命问题。他巧妙地反转了这个观点，他问自己："从太空中看地球，能看到什么可能的生命迹象呢？"他推断，四季的颜色变化会很明显，人类活动的痕迹也将是如此。

> 我们成片地砍伐森林，抽干沼泽，其范围之大足以造成明显的改变：人类做了这些事，产生了足以让人察觉的变化……而森林或城镇出现大范围的火光时，毫无疑问，在地球被挡住时，或者地球上出现火灾的这些区域还没有被太阳照亮时，我们能观察到这些发光的东西。但我不知道有谁在月球上观察到过这些东西。

三个世纪后，詹姆斯·洛夫洛克也遵循了这一思路，他在设计火星上存在生命的测试时，给自己提出了这样的问题，即如何从太空中探测到一个有生命活动的星球。[33]

哥白尼式的太阳系观点决定了这些17世纪把地球作为一个可与月球相媲美的行星的想象。但哥白尼之前的作家也有能力想象整个地球的样子。16世纪末的作家罗伊斯·德卡蒙伊斯想象瓦斯科·德·伽马出现在特提斯女神王国的一座山峰上，沉思着水晶球式的宇宙，"无限的、完美的、统一的、自我定位的"，而地球飘浮在中间。[34]在纽伦堡哲学家约翰·斯塔比乌斯的帮助下，雕刻大师阿尔布雷希特·丢勒于1513年绘制了作品《想象之球》，这幅作品也更加接近地球的感觉，该作品描绘了4世纪希腊地理学家托勒密发明的球形地图投影。[35]这幅线描画因为丢勒特有的深度感而得到增强，是以三维方式展示行星地球的早期作品之一，与之相对的是地理学家的形象化地球。[36]

然而，没有什么作品能与葡萄牙艺术家弗朗西斯科·德奥兰达的预言作品相提并论。他在16世纪40年代创作了一系列画作，以展示《圣经》中的创世故事。第三天，随着陆地和海洋的分开，地球的曲线出现了；第四天，太阳和月亮被创造出来了。在太阳和月球附近，地球正飘浮在太空中。与20世纪50年代以前描绘的蓝色和棕色地球不同，德奥兰达的地球是蓝色和白色的。奇怪的是，按照当时的制图惯例，陆地是蓝色的，海洋是白色的。但在太空摄影出现之前，这是第一幅将地球视为一颗行星，并且颜色大致正确的画作。配上《创世记》的文字，德奥兰达对创世的描绘难以置信地预示了四百多年后阿波罗8号的飞行。[37]

与流行的神话相反，在中世纪，人们普遍不认为世界是平面的；人们“几乎一致”认为宇宙及其包含的地球都是球形的。问题在于，人们将陆地球体和海洋球体视作分离的存在，类似于一个失落的足球漂浮在比其大得多的海洋球体中，且大部分被淹没其中。中世纪的世界地图只显示了水面上的陆地，这种地图给人的印象是造成“地球是平的”神话的部分原因。典型的世界地图显示了从地中海浮现的巨大的欧亚-非洲中央陆地，耶路撒冷位于地图中心。围绕中央大陆的是没有边际的大海；事实上，这是独立的水体，如果不是上帝的照顾，这片陆地早已被淹没，就像诺亚方舟的故事一样。在地图的边缘出现了神奇的生物：海蛇、智天使和天使。当时确实没有“地球”这个词；所用的词是“世界”（monde或mundo），这个词与“宇宙”更为对应。因此，直到16世纪才出现地理地球，在此之前，也不可能出现哥白尼式的宇宙。在哥白尼式宇宙中，陆地与海洋形成一个统一的、能够独立运行的球体。在15世纪戈蒂埃·德梅兹的作品《世界图像》中，有一幅异想天开的手绘彩图，展示了陆地上的房屋和树木漂浮在海洋中，陆地上面是蓝色的、群星满布的天空。[38]

中世纪的宇宙模型也不可能承认太空旅行的概念。在该模型框架下绘制的一幅图（1493）中，每颗行星都被固定在一系列同心的水晶球上。最外层的球体又被固定恒星球体包裹。里面是五颗已知行星，以及太阳和月球。处于中心位置的是地球——一颗被禁锢在水箱里的泥球。地球深处的某个地方是地狱。这个系统自身没有生命力；上帝和天使们坐在外面，使系统保持运转。做圆周运动的天体是完美的、一成不变的；只有地球上有变化，这些变化与不完美、腐朽和死亡有关。跨越天体的旅行从根本上就是不可能的；地球上的人被禁锢在地表（或地面以下6英尺[1]的地方），直到审判日的到来。在这个模型中，与其他行星相比，地球着实可怜，被丢弃在远离天堂的地方。亚里士多德悲观的

1　1英尺约等于0.3米。

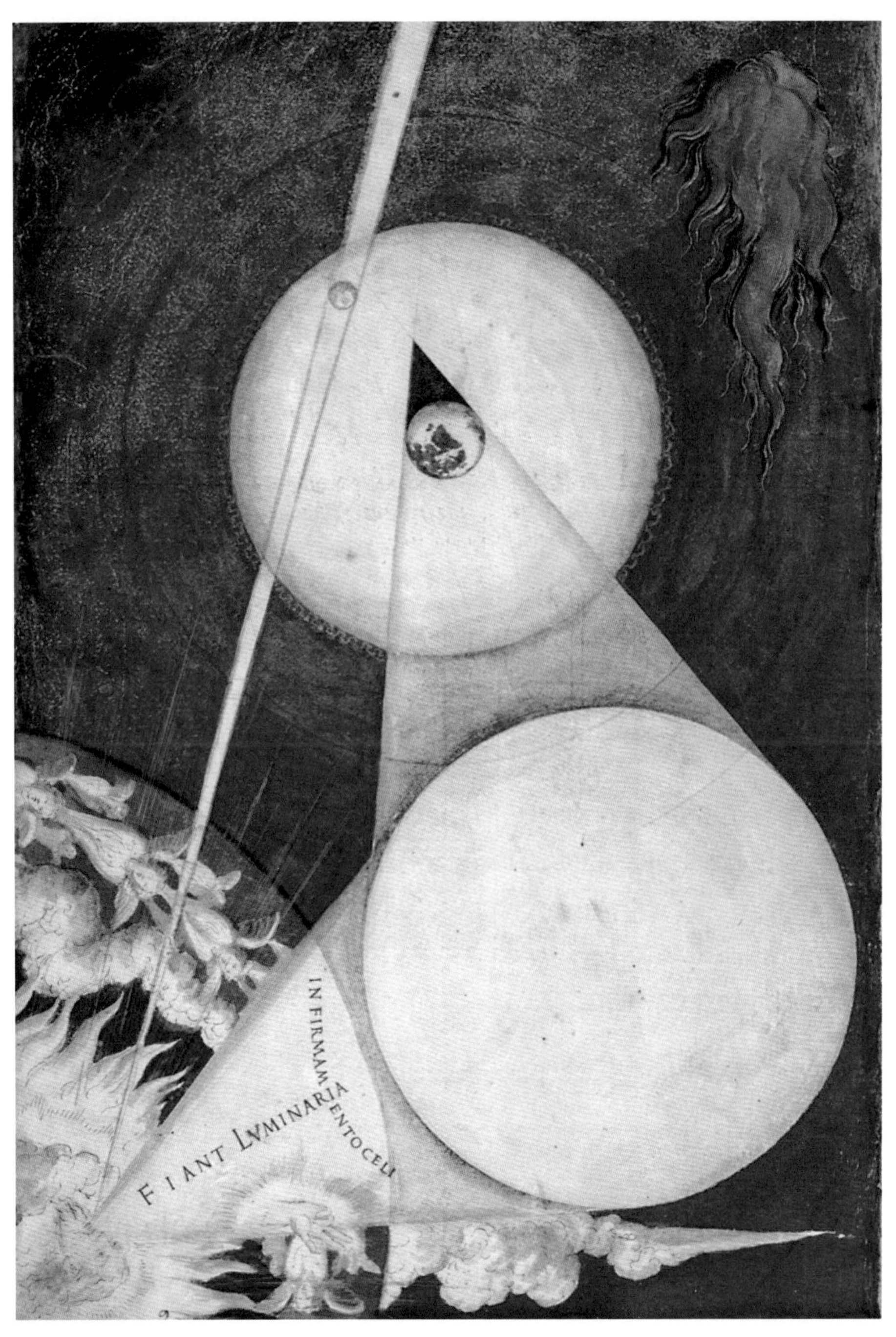

图2.3　弗朗西斯科·德奥兰达创作的《太阳和月亮》(1547)

图片来源：西班牙国家图书馆

宇宙论与早期基督教的世界观相符。但是，如果我们继续按照时间线逆行，穿过黑暗时代，来到古典世界，我们又能再次遇到对整个地球的想象。

在古典哲学中，对地球的想象是一种哲学手段，帮助人类谦逊地沉思自身的地位。公元前1世纪，罗马作家西塞罗让已故将军西皮奥·阿非利加斯出现在他孙子的梦中（他孙子的名字也叫西皮奥），两人一起升到地球之外。这位将军指着沙漠带和极地地区说：

> 人类被创造出来的时候，就知道他们要照顾好那个叫作地球的球体。地球上有人居住的地方相距甚远，而且定居地很狭窄……在这些有人居住的地方横亘着大片的荒芜地区，我们可以称之为荒地；地球上的居民是如此隔绝，以至于不同群体之间无法沟通……仔细看看，分配给你们的土地是多么小啊！

年轻的西皮奥承认说："我觉得这些太神奇了。""对我来说，地球是如此之小，以至于我感到我们的帝国也没有什么了不起的，因为它只是地球表面上的一个点。"[39]两百年后，叙利亚作家卢西恩讲述了"天空人"伊卡洛·梅尼普斯的寓言：他凭借鹰的翅膀飞向月球，凭借鹰的眼睛看到月球。梅尼普斯在返回地球时解释说，"你看到的地球非常小，远远小于月球"；如果不是看到了罗德岛巨像等地标，以及"在阳光下闪闪发光的海洋"，他本来都认不出地球。

> 我尤其想嘲笑那些为边界线而争吵的人……因为在我看来，他们中拥有最大面积的人也不过是正在培养中的伊壁鸠鲁[1]式的原子。当我向伯罗奔尼撒半岛望去，看到基努里亚时，我注意到一个小小的地区，这个地区绝对比不上埃及豆大，却在一天之内使那么多的古希腊人和斯巴达人倒下……这些城市和城市居民就像蚁丘一样。

1 伊壁鸠鲁（前341—前270），古希腊唯物主义哲学家，被认为是西方第一个无神论哲学家，伊壁鸠鲁学派的创始人。伊壁鸠鲁继承和发展了德谟克利特的原子论，主要著作有《论自然》《准则学》《论生活》《论目的》。

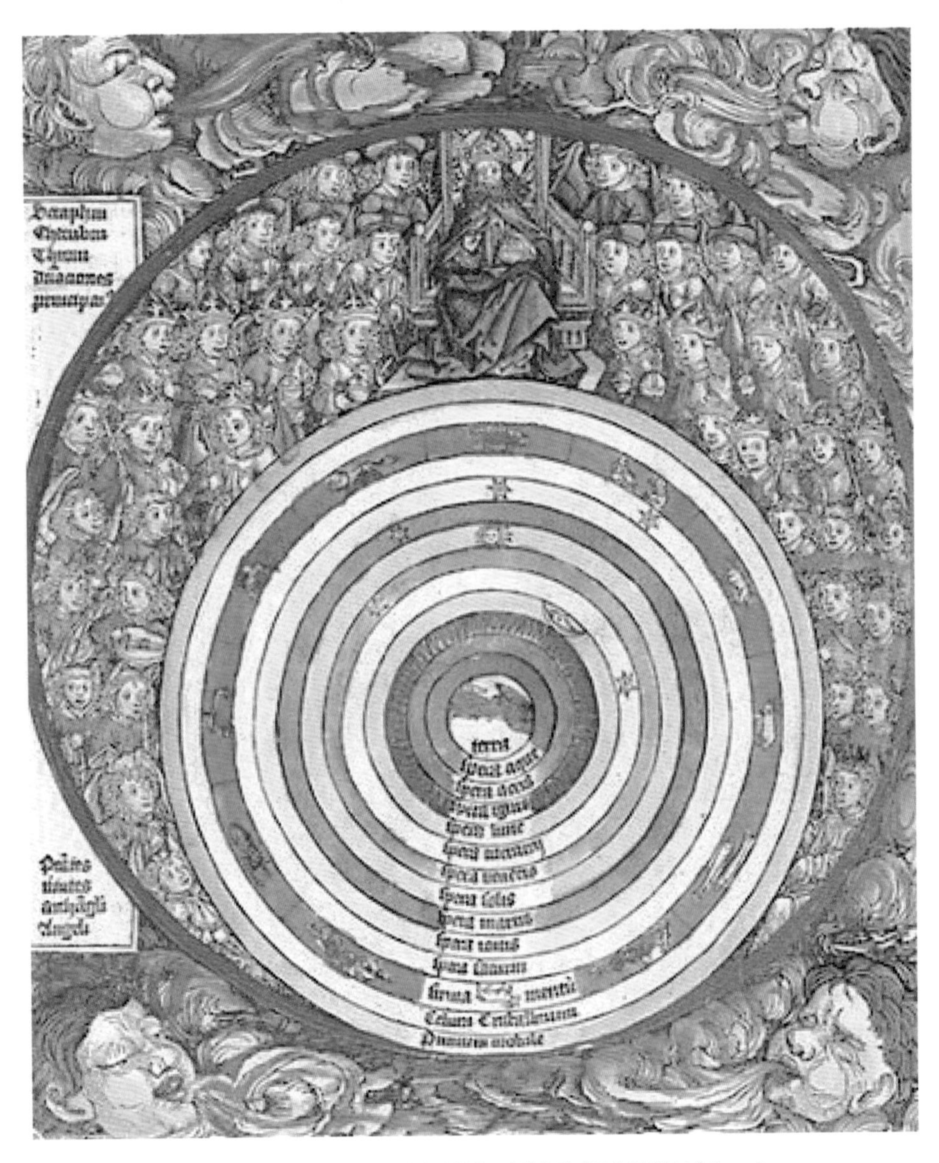

图2.4　中世纪后期的宇宙。摘自哈特曼·舍德尔的《纽伦堡编年史》（1493）

图片来源：Wikimedia Commons

罗马历史学家塞涅卡对地球全景也有类似的想法："这就是那个被那么多国家用火和剑分割开来的弹丸之地吗？凡人划定的边界是多么可笑。"[40]

公元前后，诗人奥维德想象地球"飘浮在笼罩的空气中，靠自己的重力保持平衡"。历史学家普鲁塔尔克想象着从月球上看地球的场景，他预计会看到很多云，这倒是不同寻常的。他问道："是否有可能看到下面地球上的生命迹象？"然而，如果我们不考虑荷马对阿基里斯盾牌的描述，最早对整个地球图景的想象来自公元前4世纪的柏拉图：

> 如果一个人从上面观察地球，真正的地球，据说看起来像有十二种颜色的皮球，颜色错落有致，我们这里的颜色就像是画家使用的颜色样品。整个地球都是这样的颜色，事实上，颜色比这些更亮更纯：一部分是紫色的，美得不可思议；另一部分是金色的，所有白色的东西都比粉笔或雪更白；整个地球也是由其他颜色组成的，确实比我们看到的任何颜色都更多、更美。即使是充满水和空气的洞穴，也呈现出一种颜色，在各种其他颜色衬托下闪闪发光。因此，总体上看，地球表面呈现出连续的多种颜色。[41]

这是对早期太空照片所揭示的明亮、多彩和抽象的地球的一种非凡预想。

2.3　你看到上帝了吗？

太空时代对以前的世界观提出了另一种挑战：载人航天把人送往了以往神灵居住的宇宙区域（很多区域仍然无人涉足），太空旅行在提供认识地球新视角的同时，也威胁到了天堂。第一个（充满神秘色彩的）火箭旅行者拉加里·哈桑·切莱比曾宣布他"要和先知耶稣谈谈"，并很快返回地球，宣称已经达成心愿。然而，第一颗人造卫星发射后不久，作家和神学家刘易斯大声问道："在外太空，我们会失去上帝吗？"（在某种程度上，他已经在其纳尼亚系列科幻小说中回答了这个问题。）[42] 1958年，美国国家航空航天局成立时，美国福音派全国委员会举办了一次关于上帝和太空竞赛的圆桌论坛，提出了两个问题：太空旅行是否会削弱宗教信仰，以及为什么无神主义的俄罗斯人处于领先地位。路德教神学家马丁·海内肯向美国主流的新教教会负责人发出了一份调查问卷："太空探索者会发现上帝和天堂吗？"一位卫理公会的主教回答说："当我们从精神的角度思考时，地点和场所的概念就不适用了。""上帝是通过信仰认识的，而不是通过探索。"一位基督教的教授如此回答。海内肯的报告结论是，人们普遍认为"《圣经》中的三层宇宙"已经消失了，取而代之的是一种弥漫整个宇宙，而非置身宇宙之外的神圣感。[43]

惯于从普世角度思考问题的罗马天主教会走在了这次运动的前列。教皇庇护十二世对大爆炸假说表示欢迎，认为"今天的科学，通过一次飞跃，回到几亿年前，成功地见证了最初的'要有光'时刻"。1956年，他在罗马欢迎国际宇航大会四百名代表的到来，并确信"我们越是向外太空探索，我们就越是接近上帝庇佑下的一个家庭的伟大理念。上帝无意为人类征服太空的努力设限……人类必须努力重新定位自己与上帝和他的宇宙的关系"。他的继任者是秉持自由主义的约翰二十三世，他在1963年发表了题为"地球和平"的教皇通谕，该通谕围绕"宇宙的秩序"这一主题，将科学、神学和人权联系了起来。1962年的红衣主教会议审议了"是否为地外生命进行洗礼"这一棘手的问题，这是中世纪末在大西洋岛屿上发现新的人类种群后首次提出的问题。一位神学家写道："教会必然走向太空神学。"[44]下一任教皇保罗六世也是天文爱好者。NASA的詹姆斯·韦伯和他保持着良好的关系，给他寄去了任务的照片，并就太空旅行的超验潜力进行了虔诚的意见交换。教皇反过来祝福双子座6号宇航员（"那些正在探索星际道路的人"）。[45]教皇在华盛顿特区的代表被正式邀请为嘉宾，观摩阿波罗8号的发射；在阿波罗11号之后，天主教礼仪师制订了月球小教堂的计划，作为NASA规划的月球基地的一部分。[46]

俄罗斯的太空计划也以天堂为目标，但方式不同。齐奥尔科夫斯基是俄罗斯宇宙主义团体的杰出人物，该团体相信，更高级的生命形式（其中包括天使）分布在整个宇宙中，人类的目标是与他们进行交流。他的导师是宇宙主义哲学家尼古拉·费多罗夫，费多罗夫早在19世纪60年代就幻想着进入太空，以求长生不老。他告诉齐奥尔科夫斯基："我要和你一起研究数学，你要帮助人类建造火箭，这样我们最终就能知道地球以外的东西，这样我们就能看到我们的地球。"[47]对齐奥尔科夫斯基和宇宙主义者来说，太空旅行本质上是一种不用赴死就能上天堂的方法。[48]

不是每个苏联公民都能跟上“新唯物主义”的步伐。1962年8月，两名宇航员帕佩尔·波波维奇和尤里·加加林在苏联电视台出镜时，不得不回答了观众中一位七十岁妇女的问题：“你们在轨道上时，看到了上帝吗？”两个人都笑了。“我们没有看到任何东西或任何人。”波波维奇回答说。[49]这位老妇人的问题看起来可能很天真，但她似乎一直在关注报纸，报纸上刊登了另一位宇航员蒂托夫的话：“有时人们说上帝住在那里（太空中），但我在太空没有发现任何人。我不相信上帝。我相信人——人的力量、人的可能性和人的理性。”（梵蒂冈电台反驳道，蒂托夫可能没有看到上帝，但上帝肯定看到了他。）据报道，进入太空的第一人尤里·加加林曾说：“我不相信上帝，我不相信护身符、迷信之类的东西。”第一位进入太空的女宇航员瓦伦蒂娜·捷列什科娃自称无法理解她的美国同行杰拉尔丁·科布，科布是一位通过水星计划宇航员测试的飞行员，并且发现了祈祷与驾驶超音速飞机的相关关系。赫鲁晓夫对一位美国记者开玩笑说，苏联建立太空计划的目的是执行研究上帝存在的项目。“我们派出了我们的探险家尤里·加加林。他绕着地球转圈，在外太空什么也没发现。他说：‘那里一片漆黑，没有伊甸园，一点也不像天堂。’”[50]这反过来又孕育了俄罗斯的一类笑话，即关于宇航员遇到上帝的玩笑。[51]

如果这一切是为了挑衅美国的福音派，那么它成功了。在约翰·格伦首次轨道飞行后的第一个星期天，全美国的教堂都在进行感恩活动，布道的主题是“我们伟大的太空之神”。一位南达科他州的参议员宣读了谴责加加林声明的报纸社论，将其写入国会记录中，并预言了苏联无神论的失败。[52]有信仰的美国宇航员们很高兴为这一切出了力。[53]约翰·格伦说：“我参加这个项目的原因是，这可能是我最接近天堂的一次。”格伦应参议院委员会的邀请，对加加林做出回应：“上帝……将在我们去的任何地方。”戈登·库珀在他的水星计划太空舱中礼赞了造物之美，这是一次广为人知的祈祷。[54]双子座宇航员詹姆斯·麦克迪维特在罗马举行的一次新闻发布会上说：“我没有看到上帝在观察我的太空舱舷窗……但我能辨认出上帝对恒星的鬼斧神工……如果在地球上，你能和上帝在一起，那么在太空中，你也可以和上帝在一起。”[55]1957年至1958年，作为刚刚入籍的公民，沃纳·冯·布劳恩注意定期参加礼拜。他因为宣布“太空飞行将使人类摆脱依然禁锢的枷锁，即仍然将人类禁锢在这个星球上的重力枷锁，并为人类打开天堂之门”，而被指控为亵渎神明。此后，他决定要礼貌地回答宗教问题。他向记者奥里安娜·法拉奇辩解说，太空旅行是“上帝的旨意……如果上帝不希望这样，他就会阻止我们……是的，我当然有宗教信仰”。[56]

苏联评论家和宇航员试图将上帝和天堂从太空中赶走，而美国的福音派则试图让上帝存在于精神上，而不是物质上。一些科幻小说家和太空倡导者试图用技术奇迹感来取代对天堂的宗教奇迹感，但两者之间有深刻的区别：传统想象中，天堂充满光芒，而天文意义上的太空则是黑色的和空旷的。鉴于神学上的天堂和天文上的天堂之间的脱节，文学家弗拉基米尔·布尔雅克提出了一个有趣的问题：太空是什么时候变黑的？似乎至少在18世纪之前，夜晚被理解为太阳位于地球背面时，地球投下的动态变化的阴影；我们处于黑暗之中，但不是整个宇宙（我们可以从上文德奥兰达的画中看出这一点）。这种信念在哥白尼革命之后仍然存在；事实上，“太空本身是黑色”的认识可能只有通过20世纪的天文学，甚至是太空旅行，才触及普通大众。现代太空望远镜拍摄的星际气体云的启示性照片表明，天文意义上的黑色太空可能会变成20世纪的文化插曲。[57]

在古代世界，对整个地球图景的想象与悲观主义勾连；在现代社会早期，与虔诚主义相关；在20世纪，与和平有关，但与进步无关。相反，太空游说团体和太空计划都背对地球，视而不见，因为他们专注于遥远的目标天体；如果太空是未来，那么地球就是历史。然而，一旦人类能够离开地球，再回望地球，这一切都会改变。1968年，三位坐在代表了技术进步的整流罩里的宇航员，即阿波罗8号乘组，将远航太空，亲眼看到古人的想象图景，一个显然未被人类见证的地球。他们在不知不觉中遵循了一个古老的传统，在内心深处寻找意义，并选择不读那些人类进步的宣言，而是选择读人类世界一本古老书籍的开篇：“起初……”

第三章

从陆地景观到行星地球

从古希腊时期到太空时代早期，两千多年来，人们一直在猜想从天上看，地球会是什么样子。大多数人认为，在来世才能拥有这样的视角。几乎所有人都知道，地球就是一个球体。船只的桅杆首先出现在远处海平面上，这表明地球确实是有曲率的，但实际上，人类还是无法通过肉眼观察从地球一侧到另外一侧的地平线曲线。空中拍摄的出现给人们以启示。但是，第一张展现地球曲率的照片究竟是什么时候拍摄的？说来奇怪，一直以来都没有人认真回答这个简单的问题。零星的证据讲述了20世纪不为人知的故事之一：从陆地景观到行星地球的转变。这些零星证据散布在专家档案、被遗忘的技术论文和手册，以及堆积如山的新闻稿和剪报中。

3.1 弯曲的地平线

19世纪中期，热气球上诞生了最早的空中照片，拍摄了法兰西第二帝国时期[1]的巴黎和南北战争前波士顿的鸟瞰图。在19世纪90年代，开始出现用风筝和火箭装载相机的实验。早在1891年，路德维希·罗尔曼就获得了一项德国专利：利用火箭拍摄地球。升空后，火箭将迅速拍摄照片；在爆炸前，火箭将抛出降落伞和相机，它们被系在一条锚定在发射场的长缆绳上。之后，相机被回收。没有记录表明这项专利曾经被验证过。另一项不太真实的专利涉及将照相机安装在归巢鸽子身上，并成功拍摄了最早的地球鸟瞰图；在这个阶段，归巢鸽甚至比早期火箭更靠谱[1]。1897年，诺贝尔奖的创始人阿尔弗雷德·诺贝尔在瑞典的一个小镇上发射了第一枚用于拍摄的火箭。几年后，阿尔弗雷德·毛尔利用摄影火箭从几百英尺高的空中拍摄了一段德国景观。芝加哥摄影师乔治·劳伦斯的口号是“我们的专长是拍摄迄今为止难以拍摄的照片”。他以一张1906年地震后拍摄的“废墟中的旧金山”的照片而闻名，拍摄这张照片的大型相机悬挂在十七个风筝构成的阵列上[2]。然而，就高度而言，比起在山顶拍摄，这些新奇装置都算不上多大的进步。

飞机带来的更高的鸟瞰地球的视角，激发了西方人对一系列未来主义愿景的想象，但地平线仍然是平的，亘古未变[3]。在20世纪30年代，走在航空时代最前沿的是高空气球，这种气球很容易超过飞机的飞行高度。从理论上讲，如果具备观察平原或海洋的清晰视野，并有经过校准的观测设备，那么从几英里高的飞机上就有可能探测到地平线的曲线。但实际上，大气中的雾气遮挡了在这种高度上能看到的一点点曲线。要观测到地平线的曲线，就必须越过这一层雾气霭霭的大气，进入到平流层。而要实现这一点，仍然需要一个高空气球。

在20世纪20年代末和30年代初，气球的飞行高度纪录一再被打破，最高达到18公里。高空竞赛的内容预示着即将到来的太空竞赛。苏联声称完成了两次破纪录的气球飞行，但其中一次无法证实，另一次以气球坠落，球毁人亡结束。美国陆军和海军相互竞争，以争夺领先地位，这像极了美国对苏联地位的积极挑战。由于海军保持着官方纪录，美国陆军航空队在1934年决定与

---

1 法兰西第二帝国是波拿巴家族的路易-拿破仑·波拿巴在法国建立的君主制政权，后于法兰西第二共和国而先于法兰西第三共和国。帝国于1852年12月2日建立，1870年9月4日覆灭。

国家地理学会合作，尝试创造新的飞行高度纪录，这次任务被命名为“探索者”。发射这样一个大气球需要苛刻的平稳环境，即使是亚利桑那州的陨石坑也不太具备条件。经过大量的选址考察工作，他们在南达科他州的黑山地区找到了一个大型天然盆地，当地人称之为月光谷，但现在改名为平流碗。第一次飞行尝试发生在1934年7月，就在飞行高度距离纪录高度还差一点时，气球上出现了大口子。随后，气球经历了18公里的缓慢自由落体，气球乘员们努力操纵报废的气球，像操作一张巨大的降落伞。摄像机在硬着陆中被毁，但乘员们在距离地面很近的地方成功跳伞。[4]一年后，三名乘员中的两人，即阿尔伯特・史蒂文斯上尉和奥维尔・安德森执行了第二次任务，这次获得了一张显示地球曲率的历史性照片。

1935年11月11日，探索者2号从平流碗盆地底部升空。八小时后，成功升到22公里高的平流层中。气球上方的大气只占到地球大气的百分之四。上空几乎是黑色的，太阳是白色的。由于失去了空气的作用力，气球一动不动地悬浮着。在加压吊舱舷窗后面的乘员们汇报说，他们感到了“极度宁静”。他们的视野有280公里远，能够看到白色雾气带遮挡了远处的地平线。就像阿波罗宇航员看到的月球一样，他们看到下面的景象是“一个陌生的、毫无生机的世界”（毕竟那里是南达科他州）。他们装配的大型仙童垂直航拍相机被固定在吊舱的地板下，向下拍摄风景。一台装有红外胶卷的手持式仙童相机被固定在吊舱壁上，他们可以用这台相机向外拍风景。

在平流层中，乘员们接受了一次无线电采访。他们汇报说：“天空确实显得非常暗，但仍然可以说是蓝色……一种非常深的蓝色。”播音员解释说：“成员们预计并希望其中一台摄像机能够拍摄到显示地球曲率的地平线照片。你们听到的背景声音中的嗡嗡声就是……其中一台相机自动拍照所发出的声音。”相机可以透过大气层的雾气拍摄到530公里的景色，并拍摄了第一张清楚地显示地球曲率的照片。几个月后，这张放大后的照片出现在了《国家地理》杂志的折叠插页上。相机的视野轻松地覆盖了整个黑山地区及其发达的河流水系，并延伸到怀俄明州和蒙大拿州；在视野最远的地方，所有的细节都不可见。地平线下方，被人工画上了一条黑线；在黑线的上方，人类首次看到了地球柔和的曲线。[5]

气球乘员们继续一点点升高他们可以达到的高度。斯坦利·库布里克的团队为电影《2001：太空奥德赛》收集了很多从太空拍摄的地球照片，其中有一些是大卫·西蒙斯中校于1957年8月20日（就在人类第一颗人造卫星发射前几周）在明尼苏达州上空30公里处拍摄的照片，这些照片在不需要人工画线的对比下，就能清楚地显示地球的曲率。[6]乘员们的成就当然是了不起的，但要拍摄真正幅员辽阔的地球，就需要火箭上场了。真正能用的火箭是一批缴获的德国V-2火箭，也就是希特勒的“复仇”火箭，这些火箭在第二次世界大战后由水路运抵美国。

3.2 “火箭人”

1946年夏天，位于新墨西哥州白沙的陆军试验场开始发射V-2火箭，这标志着美国太空计划的开始。一位科学家回忆说：“V-2看起来让人心生敬畏，甚至感到空洞茫然，它听话驯服，并且没有全副武装。”[7]白沙也是高层大气研究的实验场，但与体形更小的探空火箭不同，巨大的V-2火箭可以携带一吨以上的载荷包。《华盛顿邮报》的头版头条赫然刊登了《纳粹火箭助力揭开宇宙射线之谜》。相机也跟随火箭升空了，其目的不是拍摄风景，而是收集火箭的运行数据。V-2火箭的第十二次发射发生在1946年10月10日，海军研究实验室的物理学家托尔·贝格斯特拉赫用一台K-25大型机载相机拍摄了以地球为背景的火箭尾翼，以确定火箭的飞行方向。相机工作正常，但是图像很模糊。实验室团队再次尝试拍摄已经是六个月后了。下一个拍摄地球曲率的机会落在了另外一个研究团队身上：约翰斯·霍普金斯大学应用物理实验室团队，该团队是为了利用V-2火箭试验带来的科学机会而新成立的。[8]

应用物理实验室的摄影专家克莱德·霍利迪负责在V-2上安装相机，他在战争期间曾从事过导弹跟踪和空中侦察工作。正如贝格斯特拉赫已经发现的那样，从导弹上拿到照片并不是一件容易的事——装有感光胶卷、弹簧和机械快门的相机必须在这个战争武器的飞行中幸存下来。在新墨西哥州的骄阳下，相机被装在-183℃的液氧罐旁边，要经受住起飞时的剧烈振动，在短短一分钟内加速攀升到32公里高。之后，相机在上层大气中被冻结，在火箭上升时一起旋转，在火箭下降时不断翻滚。最后，从80公里的高度砸向地面。在如上所有环节中，相机必须不断保持自动曝光和卷片的状态，每一次曝光的时间都通过电信号传送到地面，以便弄清火箭的状态。

霍利迪尝试了各种类型的相机，包括高可靠性的K-25机载相机，一个16毫米小型枪支瞄准相机，以及一个商业DeVry（一种摄像机型号）35毫米电影新闻短片摄像机。所有相机都被加固，以抵御振动，胶卷被缠绕在加固的钢罐中。然而，主要的问题是坠毁后如何完好无损地取回胶卷。根据白沙火箭计划，包裹在缓慢下降的非空气动力学舱中的载荷包会以伞降的形式被依次弹出，甚至还加装了旋翼；较小的载荷包飘移出去很远，即使有烟雾罐、彩带和信标的帮助，在沙漠中找到它们可能也需要几天甚至几周。对此，V-2火箭的解决方案更简单：相机就安装在火箭箭体下的两个球形燃料箱中间；如果这两个燃料箱在途中被炸开，包括相机在内的较轻的后半部分就会低速坠落。寻找相机的解决方案甚至更简单：把它涂成红色。虽然仍需要在沙漠里大范围驾车搜寻，也需要在弹坑里翻来覆去搜索，但没有一个V-2胶卷罐丢失。[9]

1946年10月24日发射的第十三枚V-2火箭携带了一台35毫米电影摄像机。最终，胶片幸存下来；整个飞行只持续了几分钟。探索者号气球花了八个小时才到达地平线开始弯曲的高度，而V-2火箭在几秒钟内就达到了同样的高度。仅仅过了一分钟，火箭的燃料就耗尽了。随着发动机的关闭，火箭的尾翼在稀薄大气中失去了控制，火箭开始旋转，摄像机也随之旋转。当V-2火箭在其远地点（约104公里，65英里）附近减速时，箭体开始翻滚。相机以疯狂的角度掠过部分地球景观，每个明亮的景观都被黑色的弧形天空包围。[10]这些照片发布时，一家新闻短片机构感叹道："这是有史以来最轰动的新闻短片。"《洛杉矶观察家报》兴奋地说："你在65英里高的V-2火箭上！"新闻界喜欢这些照片，但是科学服务部门负责人并非如此，这一点就像早期太空计划中那些迷恋火箭鼻锥体的工程师一样。他向属下们抱怨说："真正重要的照片是太阳照片，而不是地球照片，他们拍到太阳照片了吗？"气象学家们也不以为然。他们的问题是，为什么火箭总是要在晴朗的日子里发射？为什么没有拍摄关于云层的有趣照片？[11]

1947年3月，伯格斯特兰的海军研究实验室团队拍摄了第一张百英里高的

图3.1　1948年7月26日，V-2火箭携带的相机从96公里的高空拍摄的有曲率的地平线

图片来源：约翰斯·霍普金斯大学应用物理实验室

照片；几张照片拼接在一起，形成了一张可与早期轨道照片相媲美的地球拼接景观照片，范围横跨墨西哥和南加州，延伸到大约1 400公里外的太平洋地平线。1948年，霍利迪的应用物理实验室团队凭借V-2火箭拍摄的最壮观照片胜出。1948年7月26日，他们收集了二百多张由V-2火箭上的自动相机在96公里高度拍摄的照片。一个多小时后，一枚海军Aerobee（一种火箭型号）探空火箭在112公里的高度拍摄了另一组照片。经过三个月的匹配和拼接工作，两张引人注目的全景照片于10月19日发布。V-2火箭上的相机的视野横跨4 300公里的地平线，从北边的科罗拉多州到南边的墨西哥，俯瞰加利福尼亚湾。整张照片的地球景观占到地球周长的十分之一，看起来就像一个凸出到太空的大弧度穹顶。第二张来自Aerobee探空火箭的南北走向的照片也同时发布。应用物理实验室收集了以“哥伦布是对的！”为新闻报道题目的一千多份发表在报

图3.2 “哥伦布是对的！”1948年7月26日，由V–2火箭在96公里高空拍摄的照片组合而成的全景图

图片来源：约翰斯·霍普金斯大学应用物理实验室

纸和杂志上的国际亮点报道，暗指哥伦布证明地球是圆的这个神话。更明显的V–2火箭全景照片被新闻界和档案馆认为是“人类第一次看到地球曲率”，这一官方立场至今未变。[12]

整个1950年代，大气研究火箭的发射场仍然在白沙。为了追求技术上的清晰度，人们一直采用对红外线感光的黑白胶片。[13]但在1954年10月，技术人员在Aerobee探空火箭上安装了一个小型彩色电影摄像机，生成了由一百一十六幅图像组成的彩色拼接图像，覆盖了从内布拉斯加到太平洋的北美大陆三分之二的宽度，这是当时最接近地球彩色照片的图片。这可能启发了美国气象局局长哈里·韦克斯勒在同一年正式委托他人画一幅球体形状的地球油画。这幅画并不完全是整个地球，它只显示了北美上空的天气系统，就像仲夏时在得克萨斯上空6 400公里处的卫星可能看到的情况一样，只是通过鱼眼透镜效果转换成了一个球体。早期V–2火箭相机拍摄的照片显示了地球的曲率，韦克斯勒也因此受到了启发。他所关心的是地球的表面和云层结构，以及利用图像的细节来跟踪天气系统。尽管如此，这幅画对土地和水的刻画，以及对贴近现实的广袤云层的刻画最接近于从太空看地球的方式，不带有任何人为的划分和界限。[14]

然而，在轨道照片之前的时期，高度最高的地球照片是由美国空军拍摄的。1959年8月，美国空军成功地从搭载在阿特拉斯导弹和雷神导弹鼻锥体中

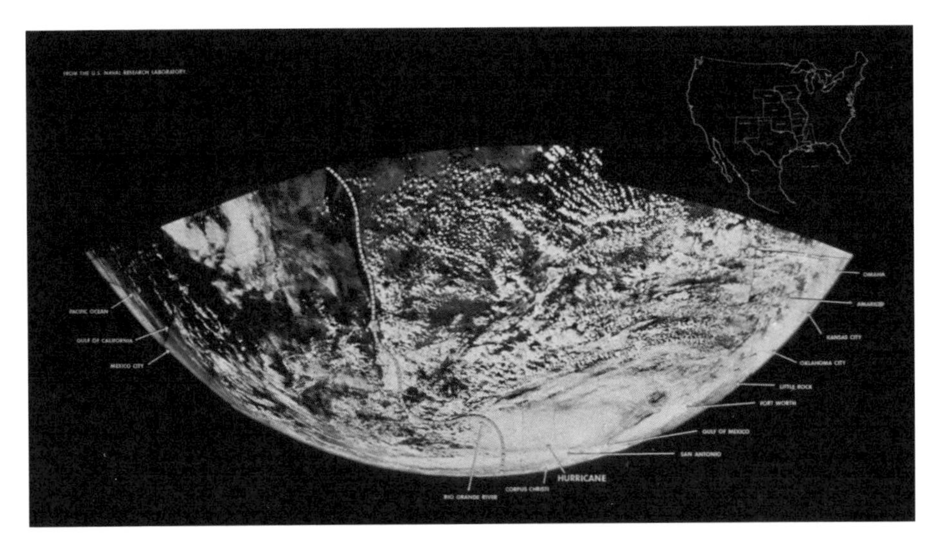

图3.3　1954年10月，Aerobee探空火箭拍摄的北美洲的拼接图像

图片来源：史密森学会国家航空航天博物馆

的自动定时相机中获取了照片，其高度高达1 280公里。这已经远远超过了轨道高度，这些测试涉及独立的再入飞行器，以及它在大西洋的溅落。采用黑白胶卷的原因是彩色胶卷接触海水后就报废了，但在一次发射任务中还是携带了一卷实验性的彩色胶卷。虽然冲洗后的照片颜色淡了（这一点可以理解），但还是成功了。广角镜头拍摄了南、北美洲和大西洋的广大地区，一直延伸到西非，甚至延伸到了英国，视野范围占地球表面的六分之一。承包商通用电气公司显然没有意识到既往的成就，宣称这些照片是历史上第一次看到“从大气层之外拍摄的地球图像”。[15]

人们的注意力很快就转移到了卫星上，但火箭摄影还有一个荣耀时刻，那就是X–15火箭飞机[1]的升空，其成就可以比肩第一次亚轨道太空飞行，即水星

1　冷战时期，出于研究高超音速飞行和载人航空航天技术的需要，美国空军和国家航空咨询委员会（1958年更名为美国国家航空航天局）主导研发了“北美X–15”系列试验飞机，并多次完成了高空高超音速飞行试验。X–15飞机后来也成为美国航天飞机的雏形。X–15靠一台火箭发动机提供推力，可以飞出地球大气层，抵达外太空的边缘，然后再以滑翔的方式，重新返回大气层。X–15系列飞机的飞行试验持续了九年之久，后有十二名美军飞行员参加了X–15的飞行试验。因此，X–15也被认为是为人类的载人航天事业奠定了非常重要的基础。

计划。X-15由一架B-52轰炸机运到13公里高的地方。然后，箭机分离，这时飞行员会启动一个火箭发动机。一分钟后发动机熄火，飞行员就会在失重状态下沿着巨大抛物线攀升，远处黑色的天空中群星闪烁。这架火箭飞机此刻是一枚弹道导弹，由小型喷气机保持稳定（就像载人飞船一样），然后飞机再入大气层，通过正常操控实施着陆。从内华达州泥湖上空的某处到太平洋海岸附近的爱德华兹空军基地，这段飞行耗时十一分钟。飞机的飞行速度是音速的六倍（6 400公里/小时），飞行高度达108公里。那些飞到80公里以上高度的飞行员就拥有了宇航员的翅膀；他们假装同情那些被限制在如锡罐一样的返回舱中的水星计划宇航员。那些配有彩色相机的试飞员中就有尼尔·阿姆斯特朗，他是在月球上漫步的第一人。从1959年到1964年，X-15火箭飞机的飞行实验都装配有相机，在飞机下降时捕捉到了很棒的地球曲率的照片；在航天飞机横空出世之前，火箭飞机的风头一时无二。[16]

虽然展现地球曲率的照片偶尔会成为头条新闻，但它们似乎并没有让人们产生这样一种持久的意识，即地球是一颗行星。这些标题把人们的注意力吸引到了熟悉的地理标志上。这些照片向人们展示了他们已经知道的东西（通过一种陌生的、红外线的手段）：地球是圆的。照片中大多出现了暗色的海洋和黑色的天空，这令人印象深刻，但照片中的地球并不像真正的家。相互竞争的部门纷纷宣传自己的每一张展示弯曲地平线的新照片，包括探索者2号、V-2火箭和阿特拉斯火箭，这反映了影响力的缺乏，以及对信息共享的禁止。在美国，这些故事短暂地成为世界新闻，但在其他地方却没有雁过留声。对于摄影历史学家博蒙特·纽霍尔来说，“从这些飞行中回收的照片非常了不起，因为这些照片显示了地球是圆的并展示了地球的曲率；就像传统的航空照片类似于地图，这些照片类似于地球的一部分”。[17]我们可以把照片中的景观称为地球景观，而不是陆地景观。西奥·伯格斯特兰在琢磨这些照片时打趣说：“如果我们有卫星，就太棒了。”[18]

3.3　天空中的眼睛

人类第一颗人造卫星斯普特尼克1号于1957年10月环绕地球飞行，发出机械的哔哔声。早期的美国探索者号卫星个头太小，无法携带光学设备。在第一颗摄影卫星探索者6号于1959年8月发射之前，太空时代已经过去了将近两年。事实上，这颗卫星的图片获取与阿特拉斯火箭照片获取发生在同一个月。卫星环绕地球飞行的轨道有27 000公里高，从这个高度完全可以在一张照片中囊括整个地球。虽然卫星没有装配相机，但探索者6号确实携带了一台被描述为“2½ lb的扫描装置——类似于电视摄像机——其功能是传递地球云层的粗略图像”。这台扫描装置的信号由“一台名为Telebit的微型电子脑”（人造卫星上的科学信息存贮和发射装置）处理，其产生的七千像素新月形地球图像的传输耗时四十分钟。该扫描仪已被优化，以研究范艾伦辐射带。研究人员花了几周时间对图片进行处理和增强，直到图片具备对外公布的条件。尽管它是“有史以来最远距离的地球照片”，但与最近阿特拉斯火箭拍摄的照片相比，这张照片是粗糙的。9月28日，照片向世界公布，并叠加在了一张轮廓地图上，以显示太平洋和夏威夷就在下面的位置。NASA对外宣称，“科学家们可以在大片白色区域中辨别出云层”。[19]

不到一个月，当月球3号探测器传回一张月球背面的全景照片时，苏联人着实展示了一把实力。秘密监测苏联卫星传输的美国人甚至在照片发布之前就看到了原始照片，因此能够不公开地验证苏联的说法。[20]显而易见的问题是：如果他们能拍摄月球，为什么不能拍摄地球呢？美国早期在航天领域的存在感缺乏真正的视觉证据作为佐证，而根据已经积累的经验，现在看来这是一个诡异的疏忽。一张美国航天器从开放的太空拍摄的，并向全世界发布的整个地球的照片肯定会有助于缓解美国人的焦虑，此刻他们在太空竞赛中处于下风。因此，肯尼迪在1960年的总统竞选中能够用“第一张月球背面的照片是苏联相机拍到的”这一信息来警醒选民。[21]

最早拍摄地球的卫星图片并不是由NASA直接完成的，而是由美国气象局完成的。自从早期的V-2火箭相机拍摄的照片问世，气象科学家一直对从高空拍摄云层的可能性感到着迷。作为美国气象局在V-2火箭委员会的观察员，哈里·韦克斯勒不断给他的上级提供大量的地球图片，以装点他们的办公室墙面。[22]但是有一个问题：V-2火箭总是选在晴天发射，这让人抓狂。1960年4月1日，美国气象局与NASA合作，发射了电视红外观测卫星TIROS（一种

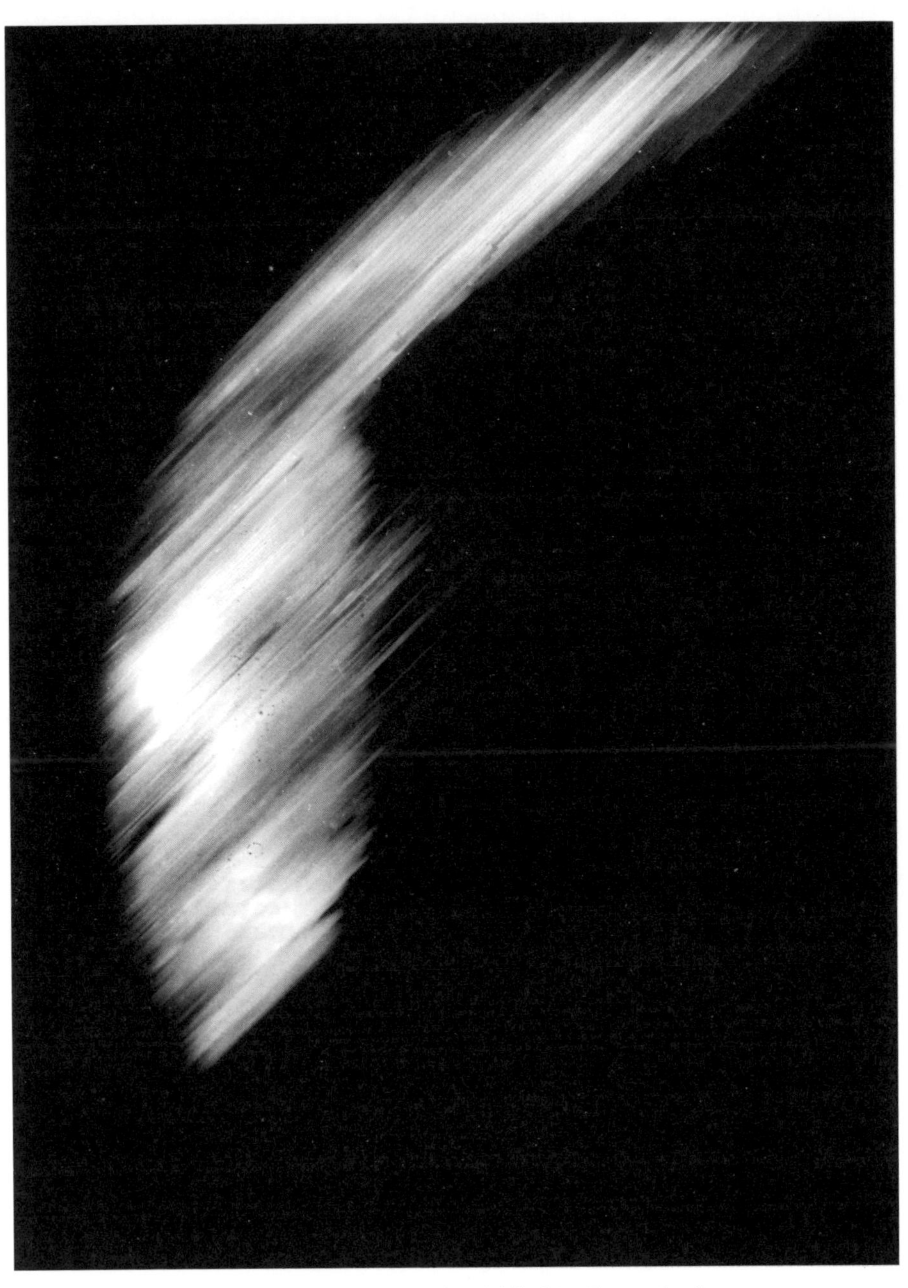

图3.4　科学家们可以在大片白色区域中辨别出云层。1959年8月，
由探索者6号卫星传输的第一张地球的远距离图像
图片来源：美国国家航空航天局

卫星型号）-1号气象卫星，并希望能赶上坏天气。卫星运行轨道高度为720公里，比探索者卫星的轨道低得多。气象学家向媒体解释说，卫星的目标是拍摄“云的照片”。TIROS卫星的照片显示，地球有巨大的曲率，但这是由广角镜头造成的扭曲。

TIROS卫星可能有技术上的局限性，但与后来的卫星相比，它确实有一个重要的优势：它拍摄的是斜向照片和全景图，而不是后来的轨道飞行器常用的垂直测绘式图片。TIROS-1号卫星处于极地轨道，卫星与太阳同步，因此它像太阳一样每天在同一时间经过地球上相同的点。它通过自旋实现自身稳定，相机沿自旋轴方向拍摄。卫星的指向也是根据恒星位置，所以卫星相对于地球的角度一直在变化（想象一下，一只蜘蛛通过蛛丝悬吊在摆钟的指针上，并一直向下看，但不断改变自己相对于钟面的角度）。这产出了各种有趣的角度的全景图。由于高空照片还涉及安全方面的考虑，中央情报局对一些选定的照片进行了审核，NASA不得不紧张地等待。一位NASA官员回忆说，“我不确定我们是否故意给了他们一批质量不佳的照片”，但“我也不会完全排除这种可能性，因为我对他们并无太多同情……分类工作至此告一段落”。[23] 1961年，美国商务部以每卷照片四美元的价格批发销售。后来，NASA把TIROS卫星照片拼接组合，生成了一张包含整个地球直径的长条形图片，但这张图片淹没在一份技术论文中，与图片相关的讨论只涉及云层结构。[24]

TIROS卫星甚至试图拍摄一张月球的照片。不幸的是，自40万公里外拍摄的图片分辨率根本无法满足要求。一位气馁的气象学家解释说，“我们已经尝试过了”，但是“拍摄月球时，看到的月球只有两条电视线宽，而在照片噪点中找到可能是月球的小点并没有取得成功”。[25] 从同样的距离拍摄一张涵盖整个地球的好照片也将是一个挑战。

3.4 人的因素

1958年，美国国家航空航天局成立。此后的几年里，载人航天计划仍然严肃地专注于技术竞争。主导决策的是工程师和任务规划人员，他们对“旅游照片”的接受程度极其有限。NASA早期成立了一个小规模的摄影咨询小组，向华盛顿的总部报告，但这个小组不属于各个项目的管理机关，因此对任务安排的优先次序施加的影响有限。[26]实际上，将宇航员拍摄任务积极纳入载人航天计划的责任落在了理查德·安德伍德身上，他最终成为阿波罗计划的任务摄影负责人，并负责策划所有阿波罗计划拍摄的著名地球照片。[27]

安德伍德拥有作为航天摄影开拓者的理想技术背景。在第二次世界大战中，他曾在太平洋舰队服役，之后自愿担任比基尼环礁原子弹试验的小白鼠观察员。当时在比基尼环礁，相机被禁止使用，但安德伍德读过达·芬奇的书，知道如何制作暗箱[1]——一种艺术家用来将图像投射到纸上的针孔相机。此外，凭借他母亲寄来的巧克力里藏着的摄影胶卷，安德伍德成功拍到了两张原子弹照片——冲洗这两张照片的朋友说，这是“摄影的奇迹”。观察原子试验赚到的“刀头舔血”的钱（他得到了七个月的双倍工资）让他有财力取得了康涅狄格大学的工程和地质学学位。在康涅狄格，他在一架轻型飞机上学习空中摄影，“身子悬挂在舱门外，只有一根绳子拴着我”。

安德伍德后来为美国工程兵团工作，担任全球航空摄影师，负责操作测绘相机，而他旁边的间谍相机会收集更敏感的信息。他的视觉记忆和细致记录堪称传奇。正如阿波罗计划的宇航员沃尔特·坎宁安所说：“迪克·安德伍德（迪克是理查德的昵称）绝对是个了不起的人。他拍摄了世界各地的照片。你把任何一张照片放在他面前，他都知道在哪里拍的。”因为娶了一个洪都拉斯的女人为妻，安德伍德丧失了安全许可证，并最终在NASA找到了工作。他的首席工程师知道沃纳·冯·布劳恩需要一名摄影师，此时冯·布劳恩的火箭计划已经转移到卡纳维拉尔角空军基地了。冯·布劳恩打电话给他，问他是否了解航空摄影。安德伍德从25公里的高度回答说：“是的。”冯·布劳恩说：“我们干活的高度有150公里。”安德伍德接受了这份工作。

安德伍德决定在冯·布劳恩的红石火箭上安装的最好的相机，即已经应用过的战斗机机枪瞄准相机，这种相机已经可以承受极端振动和地心引力。他们

1　暗箱（camera obscura）原本指的是一种光学仪器，由小盒子和棱镜组成，用于研究小孔成像等光学问题，科学家开普勒最早使用这个术语。18世纪初期，光学照相机问世后，由于它很像一个 camera obscura，所以人们将其称为 camera obscura。后来，当照相机流行后，人们将其简称为 camera。

将试验场安排在了大西洋上空，照片拍摄方法与在两极上空将核导弹瞄准苏联的方法相同。然而，照片是令人失望的："我们用从卡纳维拉尔角发射的红石火箭拍摄时，拍摄了发射方向的下方。我们拍到的都是水。"不管怎样，带有曲率的地球照片让安德伍德思考，"因为之前没有见过这样的照片，下一步就是拍摄整个地球……见到这样的照片，我可能会难以抑制地兴奋"。1962年，他被调入位于休斯敦的新落成的载人航天中心，在休斯敦摄影服务部工作，那里是任务控制中心的所在地。自此，他开始计划拍摄终极照片：地球本身的照片。

虽然为1961年5月的首次水星号载人飞行计划的拍摄投入了大量的资源，但投入到从水星飞船拍摄外面景色的资源却很少。项目雇用了一百三十名来自美国无线电公司的摄影师，在几个月争分夺秒地拍摄水星计划准备工作的每一个细节，甚至在飞行过程中，飞行员和仪器都被连续拍摄下来。但是，从太空舱向外看到的风景仅由安装在潜望镜中的遥控广角相机完成拍摄。它拍摄了"天空、云彩和海洋"的照片，但这些照片并没有真正展现水星计划宇航员谢泼德看到的"美丽的地球"。[28]在第二次水星计划的飞行中，弗吉尔·格里索姆拍摄了三百多张照片，大部分都不中用。不过，有二十张照片确实展示了从摩洛哥到乍得的西非的洲际尺度的全景图，这些照片从160公里的高空拍摄，视野触及1 400公里外的地平线。与通常的航空相机的糟糕照片拼图不同，这些照片以透视的角度展示了陆地景观，所有照片都是瞬时成像，展现了一组阴影，揭示了到那时为止尚未被发现的地理特征。[29]V-2火箭展示了太空中看到的美国，水星计划则展示了太空中看到的世界。

允许宇航员拍摄自己想要的照片则是另一回事。汤姆·沃尔夫在《正确的东西》中讲述了著名的"水星七杰"是如何在幕后努力，争取被认可为"太空试飞员"，而不仅仅是飞行任务关于人的分系统——"罐中人"。他们也不得不为争取拍照权利而斗争。安德伍德回忆说，"很多人都反对携带相机，因为相机既增加载重，也很占空间"。起初，水星计划的太空舱甚至没有设计一个舷窗。但是，约翰·格伦坚持要为他1962年2月的轨道飞行任务配备一个大视野观察窗和一台相机。官方设备清单上没有相机，所以格伦不得不直接去找水星计划的主任罗伯特·吉尔鲁思，争取把一台相机作为自己个人装备的一部分带上太空。在测试了几台相机之后，最能满足单手戴手套操作的相机是一台普通的安斯科相机，这台相机是他花了二十美元在佛罗里达州可可海滩的一家杂货店买的。安德伍德和他的团队为格伦改装了这台相机。当他从西到东绕地球飞行三圈并面向飞船前进的反方向时，他的感觉与在火箭飞机的驾驶舱或训练模拟器中的感觉没有什么不同："没有那种惊鸿一瞥就能领会整个地球的感觉。"他拍了一张阿特拉斯山脉的照片，山脉在地平线上呈现出曲率，还有几张从大气层外看到的日落照片。照片的质量很差，但这些照片展示了某种可能性——"看到这些照片时，我们觉得这些照片很棒。"安德伍德回忆说。[30]

格伦和其他首批四名水星计划宇航员都没有接受过任何专业的摄影培训。第五位和第六位试飞员沃尔特·希拉和戈登·库珀一起接受了一次时长为三小时的简短培训，培训的内容是所谓的"同步地形摄影实验"，以记录"地球的地理特征"和"云层结构"。希拉解释说："我起先对相机没啥兴趣……但当我们不得不把相机带上太空的时候，至少我接受了这件事，我决定我们要拍照就要拍最好的。"希拉拒绝了携带"小型相机"，并要求带上自己的专业相机——一款70毫米的哈苏相机（哈塞尔布拉德相机）。但是，他的要求被拒绝了，理由是：在零重力下，这款相机不能正常工作，皮质包裹层会产生气体，使舷窗起雾，而且金属外壳反射的未经过滤的太阳光线有可能损伤眼睛。他的反应"就像一个弄坏了自己最心爱玩具的三岁小孩"。安德伍德回忆说，"所以我们决定要改造一台相机"。希拉回忆说："那台漂亮的哈苏相机的所有皮革都被取了下来。"希拉的拍摄计划也遇到了问题，这源于上一次水星计划的飞行任务，当时斯科特·卡彭特惊叹于从轨道上看到的地球景色，并且为了获得更好的视野，他使用了宝贵的燃料进行轨道机动，结果造成飞船的落区距离目标落区还差320公里。对于下一次飞行，官方历史解释说，"飞行基本规则是节约控制燃料，因此只能拍摄一些事先规定的照片"。在地球轨道上飞行的希拉发现自己"对巨大的云层感到沮丧"。他费了好大力气从包里取出相机，拍了规定的照片，然后宣布："我再拍一张地平线的照片，只是为留作纪念。"遗憾的是，他的十四张照片大多云雾缭绕或曝光过度。[31]

作为水星计划的最后一名宇航员，戈登·库珀是"水星七杰"中最有经验的摄影师，他从二十二圈的轨道飞行中带回的照片被NASA的新闻官员描述为“几乎是杂志发表级别的质量”，其中包括一些喜马拉雅山脉和中国西部的照片。库珀声称，他从轨道上可以看到卡车、火车和建筑物上升起的烟雾，最初这被认为是不可能的；后来被证明，库珀的视力远超常人。另外，从太空看地球，大气的阻隔效应变弱了，而且人的视力对线性特征的敏感度比以前认为的更高，这也有助于看得更远。人类的眼睛在太空中确实发挥了一种特殊的作用。[32]

从水星计划结束到下一阶段的双子座计划（1965—1966）之前，美国载人航天计划有近两年的空白期。双人双子座飞行任务实施了气势恢宏的轨道机

图3.5 “那些只是地球照片而已。”艾德·怀特和双子座4号的舱外相机

图片来源：美国国家航空航天局

动、交会、对接，甚至太空行走，为登月之旅进行预演。这些飞行任务通常持续数天，让宇航员有更多的时间看向窗外。双子座计划在视觉上的主要发现在当时被总结为："在太空中，往上看，天是黑色的，向下看，世界被云层覆盖，云层厚度超出预想，而地球是一个蓝色的星球。"[33] 1965年6月的第二次双子座任务，即双子座4号，带来了人类认识地球的关键时刻。3月份，俄罗斯宇航员阿列克谢·列昂诺夫实施了第一次太空行走。在双子座4号发射前的新闻发布会上，有人暗示其中一名宇航员可能会"把头伸出舱门"，这让人兴趣大增。事实上，埃德·怀特在太空舱外飘浮了二十分钟。他后来回忆说，就速度或下落的感觉而言，就和"从大约20万英尺的高度飞越地球类似"。重要的区别还是有两个：他的飞行高度是216公里，而且他和地球之间没有窗户隔开。出舱活动时，怀特会用小型气体枪来调整自己的位置，他在这杆气体枪上安装了一个相机，从而具备了能够从太空中拍摄那时最清晰的地球照片的能力。[34]

飞船溅落之后，照片被加急空运到位于休斯敦的NASA载人航天中心，连夜冲洗，然后被摆放在桌子上供飞行团队检查。怀特的相机的官方任务是拍摄航天器外部，以检查表面是否有任何破损，而这正是载人航天中心主任罗伯特·吉尔鲁思所关心的。然而，安德伍德却被地球的照片所吸引，特别是尼罗河三角洲的照片。

> 吉尔鲁思博士对我说……"嘿，迪克，所有的动作都在天上完成"。我说，"但是，我不这么认为，吉尔鲁思博士。我认为都是在这里完成的"。他走过来看了看，说："哦，那些只是地球的照片而已。"我说："是的，但我们看到的这些照片是人类从未见过的，包括非洲的部分地区和其他地方。你可以看到实际在发生的事情。"我向他解释了所有这些事情。他说，"好吧，从现在开始，你的工作是与宇航员协同工作，确保他们带回精彩的地球照片，然后最终我们去月球……这才是关键点"。[35]

安德伍德发现自己的工作推动仍然很困难。"我是整个载人航天中心唯一的主管级航空航天专业技术人员，这让很多人都不高兴。他们一直试图解雇目录中的一位主管级航空航天专业技术人员，而我是唯一的一位。但吉尔鲁思、勒夫以及其他人都站在我这边，所以他们的企图从来没有成功过……韦布先生和继任的航天局局长们都认为太空摄影很好。”

抱怨摄影“没有技术含量”的工程师们被实际经历说服了，事实证明摄影有助于为技术故障留下影像资料。即便如此，安德伍德回忆说，“我曾经在会议上对工程师们大动肝火……你们要在其他方面花掉五百亿美元，但却不想在摄像机上投入两万美元……没有这些照片，我们就不知道上面发生了什么。你可以把所有这些关于我们登月飞行的计算机数据写进几千本书里，并塞进图书馆，但没有人会去读一个字”。[36]但是，安德伍德隐藏在所有摄影技术合理性背后的主要目的很简单：获得很棒的地球照片。布莱恩·达夫当时在休斯敦的NASA公共事务办公室工作。“我对那些日子的回忆充满了跟我的朋友德克·斯莱顿和其他工程师、科学家和宇航员的不断斗争，为‘我新闻界的朋友’争取另一张‘公共关系照片’的小让步……没有人关心部分‘想要’的图片，唯一有效的论据是把拍照等同于‘持续的国会支持’……那种‘旅游快照’没有被编入飞行任务程序的时间线。这些照片的拍摄本应属于‘科学’或‘纪实’摄影。”但是，他补充说：“这些照片一直都是。”[37]

从双子座9号开始，每次飞行任务都安排了摄影计划。到阿波罗任务时，摄影计划演变成了一项正式的“摄影和电视操作计划”，该计划详细规定了主要的摄影要求，并增加了一项可能的“机会目标”清单，比如拍摄地球和宇航员的照片。为了适应在太空工作，相机相应做了改装，配备了大胶卷轴，避免了更换胶卷的麻烦，并配备了可以戴着手套操作的长杠杆。取景器直接被舍弃了，正如安德伍德解释的那样：“你不能很好地转动身体，通过取景器，望向飞船的窗外，所以宇航员们接受的培训是直接随意拍。”在T-38训练机的频繁飞行中，在飞行任务模拟器上，宇航员们练习使用相机。精简版的哈苏相机成为第一个太空时代的标准手动相机。安德伍德回忆说：“我们把哈苏公司的人请来，告诉他们什么是好照片，什么是坏照片。当他们设想相机在太空中时，这已经融入他们的脑海中了。[38]最终还是选择使用手持式相机，而不是采用那种U-2间谍飞机上使用的固定的监视相机，这背后有更深层次的理由：我们不想卷入安全领域。NASA所做的一切都属于公共领域……我们希望以宇航员的视角拍摄照片。”

那些看过在轨道上拍摄的照片的地球科学家会联系安德伍德，并提出要求。安德伍德将计算出航天器在白天经过特定地理标志的时间，并提醒宇航员进行拍摄。详细的摄影计划书隐藏在飞船中，只有一名宇航员知道它的位置。安德伍德说："我管这叫'失眠者的摄影'。""在那些飞天的日子里，宇航员几乎不睡觉，因为他们在观察太空舱外的地球。以前没有人见过这么宏伟的景色……飞行控制人员无法理解为什么这些照片会在宇航员睡眠期间传回地面。"[39]在执行飞行任务期间，安德伍德坐在闲置的天气办公室控制台旁，可以接触到天气卫星的信息和其他数据，并能够提醒宇航员什么时候会出现特定摄影目标："这是很随意的。我们希望这样拍摄，而宇航员希望那样拍摄。"

《国家地理》杂志的一位编辑约翰·施内贝格尔仍能记起那段时间的安德伍德。"他对那些在太空中表现不好的宇航员大发雷霆。他是一个有胆识的人，骨子里透着不容忽视的执着和坚忍。"安德伍德说："过了一段时间，当我意识到这些照片的价值时，我会告诉他们中的一些人，'你们知道，当你们返回地面时，你们会成为民族英雄'。但这只会持续很短的时间，宇航员们带回来的数据也会很快被淘汰。""但是，如果你拍到了很棒的照片，这些照片会永世长存。照片的质量决定了你的不朽，而不是其他什么因素。"有些宇航员会说，"哦，迪克，你疯了"。但是，第二天，他们会说，"要知道，你是对的。我会给你拍出很棒的照片"。[40]地球摄影为NASA的技术常规操作增添了人情味；终于，摄影给了宇航员一点点的自由。

3.5 无人探测器的眼睛

拍摄第一张整个地球照片的并不是宇航员，而是一个设计巧妙的轨道摄影实验室，而实施拍摄的是月球轨道器。当双子座宇航员在演练把人送到月球所需的空间机动操作时，机器人探路者探测器已经在造访月球了，其目的是寻找可能的着陆点。月球轨道器是这些探路者探测器中最复杂的，其控制地点不是

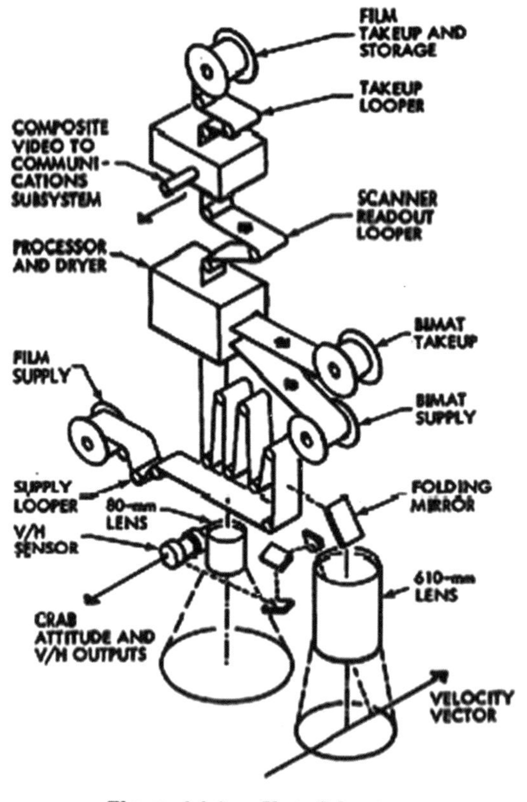

图3.6　月球轨道器搭载的摄影实验室载荷

图片来源：美国国家航空航天局

在休斯敦，而是在NASA兰利研究中心（位于弗吉尼亚州）。要完成探测器的使命，需要高分辨率的照片，而不是画面摇摇晃晃的电视照片，但与载人航天任务不同，这些照片不能被带回地面。那么，在前数字摄影时代，如何从月球传回照片呢？

解决办法很巧妙：拍摄黑白照片，在航天器上显影，用一个可以记录明暗差异的电子点机器进行扫描，将脉冲传回地面，并在地面重新拼成照片。为了避免液体化学品在探测器内晃动，工程师设计了干式显影工艺：将胶卷与一卷黏性的Bimat显影剂接触，再用小型电热器加热定影。这最初是为保密的日冕计划军事侦察卫星设计的，但是被认为过于复杂，可靠性低。此外，还设计了备用系统，将底片从卫星上释放到再入航天器中，然后用C-130运输机实施拦截。[41]从月球带回照片不可能采用这样的备用系统。为了拍摄照片，地面控制人员必须首先正确定向卫星，然后发送信号激活相机。每张照片都是边拍边处理。拍完照片后，开始扫描胶片，并把信号逐行传送到38公里之外，其连接速度比旧的拨号互联网慢得多：两张黑白照片的传输需要四十五分钟。探测器每隔两三个小时就会绕到月球背面一次，因此这一切都需要精心计算时间。此外，还需要NASA全球遥测系统的全部资源支持。

月球轨道器只能拍摄二百一十一张照片，而对于载人登月计划的设计师来说，每张照片都非常珍贵。对地球的度假式抓拍起初并没有列入任务计划。在事先举行的座谈会上，甚至在任务发射前的新闻发布会上，都没有提到拍摄地球照片的安排。在6月份举行的一次关键的任务计划会议上，最终的相机取景方案得以确定，但没有一张照片是预留给地球的。[42]然而，在幕后，NASA的工作人员似乎一直沉浸在拍摄地球照片的想法中。一个可能的启发源于后来《全球概览》的缔造者斯图尔特·布兰德，他于当年春季在大学校园里发起了一项运动，这项运动质疑“为什么到现在我们还没有看到整个地球的照片”？本书第七章将介绍这位有远见的企业家。根据NASA的历史记录，当时似乎并没有受到这个运动的影响。然而，公众普遍有得到完整地球照片的想法。理查德·安德伍德（他没有参与这个项目）回忆道：“美国航空航天局所有相关人员都希望月球轨道器1号能拍摄一张地球的卫星照片，这包括在华盛顿总部的人，以及我们这些当时从事载人航天计划的人和波音公司的人。我们都觉得这是一个‘不需要大费思量’的问题。”[43]

遥控一个绕月飞行的探测器是一项充满风险的工作。月球轨道器的设计是从一个固定的相机直接向下拍照。要接受以俯视角度拍摄弹珠大小地球的照片的命令，整个探测器必须根据来自地球的信号实施转身机动。探测器会迅速消失在月球背面，此时没有人知道是否成功，并且随后探测器必须重新定位。所有这些都会发生在飞行任务早期，在拍摄到着陆点的照片之前。

这里还有另外一个问题：NASA通过激励计划来管理其承包商。波音公司获得合同款的前提是完全按照合同上的约定完成工作，而合同上并没有提到任何关于拍摄地球照片的事情。NASA提出了这个要求，但波音公司的项目经理罗伯特·赫尔伯格拒绝承担风险。然而，事情又有了一丝曙光。月球轨道器的设计思路是：在飞行过程中，根据月球上的新发现，可以进行航天器“微调”。NASA的项目经理李·谢勒解释说，针对波音公司的激励计划有意保持开放性：“如果波音公司提供合适的摄影日期，我们会给予他们奖励，而且是否合适最终取决于NASA的评估委员会。”由于月球轨道器是波音公司从NASA拿到的第一个大型项目，最终波音公司愿意配合。官方记载如下：“波音公司的保守立场是可以理解的，而NASA负责航天计划的高级官员们通过一系列会谈改变了这种立场，这些官员包括弗洛伊德·汤普森博士、克利福德·纳尔逊和李·谢勒。他们说服了赫尔伯格，申明拍摄（地球）照片这件事是值得冒险的，而且如果航天器发生意外事故，NASA会给予补偿。”[44]

只有月球轨道器到达月球，并且地面系统顺利接收到先期拍摄的阿波罗登陆点的照片后，才能最终做出决定。相机中的胶卷必须保持自由活动以避免粘连在一起，因此拍摄计划里纳入了一些“机会目标”，以用掉一些冗余的拍摄机会。原本这些目标并不包括地球，但显影剂变干、变黏的速度比预期的要快一些。在这种情况下，地球能不能成为一个“机会目标”？谢勒回忆说：

> 有人跑过来说：“我们刚刚做了计算，下一圈绕月轨道上，航天器进入月球背面时……我们可以拍摄一张地球月球同框的照片，这将是一张极其有趣的照片。”而波音公司说：“这事风险巨大。我们可能搞砸了整个任务，失去巨额奖励……我们干吗要这样做？”于是，我们围着桌子坐了一个小时……最终，波音公司的副总裁站起来说：“管他呢！这是一项公共服务。产生的影响可能是巨大的。”
>
> 我们接受这项挑战。这项挑战也发挥了巨大的作用。任务执行过程中，国会空间科学委员会主席约瑟夫·卡思打电话给我，问道：“你们拍摄地球照片是怎么回事？”我给了他一大堆理由，但是他以一种非常老道的口气说：“嗨，我才不管你为什么这样做，但我和两亿美国人感谢你。”[45]

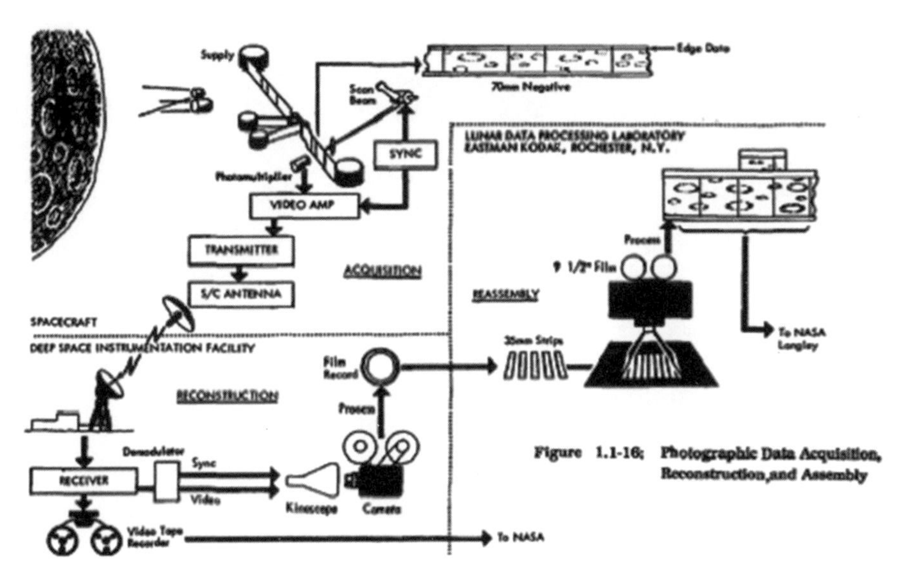

图3.7　月球轨道器的摄影传输系统

图片来源：美国国家航空航天局

在格林尼治标准时间1966年8月23日16时35分，月球轨道器首次拍摄到了整个地球（照片编号102）。兰利中心发布了一份新闻稿，解释说："拍摄的目的是获得科学家们长久以来感兴趣的数据，即从大约25万英里的高度上，观测地球的晨昏线。"虽然从地球上看，月球的晨昏线是一条鲜明的线，但是人们预计大气干扰会使太阳光扩散，使地球的晨昏线呈现出从明到暗的渐变阴影。第二张照片是在两天后拍摄的，这张照片的分辨率较低。位于加利福尼亚和西班牙的深空网络地面站下载了扫描的图像。即便下载完成，整个流程也还没有走完。信号必须被复制到录像带上，并被投射到一个显像管上，这时候，再用电影摄像机进行拍摄。之后，电影底片会被送到位于纽约罗切斯特的伊士曼柯达实验室，切割成条状，并单独冲洗出来。随后，这些纸质照片又被送到兰利中心进行分析，并发布。照片的问世需要花些时日。9月10日，第一张高分辨率的照片对媒体发布，标题是"世界上第一张由航天器从月球附近拍摄的地球照片"。[46]有段时间，这张照片巨大的放大图被张贴在了纽约的中央车站。

一张从月球拍摄的地球照片带来了一个视角问题。人们认为阿波罗8号拍

图3.8　月球轨道器拍摄的地球，1966年8月23日
图片来源：美国国家航空航天局

摄的是一张地球升起的照片；而事实上，照片中地球正在落下。在太空中没有“上”和“下”，那么，问题来了：印刷地球照片时，该如何处理方向？就像NASA所有的航天器一样，月球轨道器沿着赤道轨道方向（从东到西）飞离地球，并且其绕月轨道也在同一平面内。从探测器回望地球，地球的北极在顶部，日落线（或者晨昏线）的方向是自上而下的。很自然地，北半球位于印刷图片的上部，所有地球“单人照”都是这样印制的。然而，从月球上看地球，并且月球地貌出现在照片近景中时，问题出现了——如果我们让北极位于照片顶部，那么地球就会出现在月球的一侧。

照片发布时的图注文字如下：“照片的左边部分是地球，美国东海岸在左上方，欧洲南部位于地球的暗侧或夜侧，南极洲位于新月形地球的底部。照片的右边部分是月球表面。”NASA希望人们知道，从太空视角看地球，地球是不同的。同样地，阿波罗计划的官方历史书也是将照片竖版印刷，并将“地球的惊鸿一瞥”作为图注。[47]当这张照片在1967年3月再次对外发布时（也许是为了冲破阿波罗1号火灾的阴霾，给人们一线希望），图注增加了一句话：“这是宇航员绕到月球背面，并面向地球时，所看到的景象。”这一次，人们按照“地球在左，月球在右”的指引拿起照片。不幸的是，发放给媒体的副本照片的图注还是照旧以横版方式印在照片下面，而不是竖版印刷。[48]新闻界常选择如此印刷照片：横版印刷，月球在下面，地球在上面；这与月球位于地平线上方的景象相反。[49]

中央车站张贴的月球轨道器拍摄的巨大地球照片影响了很多人，艺术家厄尔·哈伯德就是其中一位。他把自己的想法倾注到了一封信中，这封迪尔菲尔德基金会的正式信函从康涅狄格州发出，邮寄给了“处于人类进化最前沿的个人和团体”，其中包括阿瑟·克拉克。过了一阵子，他脑海中的地球是“一个白点”。

> 这是NASA从月球上拍摄的一张地球照片的放大版。这是新的视角。这张照片下面，人头攒动，熙熙攘攘。我意识到，这些人，这座车站，我所知道的一切，都在那个点上……有了这个新视角，就出现了新的意识。
>
> 局限于地球的历史已经结束。
>
> 浩瀚宇宙历史已经揭开篇章。

然而，克拉克认为，下一次探月任务月球轨道器2号拍摄的一张照片更好：“低角度拍摄的哥白尼撞击坑照片无与伦比，登上了世界上几乎所有报纸的头版头条，这张照片被誉为‘世纪之照’。”[50]克拉克感到很震惊（我们可以如此推断），因为它与1950年代太空艺术家切斯利·博恩斯蒂尔笔下的哥白尼撞击坑很像，他的这幅油画作品已经得到广泛的传播。更妙的是，“哥白尼”这个名字意味着一种宇宙历史观，这种观点认为地球并非宇宙的中心——而在这幅油画中地球完全消失了。当时，克拉克正在拍摄电影《2001：太空奥德赛》，为了拍摄月球景观镜头，使用了根据博恩斯蒂尔的哥白尼撞击坑油画所制作的一个令人信服的模型。对于像克拉克这样的天体未来主义者来说，现实越像科幻小说，科幻小说就越有说服力。实际上，哈伯德对月球轨道器拍摄照片的评论就体现了这种现实效果。他的评论不是当时写的，而是在1968年4月看了《2001：太空奥德赛》之后才落笔的；他的文字既是对电影的思考，也是对原始照片的思考。

NASA的科普读物《用相机探索太空》鼓励读者从太阳系的宏观角度和太空旅行的角度来看待地球，这也预示着未来的进步：通过这种视角的转换，我们地球人获得了机会，可以清晰地回眸自己星球的蓝色，这种回眸的机会只有我们这一代人中极少数的载人航天的亲历者才拥有。我们已经具备了从遥远的视角思考自己的能力。在1969年出版的航空摄影史《空中照相机》中，作者博蒙特·纽霍尔认为月球轨道器的照片轰动一时，因为“我们不再俯视地球，而是正视地球，这是破天荒第一次”。阿瑟·克拉克认为，“对于千百万地球人来说，他们第一眼看到这张照片时，一定会感到地球真正成了一颗行星”。[51]这并不意味着发现母星，而是离开母星。这不仅仅是从太空看地球，更是从未来看地球。

月球轨道器拍摄的照片很对天体未来主义者的胃口，但其影响似乎既不深远也不长久。起初，NASA似乎没有意识到这张照片蕴含的价值。NASA的注意力都集中到了所谓的“晨昏线研究”上：在早晨和傍晚的阴影投射到的地方，深入研究大气现象和地球表面细节。然而，日落线预计会呈现出“从明到暗的渐变阴影”，这一点对大多数人来说，根本就没有什么新意。月球轨道器任务的负责人奥兰·尼克斯发给工作人员的祝贺信中罗列了一系列技术成就，并没有提到第一张地球照片。参议员约瑟夫·卡思向团队表示了祝贺，之后的发言也没有提到这张照片。那年早些时候，他一直在强调“需要将世界环境作为一个整体来对待”，但是在他后来关于“太空计划及其对地球科学的价值”的众多演讲中并没有提到这张照片。[52]那些发布了月球轨道器科学发现成果的科学期刊几乎完全忽略了地球照片。NASA随后发行的关于月球轨道器系列任务（共五次任务）的各种出版物通常将拍摄地球照片视为次要目标，或最多是“成绩斐然的月球轨道器任务的副产品”。为纪念该系列任务收官而发布的新闻稿没有提到地球照片的成就，而随后发布的官方图片集大多是各种撞击坑。只有在公共事务办公室准备的材料中，NASA才把地球照片放在首要位置。[53]在黑白照片中，月球展现了地外星球突出的地貌特点。在相机的后面，并无人类的目光注视。这张照片具备成为天文学教科书插图的资质。不管怎样，照片没有给人一种家的感觉。

1966年10月，NASA的一名工程师提出了一个问题：既然规划了月球轨道器系列任务，那么是否可以安排一次任务，在飞往月球途中拍摄地球照片？经过一番权衡，项目工程师表示反对。探测器只能在安全地飞离地球辐射带后才能开机，到那时探测器已经离地球9万公里开外了，照片的分辨率将不超过两公里；NASA关注的仍然是（月球）表面细节特征，而不是整个地球。不管怎样，相机的曝光都是为拍摄月球而设置的，而拍摄沐浴在阳光下的地球的照片会导致严重的过度曝光。但主要的问题来自摄影系统：一旦系统开始拍摄，就必须每八小时拍摄一张，以避免黏性显影剂条在装置中造成粘连。要等十天摄影系统才能拍摄第一张月球照片，这期间将浪费三十次曝光。从技术上讲，从月球轨道上拍摄一张免费的地球照片是可能的，但是技术的局限使得在奔月轨道上拍摄一张地球照片的代价太高。如果地球的照片被认为是重要的，那么任务目标就必须要改变。[54]如果这些照片不重要，那么月球是优先级最高的目标。

在任务执行期间，五个月球轨道器都成功地从其他角度拍摄了地球。在月球外近6 400公里处，月球轨道器4号拍摄了一张让人惊奇的新月和“新地”同框的照片；而对地球上的观测者来说，此时的月球几乎是满月。这张照片堪称1992年伽利略探测器所拍摄的地月同框照片的先驱之作，知名度却略逊一筹。1967年8月8日，最后一个月球轨道器拍摄了一张地球的照片，这次照片里只有地球。这又是一次“后知后觉”——最初的摄影架构是按照录像拍摄进行预算的。这部录像短片的色彩是黑白的，地球是半球形的，而不是完整圆，地球本身也只是一个模糊的光球，但我们终于看到了完整而孤单的地球。一位官员回忆说，“在最后的一次任务中，我们把轨道器竖起来，来验证地球上的人们是否能够看到从卫星太阳能电池板上反射的阳光。人们确实看到了，照片显示在25万英里外有一个闪闪发光的小装置”。[55]

图 3.9　修复后的月球轨道器拍摄的地球照片

图片来源：美国国家航空航天局月球轨道器恢复项目

出乎意料的是，月球轨道器拍摄的地球照片推动了主要任务的进展。该任务表明，探测器可以拍摄整个月球表面的横屏照片，也可以拍摄竖屏照片——也就是说，既可以拍摄景观照片，也可以拍摄测绘照片。由于斜角横屏照片能够揭示详细特征和地貌轮廓，此类照片的拍摄被纳入到未来任务中。作为这些探测器的制造商，波音公司最终获得了百分之七十五的激励金（整整两百万美元），其成就包括拍摄了一张具有“历史意义”的地球照片。[56] 1966年10月29日，月球轨道器1号已完成其使命。在接收到来自地面的离轨信号后，探测器在月球背面硬着陆。或许在未来的某一天，一位月球考古学家将会发现第一台用于拍摄地球照片的相机的残骸，并找到很初级的扫描器以及受损的小瓶显影液。2010年，NASA的月球轨道器图像恢复项目复原了一张令人叹服的照片。通过这张照片，我们才确切了解这个装置的实际效果，并且意识到，在地面照片处理过程中，很多传回地面的信号丢失了。

当月球轨道器首次到达月球轨道时，名为“勘测者”的探测器已经在月球表面了。这个两个月前着陆（6月份）的探测器对地球也不感兴趣。早期的勘测者探测器只拍摄黑白照片，因为工程师们认为这些黑白照片更有利于数据获

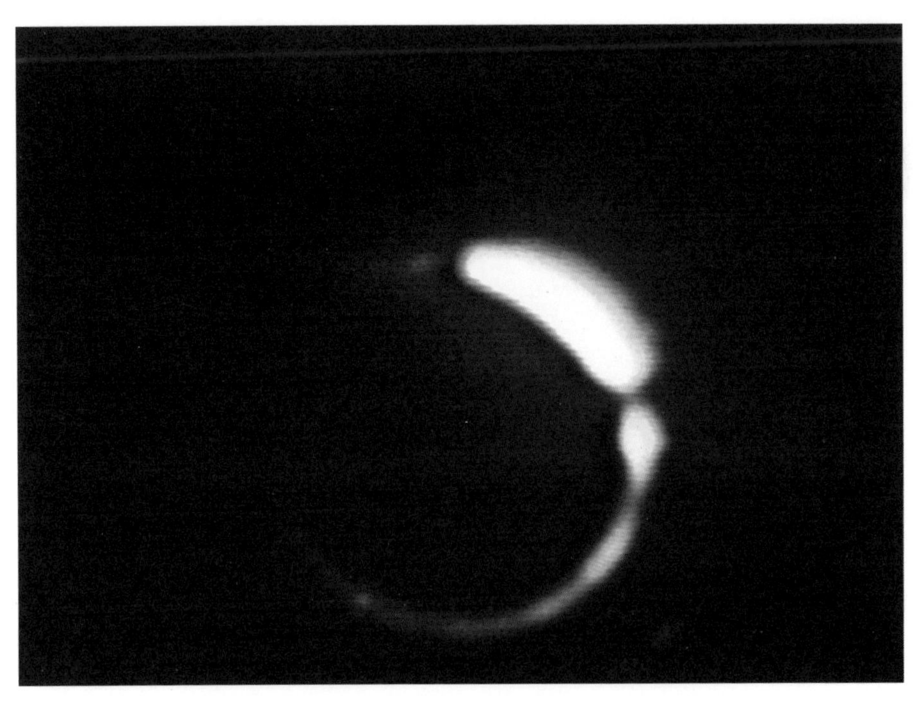

图3.10　勘测者3号拍摄的地球照片（日食），1967年4月

取，而争取彩色照片失利的理查德·安德伍德认为，这是“一些拥有三个博士学位的家伙做出的白痴决定”。但是，在第三个勘测者探测器上，这个问题有了商量的余地：将采用三个彩色滤镜，以产生三个独立的图像，这些图像经过地面处理，看起来就像全彩色的。1967年4月，勘测者3号探测器成功地拍摄到了一张地球遮住太阳的日食照片。从月球上看，地球大约比太阳大四倍，所以这次日食持续时间较长，在太阳被完全遮挡时，仍然有时间调整相机。他们在有限的时间内，成功地拍到了地球——漆黑的圆盘周围出现了折射光线，如珠子一般。[57]几天后，探测器拍摄了一张“新地”照片，这是第一张地球彩色图像；不过照片分辨率低，地球几乎无法辨认，因此影响不大。

1968年1月，勘测者7号着陆在靠近第谷环形山的月球高地，该探测器配备了一台彩色TV摄像机。摄像机本身是固定的，但周围设置了一组七个可旋转的镜子。在第一个漫长的月球日（1968年1月9日至22日），勘测者探测器拍摄了十张天空中的“新地”照片，每个地球日拍摄一张，这一系列照片可以

图3.11　勘测者3号拍摄的地球照片（彩色），1967年4月

看出地球像月球一样盈亏。[58]此后，该探测器以二十四小时为单位，拍摄了地球旋转照片。NASA将其描述为“气象照片系列”。这两项壮举似乎都没有引起太多媒体报道。人们的注意力集中在地球夜侧的两个点上了（这时，一半被照亮的地球在推近的镜头中显得模糊）：从亚利桑那州的基特峰和加利福尼亚州的泰布尔山射向月球的激光束。勘测者探测器的科学实验结果或许对未来的地球观具有重大意义。当测量光的偏振时，月球表现正常，但地球比预期的要亮百分之十五至百分之二十，尤其是海洋。[59]后来，在阿波罗宇航员眼里，地球呈现出亮蓝色时，科学家们已经知道了其中原因。

与坠毁在月面的月球轨道器不同，勘测者3号确实迎来了月球考古学家。1969年11月，人类第二次登陆月球，阿波罗12号在离勘测者3号不到两百米的地方着陆。两名宇航员实地查看了勘测者3号探测器，并把一些零部件带回了地球。这次实地查看没有被拍摄下来，其原因在于一名宇航员不小心把阿波罗号的TV摄像机对准了太阳而造成相机损毁——宇航员确实没有勘测者号灵巧。人们对带回地球的勘测者3号零部件进行净化处理时，在一个部件上发现了细菌。可能的解释有两个：要么是在净化处理过程中沾染上的，要么就是从地球上带到月球并存活了三年——如果这一发现是真的，这对研究生命的起源具有重要意义。[60]

接下来，一个非载人探测器完成了NASA所谓的“世界上第一个由航天器从月球附近拍摄的地球照片”。[61]探测器的视角是想象中的太空旅行者的视角，那时还没有出现思乡的宇航员的视角。当斯图尔特·布兰德要求看到“整个地球”时，NASA似乎还没有听到呼声。那时，我们仍然没有看到整个地球的照片。

第四章

阿波罗8号：从月球到地球

1969年7月，阿波罗11号登月任务期间拍摄了尼尔·阿姆斯特朗在月球上迈出的“一小步”短片。人们往往认为这个短片可以代表整个航天计划，正如航天计划本身也已经成为发展进步的代名词。然而，第一批登上月球的人并不是第一批造访月球的人，阿波罗8号乘组于1968年圣诞节第一次绕月飞行。迈克尔·柯林斯认为，这更有“魔力”，并且“与登陆月球相比，更令人心潮澎湃”。柯林斯在这方面最有发言权：他既是实施了第一次载人登月任务的阿波罗11号乘组的成员，也是阿波罗8号任务的太空舱通讯员，负责在位于休斯敦的任务控制大厅与乘组通信。他认为，这两次任务相比，阿波罗8号任务的意义更为重大[1]。除了实际着陆环节外，阿波罗11号任务的每个细节都经过了充分的演练，而阿波罗8号任务面对很多未知，也带来了一系列重大惊喜。其中最大的惊喜是目睹了地球从月球上方升起的景象。鉴于这项最不平凡的太空探索所带来的风险和不确定性，这一幕静谧的图景所产生的影响更大。

4.1　奔向月球

直到1960年代中期，苏联似乎在太空竞赛中一直处于领先地位，取得了一系列的世界第一：第一颗人造卫星（斯普特尼克，1957），第一位进入太空的宇航员（尤里·加加林，1961），第一次双人飞行任务（1962），第一位进入太空的女宇航员（瓦莲京娜·捷列什科娃[1]，1963），第一次三人飞行任务（1964），第一次太空行走（1965），第一次月球软着陆（1965），第一个着陆另一颗行星的探测器（金星，1966）。早在1959年，苏联的一个探测器就已经着陆月球，另一个探测器拍到了月球背面的照片。在赫鲁晓夫时代，这样的成就给西方世界留下了一种普遍的印象，即苏联正在迅速追赶西方，并在某些领域超过西方，而未来可能出现社会主义和资本主义的某种渐进调和。能否翻盘都取决于阿波罗计划。

随着双子座计划的实施，并带来了轨道机动、太空行走和美丽的蓝色星球相关的清晰照片，从1965年开始，美国开始在太空竞赛中明显领先。与此同时，苏联麻烦不断，而苏联当时究竟面临多大的困难仍然不为外界所知。其中最大的困境是火箭大师、总设计师谢尔盖·科罗廖夫[2]的去世，他在苏联的地位相当于沃纳·冯·布劳恩。从1965年春天到1968年秋天，在这三年时间里，苏联只实施了一次载人飞行任务，而且在那次飞行中，宇航员在返回地球时遇难。美国的载人计划也发生了灾难，1967年1月，因为火花引爆了指挥舱中的纯氧，三名富有经验的宇航员在阿波罗1号的发射塔架上训练时被烧死。然而，这次事故的调查刚一结束，NASA的领导层就进入到一个“高风险、高收益”的时期[2]，急于实现肯尼迪定下的在60年代末实现登月的目标。阿波罗计划的推进速度看起来仍然不可思议。

1　即瓦莲京娜·弗拉基米罗夫娜·捷列什科娃（1937—　），世界上第一位女宇航员。1963年6月16日，她乘坐宇宙飞船东方6号升空，一共飞行了七十小时四十分钟四十九秒，共绕地四十八圈，成为人类历史上进入太空的第一位女性。

2　即谢尔盖·帕夫洛维奇·科罗廖夫（1907—1966），苏联宇航事业的总设计师与组织者，第一枚射程超过8 000公里的洲际弹道导弹的设计者，第一颗人造地球卫星运载火箭的设计者，第一艘载人航天飞船的总设计师。1957年8月3日苏联首枚洲际弹道导弹P-7试飞成功，当年10月4日，苏联抢在美国之前，通过运载火箭成功发射了人类第一颗人造地球卫星，这一事件成为人类进入航天时代的重要标志。

1968年，美国的一切似乎都在加速发展。4月，马丁·路德·金被暗杀，引发了一波破坏性的城市骚乱、不顾一切的反越战抗议，以及汹涌的学生抗议。6月，发生了针对肯尼迪家族的第二次暗杀，这次暗杀的是有希望成为总统的罗伯特·肯尼迪。与社会项目争夺联邦经费，导致了公众对NASA巨量开支的持续不断的批评。1968年10月，载人航天终于恢复了。阿波罗7号将三名宇航员送入地球轨道，并在轨停留了十一天，这次飞行对要飞往月球的航天器进行了充分测试。宇航员们带着一台闭路摄像机进行固定时段播放，因此每天都能出现在公众面前，这也成为阿波罗计划的标志。几天后，苏联也恢复了载人航天任务，并实施了第一次联盟号飞行。现在，竞赛的双方都重新回到了赛场。两周后，1968年11月12日，NASA宣布阿波罗7号任务获得了“百分之一百零一的成功”，现在是时候将阿波罗太空舱放在土星5号火箭的顶部，并将其完全送出地球轨道了。[3]首批前往月球的乘组包括专注而果断的指令长弗兰克·博尔曼，博尔曼双子座时代风趣的同事詹姆斯·洛弗尔——他也是走霉运的阿波罗13号的指令长，以及首次进入太空的宇航员比尔·安德斯——他现在是登月舱驾驶员，而阿波罗8号不装备登月舱。发射日期是12月21日，此时距离发射只有六个星期。急切地发射阿波罗8号对任务计划产生了重要影响，为第一张地出照片创造了机会。

直到1968年8月，阿波罗计划拟安排几项飞行任务，任务A用来测试基本的阿波罗航天器（即阿波罗7号），任务B将在地球轨道上对登月舱进行测试，任务C将最终在月球轨道上测试登月舱。之后，再进行一次完整的彩排（即后来的阿波罗10号），最终阿波罗11号将登陆月球。问题是登月飞船还没有准备就绪——测试中出现的一些问题需要到1969年才能解决。如果严格按照这个A—B—C方案进行，肯尼迪总统在60年代结束前将人类送上月球的宏大目标很可能无法实现，错过这个日期将使阿波罗计划从成功跌入失败。8月初，NASA高层密集讨论了一项大胆的建议：将任务C提前，并在不携带登月舱的情况下尽快飞往月球。经过激烈讨论而做出的这项大胆决定直接促成了地出照片的问世，因此有必要交代一下事情的原委。

美苏冷战竞争是一个很明显的因素。1968年早些时候，美国在拜科努尔的发射台上拍到了巨型N-1火箭的模型，中央情报局的一份秘密报告声称，苏联计划在当年晚些时候实施载人环月飞行。在阿波罗8号决策的当口，阿波罗计划的负责人山姆·菲利普斯将军决定不去会见在维也纳参加国际会议的詹姆斯·韦伯，以避免向苏联人泄露自己的计划。[4]接替韦伯成为美国国家航空航天局新局长的托马斯·佩恩向约翰逊总统介绍将阿波罗8号送往月球的决定时，夹带了对“苏联活动的一些评论”。此后，他保证自己的信息来源于中央情报局关于苏联意图的确凿证据，并“避免重大的技术意外”。[5]1968年9月和11月，苏联发射了探测号航天器（苏联的探测号计划相当于美国的阿波罗计划）执行非载人绕月飞行，并精准地返回地球，拍摄了相当出色的地球照片，这些照片在某些方面可以与阿波罗8号的照片媲美。[6]

另一个因素是NASA当时正在发展的“全系统测试”战略，这个战略非常大胆，以至于起初甚至连NASA以外的知情人士都不认为是真的。[7]NASA的理由是，系统的逐个测试需要时间，而且不一定会产生实际的结果，因为所有系统需要协同工作。现在的想法是把所有系统都发射升空，并观察各系统作为一个整体的运行情况——所有五百万个部件加上航天器承载的宇航员们。第一次奔向月球的阿波罗任务也将是对巨型土星5号火箭的首次载人全系统测试。这里的风险是：在此之前，土星5号只进行过两次非载人测试。在第一次测试中（即阿波罗4号任务），土星5号被发射到距离地球18 000公里的高度环绕地球飞行。那次测试被认为是“完美的”，并且还带回了新月形地球的完美彩色照片（见第五章所述）。然而，在下一次测试中（即阿波罗6号任务），土星5号出现了阿波罗计划主管山姆·菲利普斯将军承认的“几个重要的技术故障和功能丧失”。[8]五个发动机引擎中的三个出了问题，火箭开始出现波戈振荡[1]，振荡威胁到了火箭的稳定性。根据宇航员团队负责人德克·斯莱顿的说法，“火箭实际上冲向了地球中心”，经过过度修正后，“向后推进进入轨道，并最终进入了一个椭圆轨道，而不是我们需要的圆形轨道”。沃纳·冯·布劳恩团队的火箭工程师着手调查，并宣布振荡问题可以通过阻尼来解决：土星5号可

1 波戈振荡，一种在火箭发射过程中可能发生的纵向振荡现象，通常由火箭发动机推力不均匀导致。

以安全使用。

关键时刻到来了：一个由阿波罗计划所有高级工程师和管理人员组成的代表团在主管山姆·菲利普斯的带领下，访问了美国国家航空航天局副局长托马斯·佩恩在华盛顿特区的办公室，郑重申明阿波罗8号应该飞往月球的观点。佩恩提醒菲利普斯，到那时为止，阿波罗计划甚至还没有实施过一次载人任务："现在你想提高赌注。你真的想这样做吗，山姆?""是的。"菲利普斯回答道。在场的每个人都支持他，而载人航天负责人乔治·穆勒在电话中态度"迟疑"并且"头脑冷静"。美国国家航空航天局局长詹姆斯·韦伯"显然对这个突然的提议和可能失败的后果感到震惊，但还是谨慎地同意了这项共识"。在名义上，阿波罗8号仍然是地球轨道测试任务，但菲利普斯被授权在新闻发布会上提及飞往月球的可能；他如此巧妙地把这种可能性公开了，以至于当时几乎没有人注意到。[9]

某个周日，阿波罗8号的任务指令长弗兰克·博尔曼接到了德克·斯莱顿打来的紧急电话，斯莱顿说："我不能在电话里说话。抓紧时间找一架飞机。"博尔曼驾驶飞机飞到斯莱顿在休斯敦的办公室。斯莱顿说："我们刚从中央情报局得到消息，苏联人正计划在年底前飞往月球。我们想把阿波罗8号的地球轨道飞行任务改为月球轨道飞行任务。我知道留给我们的时间不多，所以我必须问你：你想不想执行这次任务?"博尔曼的回答丝毫没有迟疑。他后来解释说："对我来说，阿波罗计划代表着冷战中的一种胜利，那也是我投身阿波罗计划的原因。如果你认为我会把我生命中的大部分时间仅仅投身于探索或科学，那就错了，我不是那样的人，那不是我关心的事。但我是军人，美国对我来说意义重大，我崇尚自由，从我的角度来看，我们正在捍卫自由。"[10]斯莱顿的牌打对了。后来斯莱顿在回忆录里写道，"如果韦伯确实掌握了苏联绕月计划的秘密情报，也绝不会跟我这个级别的人通报"。[11]

风险是巨大的。比尔·安德斯估计"任务成功的概率有三分之一，任务不成功但宇航员能活下来的概率有三分之一，任务不成功并且宇航员丧生的概率有三分之一……我们无法获得保证"。[12]一位苏联宇航员在日记中记录了美国任务的前景是如何"困扰"他和同事的："我们知道地月航线的一切，但我们仍然认为把宇航员送入地月航线是不可能的。"正如吉恩·克兰茨所解释的那

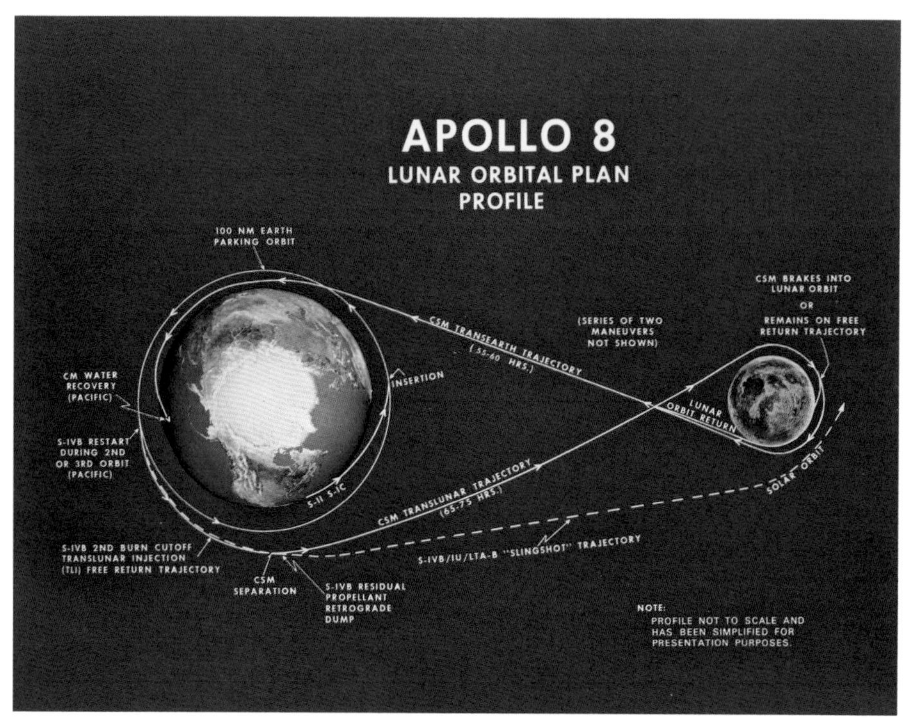

图4.1　阿波罗8号任务简介。地球上方无云层覆盖，陆地呈褐色，海洋呈深蓝色，与月球没有太大区别

图片来源：美国国家航空航天局

样，飞行控制人员的工作就像“穿针引线，从旋转的地球向月球轨道发射航天器，作为目的地的旋转的月球有25万英里之遥”。土星5号火箭和阿波罗飞船共有五百六十万个零件；即使可靠性达到百分之九十九点九也有可能产生五千六百项故障，而其中任何一项故障都可能是致命的——正如阿波罗13号所证实的那样。[13]

阿波罗8号改为提前飞往月球的决定在另一方面产生了重大影响。这意味着飞船的前方不会配置登月舱，而登月舱会挡住地球。这也意味着冗余的登月舱驾驶员比尔·安德斯的任务将是观察窗外并拍照。

4.2　阿波罗8号的飞天之旅

12月21日的发射是前所未有的盛况。作家安妮·莫罗·林德伯格当时身处距离火箭5公里的围观人群中，她看到每秒消耗十七吨燃料的火箭“梦幻般慢慢地升起，慢到似乎悬浮在火和烟形成的云层上”。过了一会噪声才传过来，“震耳欲聋的轰鸣声，像绊脚石一样打在人的头上、夯在人的脚下，并冲击人的身体。大地在摇晃，汽车在摇摆，震动向胸口袭来。雷声滚滚，久久不退”。空中的冲击波是自喀拉喀托火山爆发以来最强烈的一次。对苏珊·博尔曼来说，这就像“看着帝国大厦发射升空一样壮观”。诺曼·梅勒最终找到了合适的语言描述：“现在人类找到了和上帝交流的方式。”[14]十一分钟后，阿波罗8号静静地进入到了地球轨道。

围着地球绕轨三周后，阿波罗8号乘组准备好了飞离地球。太空舱通讯员迈克尔·柯林斯回头审视时，觉得NASA并没有真正为这个场面做好准备。“面对三个能够离开地球引力场的人类，一个手里拿着无线电发射器的人要说些什么？他会提及克里斯托弗·哥伦布或那只第一次从沼泽地里爬上岸的原始爬行动物，或者他将回顾历史的种种，说一些非常、非常有意义的话……我记得当时我在想，‘天啊，一定有一个更好的说法’，但我们有自己的技术术语，所以我说，‘阿波罗8号，准备TLI’。TLI代表‘月球轨道转移’（trans-lunar insertion），即第三级火箭点火，使飞船飞出地球轨道。任务控制中心一片寂静……月球轨道转移实施之后，在太阳系遨游的这三名宇航员可以被看作是独立的行星了。”吉恩·克兰茨回忆道：“听到乘组报告轨道机动完成时，我为之一振。”“我不得不站起来走到外面，我因为太高兴，哭了起来。”[15]

詹姆斯·洛弗尔回忆说，“当我们回望时，我们真切地看到地球开始变小了”。他们可以看到地球，因为飞船推进器末端是前进方向，这样方便发动机点火，飞船制动以进入月球轨道，如此一来，太空舱的舷窗正面向地球。博尔曼提醒道，“我不想看到你们望向窗外”，不过，“每个人都想望向窗外”。

> 我们都曾无数次驾驶飞机，看到机场和建筑物随着飞机的爬升而变小。但现在，整个地球都在后退，逐渐缩小，直到变成一个圆盘。我们是第一批看到地球壮丽全貌的人，这对我们每个人来说都是一次强烈的情感体验。我们谁也没说话，但我确信我们的想法是一致的——牵挂着那个旋

转星球上的家人。也许，我们都想到了另外一点——这景象肯定是上帝见过的。[16]

与现代袖珍计算器相比，飞船上的计算机很大，它通过无线电将位置信息传回休斯敦；得到的答复是，飞船的航线精确到千分之二度以内。在剩下的前进途中，唯一所需的轨道修正仅仅相当于一次微微的轻推，以抵消从飞船侧面抛洒尿液产生的影响。经历了所有的电光石火之后，阿波罗8号正悠闲地飘向月球。飞船行进的间隙，柯林斯转述了他五岁的儿子的一个问题："谁在驾驶飞船？"洛弗尔解释说："艾萨克·牛顿在驾驶。"带着赢得太空竞赛的迫切，阿波罗8号发射升空，现在飞船似乎拥有了世界上所有的时间。

数字照片仍然是遥不可及的事。所以，拍摄到的第一批地球照片是通过电视转播传回地球的黑白照。博尔曼根本不想带闭路摄像机，还认为这种分心很危险；阿波罗8号乘组已经厌倦了上演"狗和小马秀"的戏码，并关闭了摄像机。[17] 人类第一次亲眼目睹地球是在12月22日，星期日，发生在距离地球19万公里的地方。在乘组成员面向镜头挥手致意之后，摄像机镜头转向了地球。博尔曼解释说，"这是一个美丽的、漂亮的星球，大部分是蓝色背景，并覆盖着大片的白云"。随后，出现了几分钟尴尬的白屏，因为他们正徒劳无功地安装长焦镜头。最后，他们放弃了这一尝试，并使用用于拍摄飞船内部的低光镜头，透过朦胧的舷窗进行拍摄。观众们深信他们看到的模糊的光团确实是地球，传输图像很快又回到了飞船内部，拍摄了飘浮的牙刷之类的东西。

12月23日，星期一，乘组的第二次电视转播第一次为公众带来了可辨识的完整地球。转播的时机安排在飞船即将脱离遥远的地球的引力，进入要靠近的月球引力场的当口。这时，长焦镜头已经安装到位，相机已经准备好要对准地球了。就在安德斯努力地把地球框在镜头里时，白屏又出现了，（用他的话说）"除了从侧面往下看或者在上面粘上口香糖，我没有办法用一个九度视场的镜头去对准目标"。圆盘状的地球的一角浮现在眼前，然后又消失了，大部分画外音是来自休斯敦控制中心的指令，比如"往上一点，往下一点"。而一点三秒的传输信号延迟让这些指令很难被遵从。"在相机方向的移动上，我

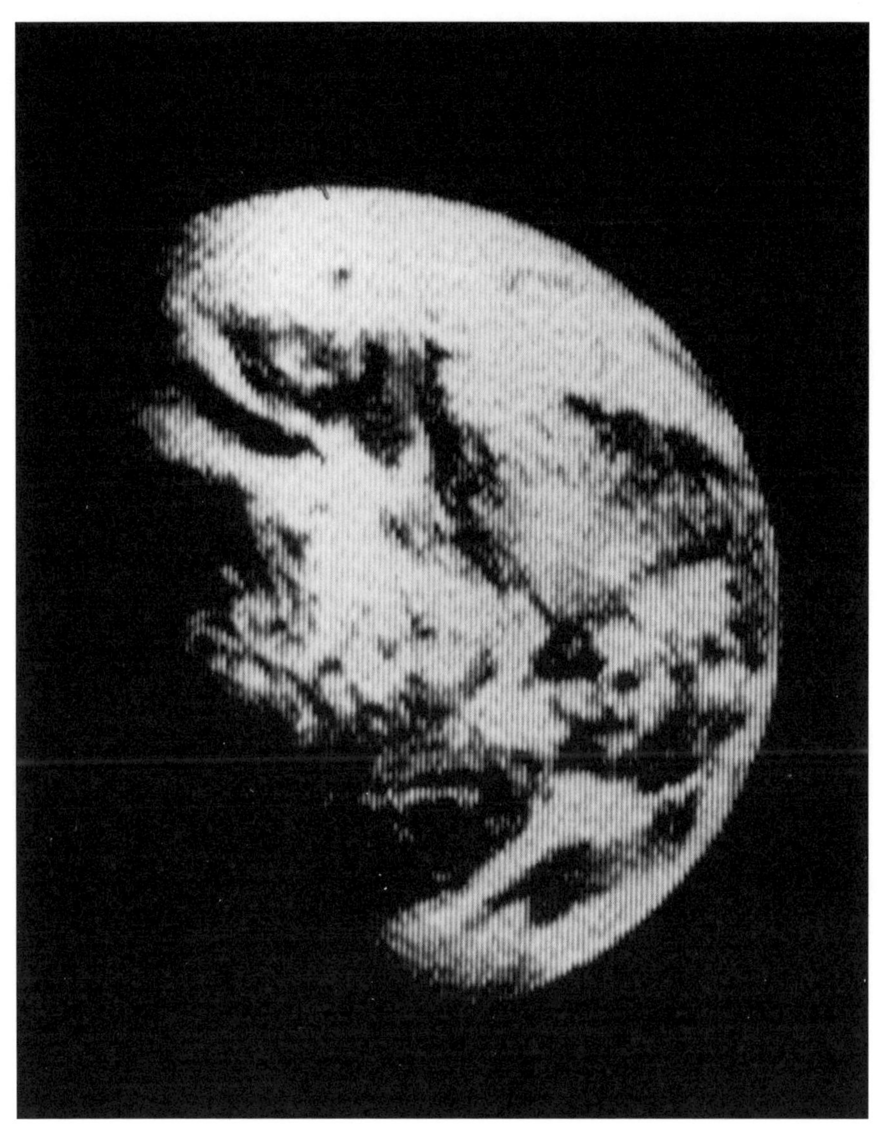

图4.2 “地球在那儿，飘浮在空中！”阿波罗8号传输的地球图像

图片来源：美国国家航空航天局

们的动作似乎总是落后地面指令一点点。”洛弗尔解释说。[18]终于，相机对准了地球，三分之二的地球被光线打亮，安详地躺着。“地球在那儿，飘浮在空中！”新闻广播员沃尔特·克朗凯特惊呼道。“你们正在18万英里外的太空中看自己。”安德斯说。

美洲大陆出现在视野中，宇航员们努力描述云层下的大陆轮廓，但他们看到的景象与地球上的人看到的景象不同，地球上的人很难跟上他们的描述。休斯敦的任务控制人员问乘组成员，能否看到地球的黑夜部分，答案是否定的，“这个地球实在是太亮了”。“我一直在想象，如果我是来自另一个星球孤独的旅行者，在这个高度我会怎样看待地球呢——我是否会认为地球上有人或者无人定居。”詹姆斯·洛弗尔把心里的想法说了出来。“没有看到有人在挥手，这是你想说的吧？”休斯敦的控制人员简单回复道。洛弗尔后来回忆说，“我以前看过整个地球的照片。但是照片拍得很差劲，没能够打动我。一个地球仪就足以让我知道，从月球上我会看到什么。直到你从太空亲眼看到地球，你对地球的认知和对地球在太阳系中的地位才变得愈发真切”。[19]除了摄像机后面的三个宇航员，全人类都在画面中。俯视地球，宇航员们实现了几个世纪以来哲学家们的梦想；这几乎难以置信。

任务接近第三天时，阿波罗8号准备绕飞月球背面。由于没有太阳，也没有来自地球的强光，星星突然间出来了。安德斯回忆说：“当我转过身来向后看时，看到了一条线，一条没有星星的弧线，这是一个巨大黑洞的边缘线，我紧张得头发都有点竖起来了，我意识到……那个黑洞便是月球；我有一种掉进黑洞的感觉。”这时他们背对地球，这是他们第一次真正看到月球。乘组成员们必须打起精神，为关键的引擎点火做好准备；一个失误就能导致他们被困在太空中，无法返回地球。然后，干扰又一次上演了。安德斯回忆说，“就在我们进入倒计时，已经没有多少秒了的时候，窗外有什么东西吸引了我的注意……月球上的清晨日出！我们第一次看到了照亮的月球”。作为任务指令长，博尔曼严肃地命令安德斯把注意力放到手头的工作上。发动机点火完美完成。任务结束后不久，博尔曼接受英国广播公司电视台的采访时回忆说：“我们长途跋涉奔向月球，却没有看到它。我们第一次点火时没有看到月球，之后我们向下看，月球就在距离60英里的地方。就在预计我们会失去无线电联系的那一刻，那一秒，我们看到了月球。”[20]三名宇航员与地球失去了联系，他们现在比历史上任何人类都要孤独。

在接下来的一天左右的时间里，阿波罗8号每两小时绕月一次，每次飞到月球背面都会失去无线电联系，他们用耳朵听（而不是用眼睛去看），以确定

图4.3 比尔·安德斯的第一幅地出照片

图片来源：美国国家航空航天局AS8-13-2329

地球是否再次出现。一个月前确定的飞行计划规定了他们的时间将用于“熟悉地形”、“观察登陆点”和“拍摄月球背面”——也就是观察月球。而没有登月舱可驾驶的登月舱驾驶员安德斯被指定为这次任务的摄影师。他已经被告知要去拍摄地质方面的图片：“摄影是提前安排好的，根据我们所处的月球的经度可以依据月球的反照率计算出光圈，我基本上可以用手表算出来。每转一圈我都能成功。”[21] 当乘组开始在另外一个世界进行第一次广播时，美国东海岸大约是圣诞节早餐时间。当绕轨第二圈时，“在地球上的人们”就有机会透过飞船舷窗与宇航员一起看我们的行星地球，此时的地球会变成镜头里的风景。洛弗尔说，月球“基本上是灰色的，没有色彩……像巴黎石膏或肮脏的海滩沙子”。安德斯回忆说：“我们接受训练去看月球，我们没有接受回看地球的训练。”但是地球没有进入到镜头中。飞船指挥舱只有五个小舷窗，其中三个已经被密封处泄漏的气体弄得雾蒙蒙的，而且窗口所对的方向也不对，无法看到地球升起。

绕轨三圈后，飞船实施了一次小幅度的翻滚机动，以调整飞船定向。不久之后，当他们第四次从月球背面飞出时，他们看到了地球升起。“哦，天哪！快看那儿的景象！地球升起来了……快把那卷彩色胶卷递给我，快点。”安德斯的话表明这是完全没有准备的惊喜。任务的官方史料也突出了这种惊喜。但是，时任阿波罗计划的摄影负责人理查德·安德伍德在读到这一说法时，他写信给NASA以澄清事实。“这是彻头彻尾的错误，教授月球任务宇航员，包括阿波罗8号乘组花了很多时间，主要教授内容包括如何准确地设置相机，使用哪种胶卷，采用什么光圈，以及快门速度，等等，还包括地球升起和地球落下的时间，以及地球在月球月平线上升起的位置等。这些讲授是最全面的。我甚至在发射前两天还去了卡纳维拉尔角对宇航员进行最后的摄影授课。我们还希望在乘组飞离地球的特定时间拍摄一系列的照片，以便留下前往月球途中的连续照片记录。”然而，官方的摄影计划有不确定性。“在不同的地月转移距离拍摄地球和月球”属于低优先级的“机会目标”，其目的包括“在全球范围和从远距离视角进行天气和地形分析”“地平线和高层大气研究”“地球晨昏线研究”，以及最后一项“一般兴趣”。[22]

在11月12日举行的任务新闻发布会上，所有的目光都集中在月球上，这是可以理解的；没有人提到要观察地球。然而，安德伍德回忆幕后情况时说：“在NASA内部有一些争论，尤其是飞船在月球轨道上时。我极力主张拍摄地球升起的镜头，我们给宇航员留下的印象是，我们绝对想要地球升起的照片。”[23]阿波罗8号乘组成员非常懂得这次任务的历史重要性。在发射前的新闻发布会上，NASA的一位公共事务官员问他们：“你们对向窗外望去有什么规划没有？”博尔曼回答道：“我希望我们能从月球看到几幅地球美景，也希望向地球轨道转移时看到月球的景色。除了这些，其他还不确定。”乘组成员被问及这次任务中他们最期待的部分是什么。洛弗尔说：“我们可以亲眼看到地球落下和升起。”

当这一时刻到来时，他们都被震惊到了，正如录音所显示的和弗兰克·博尔曼所证实的那样。因为在前三圈绕月球轨道飞行时，他们一直“忙于观测月球”。安德斯后来解释说，“我们一直以来受到的训练是飞往月球，而不是飞往月球，再回看地球”。当他看到地球升起时，他正在一个侧窗前用黑白胶卷的相机拍摄环形山的测绘照片。他迅速拍了一张照片，然后喊洛弗尔，索要一卷彩色胶卷。作为指令长的博尔曼必须保证一切都严格按照计划进行，他开玩笑说，日程上可没有拍照环节。兴奋的安德斯和洛弗尔在拍照时还争吵了两句，安德斯告诉洛弗尔要冷静。“我们都想拍一张照片。”洛弗尔回忆说。[24] 当他们从月球背面俯冲回来，并与地球建立起无线电联系时，他们都对看到的景象守口如瓶，但机载语音记录器记录的地球升起时的舱内录音被例行上传到任务控制中心。当他们在当天晚些时候进行下一次广播时，这一幕仍然记忆犹新。

虽然乘组可能没有预料到会看到地球，但他们在圣诞节前夕的第二次电视直播表明，自从任务开始，他们一直在思考这个问题。电视直播定于美国晚间电视黄金时段。电视画面中首先映入眼帘的是月球表面上方一个发光的白点，“这就是我们过去十六个小时以来所看到的地球景象。”博尔曼解释说。剩下的电视画面主要是月球表面飘过飞船舷窗口时的现场图像。博尔曼对月球表面的描述是“空无一物的孤独大地”。然后他邀请同事们谈一谈个人感受。洛弗尔也同意，月球是“浩瀚的黑与白，绝对没有色彩”。“这里的孤独感令人敬畏。这让我们意识到我们在地球上所拥有的东西。地球是浩瀚太空中的一个巨大的绿洲。”

还差两分钟就要失去无线电联系时，他们宣读事先准备好的稿件的时刻到来了。安德斯清了清嗓子，“我们现在就要迎接月球的日出，阿波罗8号乘组想对地球上所有的人传达一个信息”。之后是短暂的停顿，地球上几乎没有人知道接下来会发生什么。对于坐在休斯敦的控制台上的飞行控制员吉恩·克兰茨来说，“这是一个惊喜，美好又恰如其分……当安德斯轻轻地开始念时，我打了激灵”。

> 起初，神创造天地。地是空虚混沌，渊面黑暗；神的灵运行在水面上。神说，“要有光”，就有了光。

电视画面显示，当阿波罗8号接近月球的日出时，下面的阴影拉长了。洛弗尔紧接着读了下一节，然后博尔曼带着自信收尾：

> 神称旱地为地，称水的聚处为海。神看着是好的。阿波罗8号乘组以祝您晚安、好运、圣诞快乐作为结束语，上帝保佑你们所有人——生活在美好地球上的所有人。

安德斯迅速关闭了信号发射机；几秒钟后，阿波罗8号再次飞到月球背面去了，而地球上的人还在无线电静默中思考这些文字的力量。克兰茨说："那时，我感到了创世和造物主的存在。我的脸颊满是泪水。"[25]

作家威廉·斯蒂伦当时在康涅狄格州，"房子里充满了喧闹的节日气氛"。他做客的这家的主人是一位老师，一个顽固的太空怀疑论者。这位主人被劝说之后才打开电视，观看月球的直播画面。然后，斯蒂伦回忆说，"派对的嘈杂和笑声逐渐消失，我们静静地观看"。在宇航员读《创世记》的时候，"我感到震惊，一声奇特的叹息穿越人群，引发轰动……我看了一眼屋主人，那个不信任航天还颇有微词的教师，我在他的脸上看到了一种深深的无法表达的情绪"。[26] 1968年圣诞节前夕，这样的场景在美国各地比比皆是。从月球到地球，能够找到几乎被普遍认可的文字，并让如此众多的观众获得对这些文字的崭新的理解，这简直就是一件神奇的事。他们到底是怎么做到的？

阿波罗8号的三名宇航员都是老牌教会的成员，这些教会往往比较宽松，这点很重要。拍摄了那张著名的地出照片的安德斯是罗马天主教徒，博尔曼和洛弗尔是美国圣公会教徒。虽然美国宪法第一修正案禁止在国家层面宣传宗教，但宪法规定的言论自由权赋予了宇航员发表宗教言论的自由。[27]因此，NASA小心翼翼地避开对宗教的任何官方支持，同时也乐于让撰写官方演讲稿的笔杆子们协助宇航员发表他们自己的评论。巴兹·奥尔德林回忆说："一听到有人提起天堂旅行，妈妈就会急切地寻找她那本已经翻阅得十分破旧的《圣经》。"这种"随它去"的理念在阿波罗8号上被发挥到了极致。在任务的准备阶段，指令长博尔曼接受了一次让人心里没底的采访。

> 大约在发射前六周，我接到了美国国家航空航天局负责公共事务的副局长朱利安·谢尔的电话。他说："听着，弗兰克，我们已经确定，你将在圣诞节前夜执行绕月飞行任务，我们已经安排在那个时候搞一次阿波罗8号电视直播。我们觉得听你讲话的人将会史无前例地多，这一点没有人能超过你。所以我们希望你能说些合适的话。"

就是这样——"说些合适的话。"让第一批造访月球的宇航员感到自豪的是，他们的讲话不是由NASA提前拟定的。[28]

朗读《创世记》是很晚才想到的主意。在12月7日举行的发射前新闻发布会上，媒体的问题主要集中在选择圣诞节发射的原因：这是不是NASA牵强附会的宣传噱头？[29]一位持怀疑态度的记者话说到一半就被洛弗尔打断了。洛弗尔说："我想不出有什么比进一步探索太空更有宗教意义的飞行了。"博尔曼如此设想："当你最终在月球上回望地球时，所有这些差异和民族主义特征都会很好地融合在一起，你会形成这真是同一个世界的概念——为什么我们不能学会像正常人一样同呼吸共命运？"

安德斯谈到要为"世界各国人民之间"创造一种圣诞氛围。随后，博尔曼解释说，当局最初希望他们从月球发出的信息会包含"同一个世界"的主题，"我们会告诉地球上的每个人，天哪，我们都生活在同一个地球上"。安德斯回忆说："我个人并不认为这传达出了宗教信息，这只是有助于我们理解首次离开家园行星的飞行对人类的重要意义。"[30]同样，在发射前一天晚上，美国国家航空航天局局长托马斯·佩恩在电视上预言，从月球上回望地球将使人们意识到世界是一个整体。[31]因此，美国国家航空航天局没有指定官方措辞，但一种"同一世界"的集体思维正在出现。

博尔曼太忙了，无暇写稿子。于是，他请了一位从事宣传工作的朋友帮忙。这位朋友就是在美国新闻署工作的西蒙·布尔金，他是一位经验丰富的科学政策官员。布尔金又请一位记者乔·莱廷出主意。莱廷是一名新教徒，他很自然地查阅了《新约》，但没有找到任何具有普遍吸引力的内容。一直想到深夜，直到筋疲力尽，他把这个问题抛给了妻子，一位罗马天主教徒。他的妻子开始在《旧约》中查询，并很快给出了建议："为什么不从《创世记》开始呢?”莱廷认识到了《创世记》第一卷中创世故事的原始力量,《创世记》对地球的描述很有启发。他给讲话稿加了一句结束语,并建议电视直播后,任务控制中心要保持一段时间的静默。[32]

12月13日,布尔金用打字机给博尔曼做了书面回复。一开始布尔金就坚持说,“你的讲话稿必须仅代表你个人”。他建议,圣诞节前一天的早晨直播应该围绕月球展开,但晚上的直播围绕地球展开。乘组可以从描述“从月球回望地球”开始。博尔曼曾告诉远东的观众,如果火星是红色的,那么地球的水可以让地球成为“蓝色的星球”。事实是这样吗?虽然他们应该“以科学家式的冷静”来描述月球,但他们对地球的想法可以更加个人化一点。“在这个遥远的星球上,有你所珍视的所有的东西,此时此刻,这一事实是否对你有特殊的影响?当你注视着遥远的地球时,你意识到此刻地球上了解你们这次飞行任务的三十五亿人正在关注着你和你的两位同伴。此刻,这些人跨越了财富、种族、语言、文化、国家忠诚、政治或宗教信仰。”然后他打出了《创世记》前十节的所有文字,以及结尾那句话。两天后,他打电话给博尔曼商量一下,但之后开始对讲话稿第一部分有了新的想法;这一部分可能听起来是“说教的……硬塞给个人的和故意为之的”。他应该只提及“和平”和“同一个世界”各一次,而且最重要的是,在读完《创世记》之后,不应该再讲别的话——“你无法超越《圣经》”。博尔曼同意了,淘汰了“同一个世界”的老调,选中了《创世记》。此后,宇航员们平静而自信地回避了有关这次历史性直播的问题。只有少数NASA的高级官员知道他们打算说什么。

“上帝保佑你们所有人——生活在美好地球上的所有人。”这些话刚讲完,乘组立刻飞到月球背面去了,进入到了无线电静默状态。很明显,美国航空航天局对其宇航员的信任得到了极好的证明。“这段话的选择……再完美不过了,”一位NASA高层评论道,“美国有这么多的人,当你需要他们的时候,他们就站出来了;他们去执行飞行任务了。”

英国广播公司负责航天领域采访的记者雷金纳德·特尼尔认为,这段话“让人立即感到是神来之笔”。[33]对大多数听众来说,用如此熟悉的话语来表达一种远离地球的体验,无疑是让人暖心的。从太空实际回望地球,那种抽象的“同一个世界”的概念在思考后显得不足。取代它的是一个更清晰的概念，比“同一个世界”更古老，也更有画面感，即“整个地球”的概念。阿波罗8号上的宇航员们拥有了看地球的上帝视角。这张照片的拍摄是仓促的，没有经过计划的，但宇航员们找到了完美的词语来向世界其他地方的人描述这种经验。

4.3 返回地球

将阿波罗8号太空舱推离月球轨道需要执行关键的轨道机动，这种机动必须在与地球失去无线电联系的情况下手动完成；其单引擎点火时间精确到一百三十八秒，如果操作失误，他们将永远无法回家。点火操作准确无误，中途的轨道修正也不需要了；这种精度就像从6公里外把一封信投入信箱。安德斯回忆说："我们真的飞行了25万英里。坦率地说，这有点无聊。”但是，洛弗尔（他的绰号是“手抖”，他早些时候曾操作失误，给自己的救生衣充了气）意外地删除了机载计算机上的所有导航信息，计算机立即断定他们回到了发射台上，并在随后打了烊。[34] 安全地再入地球大气层取决于返回角度是否精确，因此宇航员们的生命安全取决于洛弗尔的六分仪[1]技术。他通过小舷窗看到了新出现的星星。六分仪的数据通过无线电传送到地面进行计算，然后由任务控制中心读取结果，并逐位输入飞船的计算机。宇航员接受的老式导航和星体识别方面的严格训练得到了回报；当飞船接近地球时，只需要最微小的调整。

阿波罗8号再入地球大气层是前所未有的。从地球轨道再入大气层是一回事，但从将近40万公里外的高空以每小时4万公里的速度再入大气层就是另一回事了。控制人员不得不让飞船在大气层中跳进跳出，以降低速度，这就像在湖面上用鹅卵石打水漂。此前实施过四次（美国和苏联）将非载人飞船从地球轨道之外再入大气层，其中两次尝试都失败了。如果再入角度太小，飞船会从大气层弹入太空，这样就没有任何救援的希望；再入角度太大，飞船会像流星一样燃烧起来。零点五度的偏差就能决定生死。宇航员承受的过载超过自身

1　六分仪，一种用来测量远方两个目标之间夹角的光学仪器。

图4.4　阿波罗8号再入大气层

图片来源：美国国家航空航天局

体重六倍，舱外的温度上升到2 800℃，舱内沐浴在一片霓虹之下。与此同时，无线电通信中断了。黑鸟超音速飞机掠过上层大气时可以看到火球，但无法知道舱内是否有人幸存。两名泛美航空公司的飞行员在落地和飞离檀香山时，看到了一个红色的火球，火球后面是一条长达160公里的流线，就像“一块黑色天鹅绒布上的橙色斜线”。[35]在返回舱落区等待的船只和直升机上，人们用双筒望远镜观测夜空，而任务控制人员则等待确认乘组成员的安全。经历了一段令人煎熬的延迟之后，无线电通信又恢复了。“我们的状态真的很好，休斯敦。”降落伞打开了。几分钟后，阿波罗8号溅落在夜晚的太平洋。飞船正好飞越了正在候命的航空母舰，最终飞船溅落在离航空母舰不到5公里的地方。此时此刻，指令舱通信员迈克尔·柯林斯已经是一个“情绪上无可救药的人”了。任务控制中心的人们欢呼雀跃，宣泄情绪。克兰茨兴高采烈地说：“我们拿到了月球奖，并且我们第一次尝试就成功了。”[36]等待他们的，还有更大的奖励。

当美国军舰约克敦号的潜水员到达太空舱时，他们首先救援的是相机胶卷，而不是宇航员。当任务控制人员在庆祝中睡着时，NASA的摄影团队已经开始工作，查看相机带回的照片。阿波罗任务的照片处理工作是在位于休斯敦的载人航天中心完成的，那里也是任务控制中心的所在地。这项工作由NASA阿波罗任务摄影技术负责人理查德·安德伍德负责，并且付出了巨大的努力。

> 我为每件事都准备了清单……我夜以继日地工作，把照片冲洗出来，让世界各地的人都看到。这是为爱发热的工作……我想与全世界分享这些信息，这样人们就可以用这些照片来做各种研究。所以，我们对返回来的胶卷进行处理时，都非常小心，满是热爱，而处理的过程也非常缓慢。[37]

通过自动化机器处理来完成这项工作本来可能只需要几分钟，但是安德伍德坚持选择耗时五个小时的人工处理，这样如果出了什么问题，胶卷可以迅速复原。那些几乎没有动过的原始底片被用来制作母片并存档。这些经过精心编号的母片随后被用来制作打印照片。根据NASA过去的政策，照片是可以免费使用的（现在也是如此）；毕竟，这都是纳税人的钱，而NASA的联邦预算取决于纳税人的理解和支持。经过处理后，这些照片被摊放在载人航天中心的桌子上，返回的阿波罗8号乘组成员被邀请与NASA的工作人员聚集在一起，以帮助他们辨认和遴选照片。一批带有简洁标注的照片被挑选出来通过公共事务办公室对外发布。

安德伍德回忆说，“我对地出的照片会是什么样子已经了然于胸，但我真切地看到这些返回来的照片时，发现照片比我预期的还要好”。[38]然而，NASA摄影服务部门提供的照片说明文字（无疑是经过安德伍德同意的）却无疑是死板的。

> 阿波罗8号看到的地球。这幅地球升起的景象是阿波罗8号乘组在月球轨道绕月飞行时看到的，乘组包括指令长宇航员弗兰克·博尔曼、指挥舱驾驶员小詹姆斯·A.洛弗尔和登月舱驾驶员威廉·A.安德斯[1]。地球大约在月球月平线上方五度。飞船位于月球东经一百一十度时，拍摄了这张照片。月球月平线距离宇宙飞船约570公里，从地球上看，月球月平线靠近

1 威廉昵称为比尔，除此处外均使用比尔·安德斯译名。

月球的东缘。月平线上的视野宽度约为150公里。在地球上，昏线穿越非洲。晨昏线左侧的白色区域是南极。南北美洲被云层遮挡。月表照片的颜色不如本照片的颜色突出。[39]

后来由公共事务办公室修订的图注标题更简洁:“月球轨道入轨点火完成后，阿波罗8号从月球背面飞出来时，宇航员们看到的地球升起的景象。”[40]那时，“地出”这个词还没有造出来。但是，尽管没有人注意到，这张照片还是有些不对劲。阿波罗8号的飞行轨道在地球和月球的赤道轨道上，也就是说飞船运行在水平赤道面上。此后，飞船进入同一赤道面上的绕月轨道，以顺时针方向运行。宇航员看到的地球并没有“升起”，而是出现在月球的左侧，北极在上方，晨昏线从北到南垂直延伸。此外，在原始照片中，地球在暗黑天空中的占比更小；公开发布的版本中，这张照片被裁剪了，目的是让地球看起来更大。很自然地，这张照片的视角从月球视角变更为地球视角。

看上端被照亮的地球从月平线上方升起，与在地球上看月球从地面升起相比，总会产生一种异样感。在不改变基本定向的情况下，月平线的轻微倾斜增加了反差；很可能是相机倾斜了。从某种意义上说，空间中的所有定向都只是惯例而已，因为没有重力，就没有可感知的“上”或“下”。官方报告按照照片原样打印，照片呈现出一定角度的侧倾和上下颠倒。根据安德伍德的解释，部分原因是相机上没有取景器，“在水星计划、双子座计划和阿波罗计划的载人飞船中，你不能很好地扭动身体，通过取景器看到飞船窗外的情况，所以宇航员们受到的培训是拍照时要不假思索”。安德斯总是把自己拍摄的地出照片垂直裱起，因为这就是他当时看到的样子。[41]

盛名之下，这张照片也有不尽如人意的地方：它实际上并不是第一张地出照片。由于对后来拍摄的彩色地出照片的青睐，安德斯的黑白照片被忽视了三十年，以至于没有人知道是谁拍摄的。而博尔曼长期以来认为是他拍到了第一张地出照片。那张黑白照片后来被吉姆·维冈完美地修复成了自然色彩版，还原出了安德斯第一次看到时的力量。[42]当然，这确实是“人类第一次亲眼目睹地球升起”，与此同时，人们也没有注意到前三次地出都没有留下记录。

图4.5　第一张地出照片，经重新恢复并上色

图片来源：美国国家航空航天局AS8-13-39，比尔·安德斯摄，经吉姆·维冈进行图片处理，并授权

4.4　接待凯旋

1968年12月26日，就在阿波罗8号返回地球之前，美国国家航空航天局的代理局长托马斯·佩恩就给约翰逊总统写了信，信中充满了赞誉之词。“很明显，全世界正在形成一股前所未有的对阿波罗8号宇航员的公众热情，”他写道，“每份报纸上都有饱含赞誉的社论。”[43]托马斯·佩恩给这种热度加了把火，溅落后的记者会上，他将阿波罗8号的月球之旅比作哥伦布的航行。他宣称：“今天早上起，我们在这里开始的航天计划将薪火相传，千秋万代。”“人类已经开始向宇宙进军。一旦开启，就不会停歇。在离地球10万英里的地方，太空竞赛失去了存在的空间，美苏竞争也没有了土壤。太空属于全人类。”[44]然而，在幕后，这套说辞已经没有了新意。在阿波罗8号任务开始前的两个月，佩恩为他的同事威利斯·沙普利起草了一份针对海军研究办公室的演讲稿

大纲："（好吧，下面讲一通太空的挑战……然后以乐观的语气结束这一部分。）如今的航天大国正在接受一种新的宇宙观，对人类在宇宙中的地位有了新的、更好的理解，因为太空的挑战启示我们……（等等诸如此类）。"[45] 与哥伦布航行的类比也不甚合适。哥伦布的既定目标是重新发现亚洲这个古老大陆，结果却发现了美洲这个新大陆。阿波罗8号的既定目标是发现月球这个新世界，而最后却重新发现了人类自己的家园。

各地的评论员都呼应天体未来主义的言论，将阿波罗8号的故事纳入美国白人历史的恢宏叙事中，书写为向边疆持续挺进的英雄传奇故事。波士顿科学博物馆一位兴奋的馆长写道："就像我们坐在圣玛丽亚号前桅杆的乌鸦巢里搭顺风船一样激动人心。"[46] 通常对载人航天的益处持怀疑态度的英国射电天文学家伯纳德·洛弗尔爵士也评论道，这是"人类发展的历史性时刻之一"。[47] 阿瑟·克拉克写道："1968年圣诞节前的世界，已经像中世纪地球中心论的宇宙观一样一去不返。第二次哥白尼革命正在向我们袭来，也许第二次文艺复兴也将随之而来……出生在阿波罗8号溅落这一天的孩子，有可能在有生之年成为'联合星球'的公民。"[48] 即使是不容易被打动的新闻报纸编辑们也对人类的精神统一大加赞赏。《洛杉矶时报》评论道，"这让人难以置信，在这个星球上生活了数千年后，人类已经打破了将自己束缚在地球上的枷锁"。《时代周刊》反思道："驱动人类走出山洞迈入大学的本能，也驱动了人类从地球走向月球，这包括对知识独特的渴求，对攻击坚不可摧的东西的迷恋，以及创造性冲动。"来自苏联的半官方贺词上承认，阿波罗8号的月球之旅"突破了国家成就的藩篱，标志着地球人普世文化发展的一个阶段"。[49]

事后总结时，佩恩判断这次公众的反应甚至超过了对约翰·格伦轨道飞行任务的热情。一位公司高管在贺信中评论说："我从未见过持续时间如此之长的公众兴趣，也从未见过如此全面的公众沟通。"[50] 据估计，超过十亿人——几乎占地球人口的四分之一——观看了这次任务的电视报道，这得益于最近才投入运行的通信卫星。其中包括NASA的ATS卫星，它首次拍摄了地球全景的电视画面，以及提前发射的Intelsat（一种卫星型号）-3A卫星，该卫星是为了报道阿波罗8号任务发射的。正如华盛顿的《星期日星报》将这次的新闻影响力与广岛原子弹事件进行了比较，其影响都是"迅速的、整体性的、全球性的"，并补充说，这次“人类在那里实地感受到了”。[51]

在任务执行过程中，重点从月球转移到了地球上。起初，其呈现方式是我们熟悉的一些人们以地球为中心，对航天计划的批评：“在地球家园，仍然有很多未知世界需要征服，这和征服太空中的未知世界一样。”“人类可以飞越月球……但却找不到与邻国和平相处的方式。”“为什么不能利用同样的资源调动能力来解决地球上各国的实际问题？”《费城晚报》的一位专栏作家认为，“如果宇航员未能成功到达月球，那么这种失败会使那些在地球上做不到的事情，和在地球上没有被理解的事情显得更失败”。《圣路易斯环球民主报》的一幅漫画显示，人类扯住一位月球科学家的衣角，问道：“我能提几个地球上的问题，好使您对地球产生兴趣吗？”[52]《基督教科学箴言报》对玛丽·贝克·艾迪预言的实现感到满意，预言说有一天人类将从地球以外观察宇宙，并会变得更加乐观；“所有人、所有国家和所有种族都会因为人类绕月飞行而眼界大开，思考更加宏观。认同了这样的成就之后，会有更多的人相信：地球上的问题，无论多么棘手，都是可以解决的……几乎可以肯定，航天计划最大、最正面的影响体现在对地球上发生事件的影响”。[53]

这种视角的转变在圣诞节前夕就开始了，美国的各家早报报道了阿波罗8号乘组成员拍到的遥远地球的电视画面，当晚的“创世记”直播也正及时。在NASA的《每日新闻摘要》收集的二十三个报纸头版中，有十三个头版只刊发了地球照片，五个头版只刊发了月球照片，还有五个头版同时刊发了地球和月球照片。在圣诞节当天，所有报纸刊发的都是月球照片，因为这些报纸都报道了来自月球轨道的两次电视直播；虽然没有了地球照片，但出现了很多关于地球的讨论。12月28日，一些报纸再次刊登了在返回途中拍摄的粗线条黑白电视画面。就在阿波罗8号踏上返程之旅时，很多编辑和专栏作家都在思考这一切的意义。《休斯敦纪事报》评论说，这些宇航员属于“地球这个地理单元，未来我们将听到更多这个地理单元的故事”。[54]

12月30日，地出照片第一次出现在了美国媒体上。在新闻发布会上分发的地出照片本身还带着刚从图片处理实验室里出来时的熠熠光辉。这时，大多数报纸已经完成了他们的哲学思考。在NASA收集的头版中，地出照片只出现在了六个头版中，而之前地球的电视画面出现在了十八个头版中。《华盛顿邮报》在头版的上半部分印上了地出照片，标题是：人类从月球上看到了闪亮的地球。《休斯敦纪事报》将地出照片与另一张照片一起刊发，后者是另外两名宇航员洛弗尔和博尔曼在执行双子座7号任务时拍摄的，显示了地球地平线上的月球。这两张单色照片看起来并没有什么不同：神奇之处在于令人难以置信的月球视角，而不是地球那肉眼可见的光芒。[55]国际地平协会提出了异议，这是一个光杆司令组织，富有探索精神的记者们曾接触过其"主席"塞缪尔·申顿。两年前，他承认看到月球轨道器拍摄的照片是"当头一棒"，然后谴责它是"骗人的、伪造的、要诡计的、搞障眼法的"。在圣诞节前夕，他信誓旦旦地说，"如果他们能从太空向我们展示一张非常清晰的地球照片，而且照片上没有显示出所有的大陆，地球的边缘也不在视野之内，那么这将证明地球是圆的"。但是几天后，他就谴责这种照片是"公然篡改的，可能是摄影棚拍摄的，或者是镜头失真，也可能是害怕砸了饭碗的地球仪制造商的阴谋"。他抱怨说："由于这种荒谬的阿波罗之旅，我们已经流失了很多会员。"现在看来，这种反应，一种滑稽而绝望的"假的！"的呼喊，是特朗普时代席卷美国政治的粗鲁否认主义的不祥预兆。[56]

自从地出照片发布，它就与一篇题为"地球的乘客"的短文联系在一起，这篇短文的作者是美国国会图书馆馆长阿奇博尔德·麦克利什，于圣诞节当天发表在《纽约时报》上。麦克利什写道：

> 人类有史以来第一次看到地球，而且不是把从区区几百英里的距离外看到的大陆或海洋当作地球，而是从太空深处看到了完整的地球，一个美丽、小巧的圆盘……要看到地球真正的样子——飘浮在永恒寂静中的小星球，蔚蓝且美丽，就得把我们自己看作地球上的乘客[1]，看作生活在处于永恒寒冷中的这颗明亮的星球上的兄弟——那种真正意义上的亲兄弟。[57]

麦克利什的文章在圣诞节期间得到了广泛传播，但他不可能受到了地出照片的启发，虽然这篇短文经常和地出照片印在一起。写这篇文章时，地出照片

1 原文为riders on the Earth，尼克松总统曾发表题为《我们都是地球上的乘客》的就职演讲。

的待冲洗底片还在月球轨道上；文章发表时，“创世记”的电视直播刚刚完成。但是麦克利什一定在思考那些吸引人的、最早的黑白地球电视画面。亲眼看到过地球的经历深刻影响了宇航员罗素·施韦卡特，他后来写道：“你惊叹于阿奇博尔德·麦克利什以某种方式知道了这些。他是怎么知道的？那是一个奇迹。”[58]答案是这样的，从二战时他就开始酝酿这种想法，当时他曾思考过飞行员看到的有曲率的地球，“一个平等的地球，地球上所有人都平等地占有地球”。凭借着诗人敏锐的洞察力，麦克利什在完美的时机，揭示了太空的奇迹，并将其聚焦在地球上。

在刊印新发布的地球照片这方面，周刊是有优势的，正是周刊刊发的地出照片产生了最大的影响。《时代周刊》用一幅地出照片来推广其年终特刊，配文只有一个词“黎明”。《生活》杂志的新年特刊刊登了一篇关于这次任务的、内容丰富的图片文章，杂志封面刊印了地球图片，标题是“非凡的1968年”；据称，每四个美国人中就有一人读过这期杂志。翻开杂志还能看到一张海报大小的双页地出照片，图片的配文来自诗人詹姆斯·迪基：“看啊/蓝色星球正沉浸在现实的梦想里。”[59]在英国，地球的彩色照片一传过来，英国广播公司就在深夜新闻中播放了出来；第二天《泰晤士报》认为这些照片“谦卑地提醒我们地球的渺小”。几天后，《泰晤士报》彩色印刷了四页来自阿波罗8号的照片，第一页就是整版的地出照片。一位年轻的伦敦音乐家大卫·鲍伊看到了这张照片。一周后，他创作了自己第一首主打歌《太空怪事多》，其中有一句反复出现的歌词，描述了受困的宇航员对地球这颗蓝色星球地球的思索。[60]

地出照片带来了视角的转变，这明显体现在新年期间为这些首次绕月的宇航员准备的官方庆祝活动中。1月9日，这些庆祝活动拉开帷幕：阿波罗8号乘组在首都华盛顿游行，新任总统理查德·尼克松会见了他们。宇航员们向尼克松赠送了一份装裱好的地出照片；随后，他们又向得克萨斯州州长约翰·康纳利赠送了另外一幅，他是约翰·肯尼迪总统遇刺时所乘汽车上的幸存者。博尔曼和他的同事们在国会两院发表讲话时，再次谈到从太空看到地球时的“难以抑制的情感”，但他们最终强调的信息是，“探索确实是人类精神的内核，我们暂停、动摇、放弃对知识的追求就是毁灭”。他们说，他们的绕月任务是“全人类的胜利”。他们最后引用了麦克利什的文字——“地球上的

图4.6　阿波罗8号乘组向得克萨斯州州长约翰·康纳利赠送地出照片

图片来源：美国国家航空航天局

乘客”。[61]第二天，宇航员们参加了纽约市的游行，联合国秘书长吴丹欢迎他们来到联合国安理会，并称他们是“第一批宇宙人”[1]。博尔曼回答说：“我们看到地球只有一个硬币大小，我们当时就意识到我们真的只有一个世界。”“阿波罗8号是全人类的一次胜利。”一周后，在总统就职典礼上，理查德·尼克松宣读了为世界带来和平的仪式性誓言，并引用了麦克利什的一句话来表达对太空探索的承诺：“在我们探索太空的过程中，让我们一起走向新世界——不是要去征服新世界，而是分享新探索。”他为宇航员们举办了招待会，并在招待会上宣布洛弗尔和安德斯作为阿波罗11号的备份宇航员继续训练，弗兰克·博尔曼将开启欧洲的友好之旅。[62]

博尔曼的欧洲之行轰动一时。在回到美国后，博尔曼汇报说：“欧洲人的总体印象是这次我们拍到了地球的图像。”“我们真的都是地球上的乘客，这引起了他们的共鸣。地球渺小、美丽、脆弱。”在伦敦，博尔曼受到了女王和首

1　原文为universalists，这里一语双关，还表示世界公民的意思，即citizen of the world。

相的接见，在皇家学会发表演讲，并坐在下议院的公众席上听取议员们对阿波罗8号任务的赞许。在巴黎，儒勒·凡尔纳的孙子向他赠送了一本初版的《从地球到月球》，后者列举了相隔一个世纪的两次远航之间的明显相似之处。在访问欧洲法规之乡布鲁塞尔时，博尔曼宣布国际标准化组织将举行会议，研讨如何统一太空对接的各项安排。他参观了柏林墙，并坦言柏林墙是“悲剧性的”；他上一次来到这个城市是在1948年的封锁期间，那时他是一名服役军人。在波恩，他向包括冯·布劳恩的导师赫尔曼·奥伯特在内的航天科学家发表了演讲，他告诉观众，“首先，我们不是德国人、俄罗斯人或美国人，而是地球人”。[63]

在罗马，博尔曼给聚集在一起的红衣主教和教廷科学院成员播放了阿波罗8号拍摄的视频，然后就站在伽利略因支持哥白尼异端学说而被审判的地方，对观众说，“留在我脑海中挥之不去的形象是美丽的地球……国家的边界和将国家分隔开来的人为障碍都消失不见了”。随后，他受到了教皇长达十七分钟的接见，除了国家首脑和教会领袖，这也是前所未有的。为了报道阿波罗8号任务而匆忙发射的Intelsat-3A卫星及时投入了使用，就在“创世记”直播开始前几个小时，直播了教皇在塔兰托的圣诞弥撒，这也可能起到了作用。博尔曼还交回了一枚跟着阿波罗8号环绕月球的教皇奖章，并得到了教皇保罗六世（一位天文爱好者）馈赠的一些纪念品，包括两本古本《圣经》。教皇对朗读《创世记》表示了赞许，“在那个特殊的时刻，世界是和平的”。[64]最后，博尔曼飞往马德里，并向克里斯托弗·哥伦布的雕像献上花圈。无论走到哪里，博尔曼都在传递“同一个世界”的信息，即我们需要和平共处和国际兄弟情谊。博尔曼总结道，“如果通过飞离地球这种方式，我们能够意识到这些（真理），那么这次月球之旅就是世界所需要的”。[65]

由于国际局势紧张，博尔曼访问苏联的计划不得不推迟了。在阿波罗8号任务执行期间，苏联电视台史无前例地转播了美国的电视报道。之后，苏联科学院向美国国家航空航天局发来了贺电，“让我们携手，让火箭用于和平，团结不同民族，而不是使之分离”。在博尔曼的欧洲之行期间，匈牙利发售了一枚阿波罗8号纪念邮票，这要比美国的纪念邮票早了几个月。[66]博尔曼最终在7月份访问了苏联，时间就在阿波罗11号登月之前；这次苏联之旅的时机是精心策划的，恰逢关于军备控制的先期会谈。在宇航员蒂托夫（他曾开玩笑说，他在太空中没有见到上帝）的陪同下，博尔曼成为第一个访问星城的美国人，星城相当于NASA位于休斯敦的载人航天中心。博尔曼向宇航员们赠送了阿波罗8号环月之旅的彩色影片，他演讲的主题还是太空探索“对整个地球”都有益处，而不仅仅是对个别国家。由于阿波罗8号的普世意义，博尔曼才有可能访问苏联，这也预示着空间合作的开始，而空间合作带来了未来几年要实施的阿波罗-联盟计划。[67]

对阿波罗8号的新闻报道热烈地讨论了宗教主题。《堪萨斯城星报》宣称：“有史以来第一次有大批人将自己视为地球公民。”“也许我们可以把我们的这个星球既变成精神绿洲，也变成物质绿洲。”《华盛顿邮报》回顾了圣诞季和“创世记”直播，认为“要实现地球和平、对人友善的圣诞承诺，生活在地球家园上的人类还有很长的路要走”。“为什么这让我们如此感动?”《华盛顿晚星报》的马克斯·勒纳问道。他的回答是，荒凉的月球、孤独的地球绿洲和简单的《圣经》信息凄美地结合在一起，提醒我们“人类在面对他假装了解的神秘事物时的傲慢”。“所有这些都是科学?”保守派评论员威廉·巴克利问道。“不要相信它，我们已经来到了上帝的领地。”卡尔·萨根写道，“令人震惊的是，太空探索直接引发了宗教和哲学问题”。[68]

并非所有人都这样认为。甚至在阿波罗8号返回地球的时候，无神论者马达琳·默里·奥海尔就宣布，因为在太空直播祈祷的“传教”行为，她将对NASA提起诉讼，并在不久之后成立了一个全国性“无神论中心”来支持自己。NASA很担心。1963年，奥海尔在美国最高法院以八比一胜诉，成功地让最高法院裁定，在州立学校进行祈祷是违宪的。1月9日，当阿波罗8号宇航员在国会发言时，博尔曼开玩笑说：“我们能够让善良的罗马天主教徒比尔·安德斯宣读钦定版《圣经》的前四节内容，这是真正具有历史意义的事情之一。但现在我看到前排的先生们——最高法院的法官们也坐在那里——我吃不准，也许我们根本不应该读《圣经》。”NASA的一位官员急切地翻阅了通讯记录，对“创世记”的直播做了大量的注释。休斯敦曾回答说：“感谢你们的精彩展示。”边上的注释写道，“所以指挥舱通讯员确实对这项展示有过好评”。[69]

图4.7　阿波罗祷告联盟提交给美国航空航天局局长托马斯·佩恩的请愿书

图源：美国国家航空航天局

NASA很注意收集证据，以证明博尔曼于圣诞前夜在月球轨道上宣读祈祷词纯粹是一种个人安排。按照预先的安排，博尔曼利用加密的“实验P-1”标志，向休斯敦的主要任务规划师罗德·罗斯发出了提醒，罗斯将这段祈祷录音。后来，这段录音被播放给了他们所属的圣公会教堂的会众。[70]吉迪恩《圣经》协会兴奋地（但错误地）声称宇航员们读的正是他们的《圣经》，好像阿波罗太空舱是一种常见的酒店房间一样；NASA礼貌地纠正了他们的说法。博尔曼收到了三十四封关于“创世记”直播的投诉信，但也收到了近十万封支持信，其中许多是谴责奥海尔的，很显然这些来自世界各地的信是统一协调过的。由于信函数量太多，NASA起草了一份标准答复。来自底特律的洛雷塔·李·弗赖尔是总部设在休斯敦的阿波罗祷告联盟的成员，她发起了一项支持在太空中诵读《圣经》的请愿。三个月后，提交给美国国家航空航天局局长的这份请愿书有超过五十万个签名。四年后，这场运动拥有了一千万支持者，并将《圣经》送到几位宇航员那里，希望宇航员能把这些《圣经》留在月球上。所有这一切都有点类似于和水星载人航天任务相伴而来的福音派鼓动，但这一次的责任似乎不在宇航员身上，而在于言行不得体的奥海尔。法院最终裁定，“第一修正案只是要求国家对宗教保持中立，还不是持敌对态度”，这对NASA来说算是一种宽慰。只要宇航员以个人身份发言，可以援引的相关原则就是他们的言论自由是宪法赋予的权利。[71]

诵读《创世记》和地出照片紧密相连，似乎传达出了一条普世的信息。圣诞节当天，除了阿奇博尔德·麦克利什的世俗冥想《地球的乘客》，《纽约时报》还刊登了爱德华·菲斯克的专栏，他认为科学时代需要听从“自由派神学家”对“原始清教”的呼吁，摒弃超自然主义，欢迎科学发现。在伦敦，坎特伯雷大主教也同意这样的观点，即太空旅行“事实上应该加强我们对宇宙的缔造者上帝的依赖感”。《洛杉矶时报》认为，“宇航员的飞天之旅使人们产生了巨大的思想和精神反思……他们的思想从而转向内部，思考自己的生存状况以及他们麻烦不断的星球”。宗教已经成长起来，不再受到科学的威胁。[72]

1969年，一枚邮票让地出照片得到了最广泛的传播。比尔·安德斯回忆道，这是“一枚让人趋之若骛的邮票”。发行邮票的想法是由NASA历史学家尤金·埃姆在1月9日提出的，这个想法被迅速汇报给了邮政局长、副总统和总统。第二天就宣布了邮票发行。邮票选择地出图像几乎是再自然不过了，但邮票最初的设计草稿进行了背景留白。经过进一步讨论，才加上了“起初，上帝……”的字样。在发行仪式上，邮政局长发表了“自嗨”的讲话，称这将邮政局带入了太空时代。这也说明了阿波罗8号的影响，其最重要的特征几乎鲜有评论：这是自1963年奥海尔案裁决以来，美国邮票上首次出现了宗教文字。也许是受到这个先例的鼓舞，尼克松总统想把阿波罗11号留在月球的铭牌文字改成“在上帝的指引下，我们为全人类和平而来”，但NASA对这项提议采用了拖字诀，拖延到再改动文字已经来不及了。[73]

图4.8　阿波罗8号主题邮票

然而，阿波罗11号任务确实包含宗教元素，但这一次NASA做得滴水不漏，几乎没有人注意。受到阿波罗8号任务期间的祈祷和《创世记》诵读的启发，巴兹·奥尔德林向德克·斯莱顿申请在阿波罗11号飞往月球的途中，诵读他自己选择的《圣经》段落，即“人算什么，你竟顾念他？……”，以及在月球表面进行圣餐仪式并直播。由于奥海尔的法律诉讼仍然悬而未决，NASA拒绝了他的申请。他应该避免广播任何宗教内容，但他可以在回来的路上诵读祈祷词，那时就不太可能受到关注。奥尔德林把他的私人圣餐计划告诉了阿姆斯特朗，阿姆斯特朗没有表现出支持的兴趣，也没有提出反对。在月球静海基地，在登月舱着陆后和月球行走前这段平静期，奥尔德林邀请听众们“思考一下过去几个小时发生的事情，并以自己的方式表示感谢”。然后他关掉麦克风，拉下一个折叠架作为祭坛，并打开了长老会牧师提供的圣餐用具：一个小银杯，一小瓶红葡萄酒和一块圣饼。“我有很多事情要忙。我只是让他做他自己的事。”阿姆斯特朗说。登月的两人组合中的一位单独庆祝了第一次地外圣餐，并以《约翰福音》中的话结束了简短的仪式，“离了我，你们就不能做什么”。确切地说，这并不是宣传人类的团结。[74]

NASA太专注于月球而忘记了地球，这足以成为阿波罗8号任务的历史头条故事。对地球进行成像甚至没有出现在正式的任务计划里，而拍摄地球属于任务分类中的杂项。在太空舱里的电视转播显得业余，且准备不足；诵读《创世记》的想法非常好，但基本上是宇航员自主决定的。他们总体上期待着从远处看到地球，这一定程度上要归功于阿波罗摄影负责人理查德·安德伍德对这种情境的说明，但他们对实际体验没有做好一丁点儿准备，甚至几乎错过了。这种总体上的准备不足对所有相关的人产生了一个重要的影响：对地球的惊鸿一瞥具有一种启示的力量。在地出照片发布之前，《洛杉矶时报》报道了这种氛围的突然变化。

> 回过头来看，阿波罗8号探月之旅的一个显著作用，与其说是它展示了吸引人们望向太空的能力，不如说是它展示了自己的强大力量，使人们的思考转向对自己的生存状况以及他们麻烦不断的星球的关注……这个本

应是外向型人举世无双的壮举使我们所有人都变成了内向型人。[75]

随着阿波罗任务带来的亢奋逐渐消退，这种再发现的感觉越来越深刻。在观看了阿波罗任务最后一次发射后，新时代哲学家威廉·欧文·汤普森写道："事实将证明，我们失而复得的宇宙方向感可能比土星5号火箭的设计更具历史意义。"1975年，作家诺曼·考辛斯在关于未来太空计划的国会听证会上说："月球之旅最重要的不是人类登上了月球，而是人类看到了地球。"[76]

第五章

蓝色弹珠

1972年12月，阿波罗宇航员最后一次出征，直到这时他们才最终看到了完整地球。其结果是著名的“蓝色弹珠”照片，这张照片可能已经成为历史上印刷量最大的图像。此前阿波罗任务拍摄的照片中，地球有部分区域处于阴影下，宇航员从来没有拍摄过完整的地球。事实上，在阿波罗计划之前，已经有几张完整地球的彩色照片，以及在前八次探月飞行中拍摄的几十张照片，但这些照片都不具备1972年蓝色弹珠照片的魅力。在阿波罗8号宇航员看到地球之前，地球已经在他们面前升起了四次。同样地，在人类真正注意到完整地球的照片之前，已经拍到了几张完整地球的照片。

5.1 彩色地球

要想获得完整地球的高质量照片需要解决合适拍摄地点的问题。早期气象卫星的设计没有考虑拍摄完整地球照片的问题。这些卫星需要仔细观察天气系统的细节，并且每天要过境几次，这就意味着卫星轨道太低，无法一次拍到完整地球。而由很多照片拼成的完整地球的图片散发着一种无趣的、人工的感觉。1960年代中期的通信卫星有更大的潜力，如早鸟卫星。这些卫星必须与地球上某点保持静止，处在大约36 000公里高的地球同步轨道上，因此可以轻易地看到整个地球。但是额外增加重量意味着成本呈天文数字增长，没有人会为了拍几张家乡的照片而花钱在通信卫星的脖子上挂一台相机。拍摄完整地球的“摄影师”卫星只能从其他项目那里借来一台相机。

第一张可识别的完整地球的彩色照片是一颗名为DODGE（国防部引力实验）的军用卫星的副产品，该卫星于1967年夏天发射。这颗卫星携带了一台由1940年代火箭摄影先驱克莱德·霍利迪设计的照相机。这颗卫星正在测试一种使卫星姿态稳定的新方法。通常卫星的姿态通过自旋来实现稳定，但如果卫星能保持静止，那么摄影（更不用说武器瞄准）就会更容易。DODGE卫星配备了三对可伸缩的金属伸杆，伸杆末端装有砝码，可以通过远程控制来调整卫星的三维平衡。垂直伸杆足有90米长，足以让地球引力对底部的配重施加比顶部的配重稍多的拉力：多出百万分之一磅的三分之一。这恰好足以使卫星保持垂直向下的定向，这一原理同样可以解释为什么月球的一面始终面向地球。

DODGE卫星的运行轨道略低于地球同步卫星的轨道，其运行周期是每十一天绕地球一圈。为了明确卫星与地球的定向，DODGE卫星需要一台摄像机。这是一台黑白TV摄像机，可以拍摄一秒钟曝光，其扫描和对地传输需要六分钟。在位于马里兰州的约翰斯·霍普金斯大学应用物理实验室的显示器上，霍利迪和其他技术人员看到了第一张完整的地球图像，图像是一行接一行地拼起来的。在前数字时代，一台普通的胶卷相机用来翻拍电视图像，然后再打印和冲洗出来。根据来自地球的指令，红、蓝、绿三种颜色的玻璃镜片会被依次放置在摄像机前，间隔六分钟拍摄三张照片，这些照片被重新组合成一幅彩色图片。一个小的彩色测试盘被固定在摄像机的视野内，以便与实验室里的一个相同的圆盘进行对比，以检查颜色是否准确。在两次拍摄之间，地球会轻微转动，卫星也会晃动，但经过仔细处理，拍摄效果还是令人印象深刻：第一次拍到了彩色的完整地球。

图 5.1 DODGE 卫星拍摄的三色地球电视图像，1967 年夏天

图片来源：史密森学会美国国家航空航天博物馆

也许这项成就最引人注目的地方是对这张图像的沉默。与NASA不同，美国国防部不喜欢做项目宣传。尽管应用物理实验室提供了一份新闻资料，但资料的主要内容是“重力梯度稳定和三轴矢量磁力计”的技术信息。DODGE卫星的“次要目标”清单包括“拍摄彩色电视照片”，但没有任何地方提到这些照片是完整地球的照片。拿到照片后，《华盛顿邮报》将其刊印成彩色图片，来庆祝这一成就，但其他地方似乎鲜有报道。很少有报纸能用彩色印刷，所以对大多数读者来说，这张黑白照片看起来与低分辨率的天气照片没有什么区别；月球轨道飞行器拍摄的照片要引人注目得多，照片中地球位于月球上方。

《国家地理》杂志帮助霍利迪对这张照片进行了处理，并刊登了一篇关于这个项目的文章。文章引用了乔治·梅雷迪思写于1883年的诗歌《星光下的路西法》:“在云中转动的地球的上方，拍摄了部分……”负责该项目的海军宇航主任普雷斯勒上尉进行了一次有趣的预测。“这对平民也会有很大的意义。例如，凭借一个廉价的5英尺铝盘天线，任何学校都可以从特定卫星上接收教育电视信号。卫星电视直到二十年后才出现，但有个事实值得在历史上书写一笔：第一个通过卫星传输的彩色电视图像是完整地球的图像。”[1]

与此同时，NASA正在研制一颗高轨道卫星，携带一台分辨率比DODGE卫星高三倍的电视摄像机，这颗卫星的命名略显草率：应用技术卫星（ATS）。1965年，NASA按惯常做法，宣布ATS卫星是纯粹的技术项目：一颗运行在赤道上方36 000公里停泊轨道上的多用途的实验卫星。该卫星项目公开征集了星上实验建议书。威斯康星大学的弗纳·索米博士提出了一种新型相机建议，即创新性的“自旋扫描云相机”。这是一种通过自旋的卫星进行拍照的方法。该相机以每分钟一百转的速度运行二十分钟，就能拍摄一张由两千条扫面线组成的地球照片，每条线覆盖3.2公里长的地球表面，然后这些线都传送回地球，再以电子方式重新拼装起来。这项技术已经精确到必须考虑微小章动的影响——地球自转轴在十八年的周期中有轻微的摄动。一根水银管就可以吸收这种“章动产生的能量”，从而避免在二十分钟的曝光时间内出现画面模糊。[2]

在其他气象学家的支持下，索米的提议获得了支持。[3]美国空军对使用ATS卫星“拍摄越南上空的气象情况”表示了直接兴趣，但让他们失望的是，这次卫星所在的位置是错误的。他们被告知，也许下一次有机会。当第二年宣布完整的计划时，戈达德航天中心宣称其“壮观的……宽幅地球地平线照片”将“在技术利益之外，为美国赢得声誉”。1966年12月6日，ATS-1号从肯尼迪角发射，并很快开始传回照片，提供了稳定且连续的天气模式图片，覆盖范围包括从合恩角到哈德逊湾的西半球5亿多平方公里区域。这些照片展示了地球本身，完整且明亮，并具有人们可以自行关联的细节。照片甚至展示了华盛顿上空的暴风雪，《华盛顿晚星报》由此赞叹道：“这简直精彩绝伦。”[4]索米博士说：“一次巨大的成功，其表现远超我的想象。”

图5.2　地球静止轨道卫星ATS-3号拍摄的全彩色地球图像，1967年11月

图片来源：美国国家航空航天局

这些最早的完整地球的照片是黑白的（十三种浓淡深浅的色调），体现了很多细节。但索米博士已经制作了一个自旋扫描云相机的彩色原型，并在1967年11月3日由第三颗ATS卫星送入太空，进入亚马孙河口上方的一个轨道。11月17日，NASA发布了完整地球的“质量优秀”的彩色图像。然而，在新闻界，在载人航天停飞的两年时间里，航天员对地球的看法似乎已经淡化，并与气象员的看法趋同。ATS卫星受到赞誉的原因是“戏剧性地展示了地球上空不断变化的天气模式”和“高质量的地球云层图片”，而不是其拍摄了第一张完整地球的彩色照片。气象学家们观察台风的产生，查看海湾流的走向，他们对使用彩色图像进行深入的天气系统分析的前景感到兴奋。[5] ATS-1号卫星

在轨运行了六年，ATS-3号运行了八年，为美国各地的晚报提供天气图片，并为1968年墨西哥奥运会等活动提供了全球电视图片中继服务。弗纳·索米博士后来成为美国气象局的首席科学家。他于1995年去世，人们认为拍摄地球照片是他的最高成就。[6]

NASA为ATS-3号卫星拍摄的照片配发的新闻稿写道："照片显示了整个地球圆盘，在漆黑的太空中，地球是一颗被云层覆盖的星球。"美国国家航空航天局把一系列ATS-3号卫星拍摄的黑白照片放在一起，以显示地球阴晴圆缺的过程。《华盛顿邮报》在内页上刊登了一张这样的"行星肖像"，并问道："这颗行星是什么，它能维持生命吗？它有植被吗？它一定有大气层，因为图像显示出了巨大的云层。这颗行星是地球。"[7]

1967年11月，当ATS-3号卫星正在传输信号时，NASA的另外一项任务拍

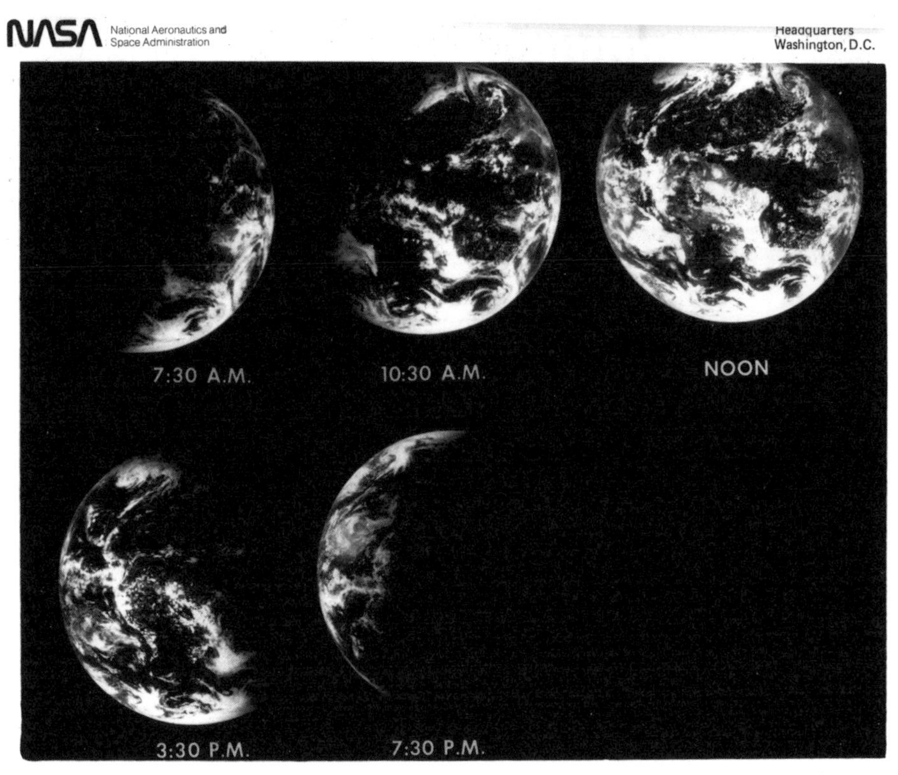

图5.3　地球上的一天：ATS-3号卫星观察到的地球阴晴圆缺

图片来源：美国国家航空航天局

下了完整地球的照片。阿波罗4号是“大动作里的第一件”，这次是巨大的三级火箭土星5号的测试发射，后来这枚火箭将把人类送往月球。在火箭顶部的太空舱内，向窗外望去的不是宇航员，而是一台90毫米的毛勒相机，装配了彩色胶卷。即使在5公里之外，火箭点火造成的声浪也冲进了哥伦比亚广播公司电视台移动演播室的窗户，主播沃尔特·克朗凯特和他的技术人员不得不忍受120分贝的呼啸，同时努力将所有东西固定在原地。“加油，宝贝，加油！”有人听到沃纳·冯·布劳恩喊道。[8] 火箭绕地球两圈，之后第三级助推器点火，将航天器送入一个大椭圆轨道，远地点超过18 000公里。航天器爬升花了近六个小时；下降花了两个半小时，大部分时间处于自由落体。航天器以每小时4万公里的速度再入大气层，大气将航天器外部加热到火山熔岩温度的两倍。溅落两个小时后，经过灼烧的太空舱从太平洋中被拉起；里面七百张地球照片的底片安全无恙。

图5.4　阿波罗4号拍摄的如新月一般的地球，1967年11月

图片来源：美国国家航空航天局

印刷出来的照片很吸引人。地球蓝白相间，白色多于蓝色。如残月般的地球有四分之一显露在画面中，看起来既立体又缥缈，就像从黑暗的窗户上反射出来的光线。大气层出现在边缘，薄如一层白色蛋壳，渐渐变成一丝羽毛。尽管这些照片很美，但阿波罗4号的照片并没有产生什么影响。NASA的第一轮新闻信息全都与火箭的技术性能相关，地球照片的副本要稍后才公布。“这是人眼能看到的地球的真实景象。”照片的标题解释道。很少有报纸采用这张照片，甚至连通常热衷于刊发照片的《生活》杂志的专题《超级大动作的影响》也没有刊发。这张照片最终出现在1971年的《最后的全球概览》的封面上。编辑斯图尔特·布兰德回忆说:“似乎没有人注意到它或在乎照片的发表。”“我想原因可能在于阴影，它让人们感到害怕。我们的地图上可没有阴影。”[9]然而，如今阿波罗4号拍摄的幽灵般的地球照片具有独特的魅力，这张苍白但有生命力的照片等待着第一个人来发现。

在美国将人送往月球之前，苏联人已经把乌龟送过去了。与阿波罗号飞船相当的是苏联的探测器号飞船，该型飞船也一直在进行非载人测试。在1968年9月中旬，探测器5号将昆虫和乌龟送往绕月轨道，这是一次类似于阿波罗8号的载人月球飞行测试。在此之前，他们已经经历了三次失败，取得了一次部分成功。在离开月球轨道时，探测器从距离地球9万公里外，拍摄了一张非常清晰的黑白地球照片，照片显示了地球三分之二的面积。当位于英国卓瑞尔河岸天文台的射电望远镜接收到来自探测器5号的声音时，大家都很兴奋，但这些声音来自地面上的宇航员通过飞船演练的天地通信。詹姆斯·韦伯将其描述为“迄今为止一个国家对整体空间能力最重要的展示”。沃纳·冯·布劳恩谈到了月球竞赛的“照片终点线”，而卓瑞尔河岸天文台的台长伯纳德·洛弗尔爵士则认为苏联人可能在登月上拔得头筹。探测器5号最终溅落在印度洋；回收的乌龟还活得好好的。第一批访问月球的动物可能仍然健在，生活在苏联的某个地方。[10]

探测器6号随后在11月发射，将在距离月球2 400公里的高度范围内进行极为精确的飞行，并在中亚的目标返回场着陆，这次绕月飞行要早于阿波罗8号。不幸的是，返回舱减压，降落伞失效；如果飞船上有宇航员的话，他们肯

图5.5　苏联版本的地出，来自1968年11月从探测器6号上回收的受损的黑白胶卷

图片来源：塔斯社

定已经牺牲。不过，从飞船的残骸中，人们找到了一些损坏的胶卷底片。其中有第一张返回地球的黑白的地出真实照片，照片画面粗糙，但在时间上早于阿波罗8号的照片。宇航员戴夫·斯科特表示："如果苏联探测器号上有宇航员，并且比阿波罗8号早三周从月球带回来了高质量的地球照片，那么太空竞赛的平衡很可能会发生巨大的变化。"[11]

图5.6　1969年8月6日，探测器7号拍摄的苏联版本的蓝色弹珠

图片来源：塔斯社

在1969年7月首次阿波罗登月的庆祝活动之后，很少有人注意到一个月后发射的非载人飞船探测器7号。但是，这次任务拍摄的照片中有一张几乎显示了完整地球的彩色照片。这张照片以阿拉伯为中心，显示了亚洲的大部分地区以及北非。这张照片也早于阿波罗计划的“蓝色弹珠”。还有一张彩色的地出照片，在当时是独一无二的，显示月球地平线上地球的全貌。然而，令人遗憾的是，苏联的摄影技术，甚至预算，都远远落后于美国；苏联的航天器携带的胶卷不仅不好用，而且很陈旧。苏联在广岛和长崎原子弹爆炸纪念日当天拍摄的这些完整地球照片应该获得更高的知名度。[12]但言归正传，没有一个苏联宇航员亲眼看到过完整的地球。

图5.7　完整的地球升起，探测器7号拍摄于1969年8月9日

图片来源：塔斯社

5.2　人类的眼睛

阿波罗计划载人任务实施阶段从1968年底持续到1972年底。在这四年期间，共执行了十一次阿波罗任务，九次飞往月球，其中六次登月，还有一次九死一生的事故。二十四人次从遥远的太空看到了地球（其中三位宇航员两次）。执飞最后一次任务的是1972年12月的阿波罗17号乘组。每一次登月任务都拍摄了地球照片，包括一些实际上比阿波罗8号乘组匆忙拍摄的第一张地出照片质量更好的作品。这就是相机后面一定要有人操作的合理理由。通常在这种问题上保持克制的伦敦《泰晤士报》为了刊发阿波罗10号从月球轨道上拍摄的地球照片，把头版变成了彩色的。1969年5月发射的阿波罗10号，为阿波罗11号任务演练了除实际着陆以外的每个细节。即使如此，当阿波罗11号乘组看到地球从月球上升起时，迈克尔·柯林斯报告说，"这是一个真正的戏剧性时刻，我们都争先恐后地用相机记录下来"。正如理查德·安德伍德估计的，阿波罗11号在7月带回了"迄今为止最好的地球升起和落下"的照片。[13] 然而，人们所有的兴趣都集中在两名宇航员登陆月球表面的照片上。这里出现了NASA最大的尴尬之一：未能拍到登月第一人的登月照片。

出现在所有公认的阿波罗11号登月第一人照片上的是巴兹·奥尔德林，而不是尼尔·阿姆斯特朗。其原因被解释为两人之间的性格冲突，甚至是关于谁应该首先踏上月球的争论，但根本原因要简单得多：NASA没有真正考虑过这个问题。当公共事务官员愤怒地问道，人类首次登月的照片只能以黑白形式刊印在《生活》杂志的封面上会引发什么后果，任务计划者才同意带上彩色胶卷。宇航员们自己也明白奥尔德林所说的"为地球上的人们拍摄标准的家庭照片"的重要性，但任务计划要求奥尔德林给阿姆斯特朗在月球表面的活动录像，但不给他拍照："重点是对宇航员的行动、月球表面特征和月球样品的采集进行录像。"[14] 为此，哈苏相机被挂在阿姆斯特朗胸前的一个支架上。要知道，在低重力条件下，穿着笨重宇航服的宇航员相互传递相机并不容易。

阿姆斯特朗给奥尔德林和美国国旗合了影，奥尔德林正准备给阿姆斯特朗拍照时，尼克松总统的电话打了进来。总统向他们表示祝贺，并宣布（重述麦克利什的话）："在整个人类历史上，这是珍贵时刻，这个地球上所有的人都是真正联合成一体的。”因此，一位总统想到了“地出”，并渴望利用这个机会传达一个“同一个世界”式的信息，但是这让世界失去了看到第一个人类登月照片的机会。迈克尔·柯林斯回忆说，在阿波罗11号发射前的宇航员隔离期，尼克松想与宇航员见面，但是被拒绝了，理由是“因为他可能会带来感染我们的病菌”。溅落后，尼克松与正在船上隔离室进行隔离的宇航员们交谈，这一幕被快门记录了下来——谁正在被隔离，隔离又是为了防着谁？尼克松很快取消了之后的阿波罗任务。“我们还可以环顾四周，看到地球。”奥尔德林回忆说，“它（地球）似乎很小——像一片令人心动的绿洲，在遥远的天空中闪耀。我们曾希望拍摄一张包括地球、登月舱和我俩中一人的合照。为此，我或者阿姆斯特朗不得不趴在地上，以获得合适的角度，而重新站起来很可能会很费劲。但我还是设法拍到了一张登月舱和地球的合照。但，洗出来的照片让人失望。”[15]

返回地球后，照片刚洗出来，公共事务办公室的人就在夜里打电话给奥尔德林，问道：“尼尔（的照片）在哪里？”奥尔德林确实不记得了，当时也没有人想到要去核实：“也许是我的错，但我们在训练中从来没有模拟过这个。”“我们根本没有发现有可能漏掉阿姆斯特朗的好照片，”新闻官布莱恩·达夫回忆说，“这是一系列简单的人为疏忽。”事后，公共事务办公室问理查德·安德伍德：“我们就说这张照片中站在国旗旁的是阿姆斯特朗，谁会知道？你看不到他的脸或其他的标志。”安德伍德建议说：“八岁的孩子都能看出来。”“新闻媒体没注意到这一点……我们被告知‘别提它’。”[16]

阿波罗11号之后，人们要等很长时间才能看到下一次登月的电视直播。四个月后，阿波罗12号发射升空。但是，第一次月球漫步时，电视摄像机镜头因意外地对准了太阳而失效，造成了直播突然终止。尽人皆知的是，阿波罗13号在飞离地球途中出现故障，从未登陆月球。这次飞行成为十年来最扣人心弦的悬念故事，因为由阿波罗8号宇航员詹姆斯·洛弗尔指挥的乘组在一系列近乎致命的技术故障中排除万难，最终在燃料和氧气即将耗尽的情况下返回地球。所有的目光都聚焦在宇航员身上，然而他们在几乎无助的绕月飞行和返回途中，拍摄了一系列让人魂牵梦绕的地球照片，而当时这个地球他们可能永远无法返回。

直到1971年1月，即阿波罗11号任务十八个月后，对登月的全面电视直

图5.8　阿波罗15号拍摄的地出，由大型U2间谍相机拍摄，1971年

图片来源：美国国家航空航天局

播才恢复。在接下来的两年里，又有三次登月电视直播。安德伍德最终说服了中央情报局，得到了一台中央情报局在U2间谍飞机上安装的大型飞机侦察摄像机，以及可以打印出6英尺宽照片的特殊冲洗设备。这台相机被固定在阿波罗15号的舱外。当宇航员处于月球轨道时，他们“偶尔会把相机对准月平线”，拍出了一张超高质量的地出。阿尔弗雷德·沃登不得不在回程途中实施太空行走，以取回底片。阿波罗16号宇航员约翰·杨从月球表面的登月平台上拍摄了一张不同寻常的地球全貌照片，这是一张紫外线照片而不是白光照片。这是一台天文相机的测试曝光照片，其作用之一是检测月球上是否

有大气的痕迹（实际上没有）。这张照片以生动的人工色彩捕捉到了地球的地冕；地球后面的星星像尘埃一样，而这些星星通常会被地球的蓝色光芒所淹没。[17]

5.3 蓝色弹珠

推动阿波罗任务拍摄一张完整地球照片的动力似乎来自美国国家航空航天局的外部。在1972年1月，美国国家航空航天局局长詹姆斯·弗莱彻和其他高级官员与《国家地理》杂志的高层共进午餐。据乔治·洛说，“《国家地理》杂志的人告诉我们，在他们的印象中，我们在去往月球途中和返程途中拍摄的地球照片不如早期几次飞行拍摄的多。他们觉得这种照片仍然有很大的价值”。乔治·洛要求他的团队“确保我们有足够数量的出彩的地球照片，特别是几何构图理想的情况下，确保我们可以得到一些近乎‘完整’的地球”。他的副手用数据支撑了《国家地理》高管们的印象：在阿波罗计划期间拍摄的三百五十张地球远景照片中，只有七十八张是在阿波罗11号之后拍摄的，其中六张是在最近的一次飞行（阿波罗15号）中拍摄的。他解释说，“科学上没有对大量拍摄此类照片的要求，新闻界对这些照片的需求很少，因为对他们来说，这些照片大多是重复的”。在下一次飞行任务（阿波罗16号）的早期，可以看到完整地球的时间应该有九十分钟，但这段时间宇航员们忙得不可开交，由于拍摄地球仅仅被定为低优先级的“机会目标”，所以宇航员一张地球照片也没有拍。[18]

要拍到一张完整地球的照片也面临一个实际问题。阿波罗16号必须在月球的正面着陆，这时太阳的角度对着陆是合适的：太阳太高就会使月球表面特征淹没在白光中，如果太低，宇航员会感到眩晕。这意味着从月球上看，地球也会有一部分处于阴影之中。相比之下，阿波罗17号的着陆目标是地球视角的靠近月球边缘的区域，而且不同寻常的是，发射是在夜间进行的。因此，在中午时分，飞船从马达加斯加上空点火脱离地球轨道，向月球进发。当他们离开地球家园时，乘组成员可以清楚地看到整个地球圆盘状的地平线完全被点亮。操作相机的是哈里森·施密特，他是一位地质学家和地球物理学家。据安德伍德所说，施密特“明白离开行星地球时，（拍摄）地球照片的核心价值”，并且他是“唯一一个在这方面做得很好的人”。“我一直对身为地质学家的杰克·施密特说，‘这张照片将成为经典。一定保证等你们进入月球转移轨道时，拍到这张照片’。而杰克把拍照任务纳入了他的日程表……那张照片是在距离地球28 000英里处拍摄的。那是一张完美的照片，他的聚焦很准确。”[19]

这张经典照片的作者施密特，却是一位非典型宇航员。作为非军人出身的宇航员，他并没有真正融入其他宇航员的“试飞员文化”；据一位同事回忆，“他和飞机试飞员出身的宇航员之间有令人难以置信的摩擦”。其他人喊他“石头博士”，并取笑他一根筋地收集样本。他的指令长吉恩·塞尔南已经在阿波罗10号上完成了绕月飞行，看到了地球升起，并深受影响。当施密特在月球表面凿月岩时，塞尔南写道：“地球总是将我的目光从荒凉的月球表面吸引过去，现实感觉起来很魔幻。我已经看过很多次了，但还是被整个旅程中最壮观的景象所吸引……我又一次试图让石头博士意识到他此刻正身处另一个世界上……‘你看到了一个地球，你就看到了所有的地球。’他总是这样特立独行地幽默。但我对这种淡然的反应几乎感到厌恶，因为我觉得任何一个人都会对地球景色叹为观止。”[20]

然而，也许施密特知道，他可以淡然处之，因为他已经将地球的最佳景观收入囊中，而且他的凿岩行为正以另一种方式帮助提高地球意识。阿波罗17号任务时期的流行理论是，月球实际上来源于地球，在地球形成时期，地球的一大块被巨大的冲击力撞飞出去，从而形成了月球，这一理论后来被普遍接受了。当他拒绝塞尔南的恳求去注视地球时，施密特知道一些塞尔南不知道的事情：从某种意义上说，他们早就到达月球了。

对于理查德·安德伍德来说，蓝色弹珠是他最引以为豪的照片：“在人类历史上，看过这张照片的人数已创下记录，而我是第一个看到它的。我是第一个看到这张照片的人。这张照片当时还湿漉漉地躺在8号楼的一个冲洗器里，当我看到它时，我说：‘宝贝，就是它了。’”一旦这张照片离开了照片处理实验室，并通过NASA的公共事务办公室对外公开发布，这颗蓝色弹珠照片就成了全世界的公共财产。NASA在1972年圣诞节前夕公开发布了照片——与阿波罗8号的地出照片相隔整整四年。虽然NASA曾经简单地分享过“人类第一次从另外一个星球看到地球”这个天体未来主义故事，但是却对一张地球的照片没有太多好说的——地球只不过是家园而已。公共事务办公室提供的图片文字只是指出了这是第一张地球上没有任何阴影的照片，并对在照片上我们总能看到的陆地进行了说明。《航空周刊和空间技术》的观察仅局限在“云层的无定形性质”上。尽管连“胃肠道气体”问题这样的细节都塞进了官方的阿波罗17号任务报告，但报告根本没有提到这张照片。[21]

也许急于纠正公众普遍存在的载人航天计划已经结束的认知，NASA继续将人们的注意力从地球转向太空。当阿波罗17号宇航员在国会演讲时（这已成为规定动作），他们没有提到蓝色弹珠的照片。拍下这张照片的哈里森·施密特反而试图解释，通过技术进步，人类现在已经“进化到了宇宙层面”。他提醒议员们，阿波罗17号任务的标志是美国鹰，他郑重宣布："我们对整个宇宙中人类的自由所承担的责任将永远、永远不会被削弱。”在阿波罗17号发射之前，《迈阿密先驱报》曾写道："四年前，人们对自己在宇宙中所处位置的认识经历了划时代的变化。新认识来源于那张地球的照片：被云层环绕的地球，在月球荒凉的表面上升起。”《堪萨斯城星报》认为，看到了遥远的地球验证了太空时代的进步观点："人类……逃离了母星的监狱。在目光穿越虚空，回望地球时，他明白只有当自己选择让地球成为监狱时，它才会成为真正的监狱。这种令人惊叹的视角让太空之旅变得值得，即便是没能带回月球岩石的情况下也是如此。”[22]

其他人只是很高兴能重返家园。“谢天谢地，疯狂的阿波罗事业已经结束了。”威廉·海因斯事后在《芝加哥太阳时报》上评论道。《纽约客》在其封面上刊登了一幅地球和月球同框的画；当一面孤独的旗帜矗立在月球上时，地球戴着派对帽，拿着小喇叭来庆祝，仿佛在说："真正的派对在这里。”尽管阿波罗计划没有解决地球上的问题，《华尔街日报》评论说，“可以肯定的是，月球探测和太空照片如此雄辩地加强了对孤单地球的认识，这在很大程度上决定了生态运动的兴起”。[23]所有这些评论都有一个共同点：它们都是在蓝色弹珠发布之前写的，而且作者们想到的是地球和月球同框的景象。四年过去了，地出照片的影响力依然还在。来自阿波罗17号的单独的蓝色弹珠照片似乎需要

图5.9　蓝色弹珠，阿波罗17号于1972年12月7日夜间飞离地球时拍摄

图片来源：美国国家航空航天局

更长的时间才能进入人们的意识。照片发布时，阿波罗任务后的社评期已经结束，人们已经开始熟悉了从太空看地球。这张新照片是迄今为止最好的，但它已经不再是新闻。照片的特殊品质需要时间来沉淀。

鉴于月球探测和卫星定位涉及的计划安排，大多数人们熟悉的地球照片都是从赤道或更北的地方上空拍摄的。大多数图像也主要覆盖北美和大西洋。蓝色弹珠照片的中心并非传统地球地图的中心。蓝色弹珠照片的视角在非洲上空，这个赤道大陆被传统的地图投影缩小了，这是尽人皆知的，因为传统的地图投影为了导航的准确性，将极地地区拉伸到与热带地区一样宽。地球仪的彼得斯投影法试图平衡地球的陆地面积，以对抗发达国家理所当然的自我中心主义。这种投影法已广为人知，但其扭曲的轮廓让地图看起来不真实。[24]蓝色弹珠提供了没有扭曲的公平：欧洲和亚洲在北方地平线上呈现出明显的狭窄带状分布，但非洲却出现在正中心。这暗含了另一种普遍的意义，因为非洲东部和南部曾发现过惊人的人类化石，这些发现确立了非洲大陆是所有人类的起源地。冬季，地球向南半球倾斜，南极洲大陆显现出来，这是宇航员前所未见的；事实上，这是第一张呈现了完整的第六大陆的照片。照片还显示了大比例的海洋，提醒人们不仅地球是更大整体的一小部分，陆地也只是更大的整体的一小部分。整个地球被白色的云层包裹着，这显示了它是一颗行星，而不是一个球体；但云层没有多到遮挡住各大洲的程度。从整体上看，蓝色弹珠是一份用摄影表达的全球正义宣言。

从离地球相对较近的距离拍摄的“蓝色弹珠”也以特别清晰的方式显示了陆地。整个地球既不是太空时代早期设想的地理地球，也不是气象卫星显示的高层次天气图，更不是一个可能出现在太空中的、遥远的，甚至是地外的行星。地球也不是NASA阿波罗8号任务计划图中显示的地理地球。相反，计划图中的地球是一个蓝白相间的抽象构图，不像是一张照片，而更像是一幅印象派油画作品，充满了蓝色，通过大量梦幻色彩传达出自然的感觉。

1968年的地出照片和1972年的蓝色弹珠照片为阿波罗登月计划提供了框架。它们也代表了完整地球意识的播种和开花。但是，地出照片展示了地球、月球和太空，而蓝色弹珠照片只展示了地球。这两张内容丰富的照片看起来既孤单又有活力，其传达的信息不是“太空”而是“家园”。这是一个特定历史时刻的记录：人类迄今为止最后一次飞出地球轨道的太空之旅。蓝色弹珠是人类送给自己的节日明信片；像许多节日明信片一样，发送者到家之后，这些明信片才到达。然而，对于居住在地球上的大多数人类居民来说，从遥远的距离看地球是有意义的，不是因为距离，而是因为地球是家园。从那个距离看，地球上没有明显的人类痕迹，这让人感到渺小，但不是羞辱。它并不完全像未来，但它可以代表从创世到现在的任何时刻。这张成为人类历史上最广泛复制的照片，也像世界上最常见的照片类型：大头照。这是人类与盖亚的第一次面对面的接触。

到阿波罗17号的时候，人们开始感到第一个太空时代已经结束，而这个太空时代真正的明星是地球。航空航天工业协会的内部杂志以阿波罗8号的地出照片为结尾，结束了其对阿波罗计划的回顾，并且这次回顾中给出了精彩的评论：“那些照片显示了孤独的地球在无尽的黑色太空中盘桓，如果这些照片播下了一颗种子，即地球是一艘微不足道的宇宙飞船，无法得到外部补给，其船员必须为生存而共同努力，那么这可能是最大的益处。”[25]这篇回顾文章的作者认为，这可能需要一千年左右才能变成现实。事实上，现实已经开始了。

第六章

宇航员看地球

“我们的地球是多么美丽！”尤里·加加林在成为太空第一人时感叹道。[1]大家都知道，宇航员语言运用的局限性掩盖了这样一个事实：许多凝视过地球的宇航员，特别是那些从月球看到过地球的宇航员，他们中的很多人感觉到了内心经历的深刻变化。[2]宇航员首席医生查尔斯·贝里评论道：“进入太空的人没有不被这种经历改变的。”“我认为他们中的一些人真的没有意识到自身的变化。”阿波罗14号宇航员埃德加·米切尔表示同意：“据我所知，进入太空的宇航员，没有一个人……没有受到某种程度的影响。”在1980年代，弗兰克·怀特为了撰写那本重要且具有开创性的《总观效应》而采访过很多宇航员，几乎所有的宇航员都谈到“从轨道上看到地球的经历，以及在情感上对这种经历没有做好心理建设”。[3]这些太空旅行者感到震惊的是人类活动的痕迹消失了，特别是政治边界，他们感受到了“地球号太空船”的独特性和脆弱性，以及让共同生活在地球上的人们团结在一起的显而易见的共同利益。许多人感到有一种几乎不可承受的责任，要把他们了解到的东西传达给其他人，特别是政治领导人。

对这些几乎都当过战斗机试飞员的盎格鲁-撒克逊白人来说，这是一个漫长的旅程，其中几位飞行员曾经为向地球投掷原子弹而进行过训练。当他们为出征太空进行训练时，他们以前的战斗机飞行员同事正在越南执行任务；“他们在替我作战。”吉恩·塞尔南深有感触地说。在冷战初期，弗兰克·博尔曼曾在柏林服役。1950年代，巴兹·奥尔德林在驻德国的美国空军服役。他被告知“我们的目标是军事目标，而不是民用目标”，但“由于我们的许多实际目标是在铁幕之后，我们将起飞并如此规划我们的任务：如果目标是真实的，我们将投下炸弹，并前往一个中立国家。我们的假想是，在我们完成任务时，德国要么已经被占领，要么已经被摧毁了”。作为同一时期的试飞员，埃德加·米切尔参与了开发核弹运载系统的工作；他对自己所做的事情感到不安，并着手获取科学训练，以成为一名宇航员，他最终成功了。[4]凝视过整个地球的宇航员比大多数人更懂得他们眼中地球的脆弱性。

有些退役宇航员的公职生涯或者企业经营事业都很成功，婚姻也长期稳定，三名阿波罗8号宇航员都属于这一类。其他人不同程度地经历了离婚、酗酒、宗教皈依，或神秘转变，有些人则进入政治圈，信奉的原则从新时代民主派原则到“仙人掌保守派”[1]原则不一而足。一小部分阿波罗宇航员成立了三个组织，旨在将他们收获的认识传播给全人类。有些人写回忆录，创作诗歌，或画画。正如罗素·施韦卡特所回忆的，“我们中的许多人，在从太空返回地球家园时，带回了一个孤独而美丽的行星地球视角，呼唤它最多产的伙伴们（行星地球上的人类）采取更负责的态度。奇怪的是，我们并不怎么谈论恒星”。[5]这些来自军队的冷酷战士转变成了人类团结的使徒，这是第一个太空时代更有趣的故事之一。

真正在月球上漫步过的十二人获得了最多的关注，但还有十二人去了月球，只是没有着陆，其中六人是阿波罗8号、10号和13号的宇航员，还有六人是善于沉思的指挥舱驾驶员，他们独自在月球轨道上飞行，等待着在月球漫步的宇航员们返航。另有五人只参加了地球轨道任务，即阿波罗7号和9号，享受与早期水星计划和双子座计划宇航员看到的类似的景色，只是有了更多的时间和空间来

1　原文为cactus conservative，形容那些在政治上坚持强硬、不妥协立场的保守派人士。

图6.1　美国国家航空航天局艺术家阿兰·钦恰的作品《个人的一小步》

图片来源：美国国家航空航天局

欣赏这些景色。重新审视宇航员对自己经历的描述，我们找到的最大的区别似乎不是在月球漫步者和其他人之间，而是在那些离开地球轨道的宇航员和其他人之间。

6.1 坐在铁罐中

地球的照片具有强大的吸引力，但只看照片并不能完全体验宇航员的经历。宇航员唐·林德解释说："我看的太空图片可能比任何人都多……所以我对要看到的东西有预期。我不需要做任何智力准备。但是，不可能为情感上的冲击做好准备。"俄罗斯宇航员奥列格·马卡罗夫这样说："从远处看时，行星地球不仅仅是震撼人心的壮丽；真正触发我们内心情感反应的是，我们意料之外地看到了这幅图景，它与我们在地球上经历的一切都不相同。"在听苏联太空任务的录音时，马卡罗夫评论道："在到达地球轨道的几秒钟内，每个宇航员的话语都混合着喜悦和惊奇，这无一例外，无论是不苟言笑的飞行工程师，还是更感性的太空舱驾驶员。"[6]

从地球轨道上很容易看到地球，看裱在相框里的照片就更容易了，但从遥远的地方看地球就是另一回事了。阿波罗11号宇航员迈克尔·柯林斯认为，有些人简直是开玩笑，他们看到地球的照片，然后内心在想"哦，我已经见识过了那些宇航员所看到的一切"；仅仅看到图像是"一种藐视现实的假象"。他对自己亲身经历的阿波罗11号返航的经历描述如下：

> 我望向窗外，试图找到地球。
>
> 这颗行星在浩瀚的宇宙中显得是那样渺小，以至于我起初都没有找到。而我看到它时，一种敬畏之情油然而生。它就在那里，像一颗宝石在黑色的天空中闪闪发光。我惊奇地看着它，突然意识到它的独特性镌刻在组成我身体的每个原子上……我目光刚移开一会儿，它就嗖地不见了。如果不仔细寻找，我就无法看到它。
>
> 彼时彼刻，我有了自己的发现。突然间，我懂得了地球的渺小和脆弱。[7]

阿波罗太空舱内部狭窄，舷窗视野有限，这让宇航员感觉地球时隐时现。舱内的灯光也无济于事；遭遇事故的阿波罗13号打开了低度应急照明，从而获得了可能最好的观察地球的视野。阿波罗15号的詹姆斯·欧文回忆说，在飞离地球途中，他看到的地球从篮球缩小成棒球、高尔夫球，最后变成了弹珠——“你能想象到的最美丽的弹珠”。对比尔·安德斯来说，地球“就像一个圣诞树装饰球”。当阿波罗10号的宇航员带着第一台彩色电视摄像机进入月球轨道时，他们起初很难透过太空舱的舷窗找到地球；太空舱通讯员干巴巴地答道：“问导航。”巴兹·奥尔德林回忆说，当阿波罗11号缓慢旋转靠近月球时，“太阳、月球和地球同时出现在我们的窗口”。他在窗前放了一个因失重而飘浮起来的单片眼镜，凭借它来获得观察地球的最佳视野。[8]

詹姆斯·欧文发现，与从轨道上的太空舱里观察地球相比，在月球表面穿着笨重的太空服[1]观察地球同样困难：“在三天的月表探索中，有几次我真的抬头看到了地球——穿着笨重的太空服很难完成这个动作；你必须得抓住什么东西才能保持身体平稳，然后尽可能地往后仰。”巴兹·奥尔德林说：“为了拍摄一张包括地球、登月舱和我俩其中一人的照片，拍照的人必须趴在地上。”[9]塞尔南精心构图，拍摄了哈里森·施密特和国旗的照片，照片的背景是地球，这张照片很难得，可以一窥月球漫步者所处的小世界。在月球上，能看到地球绝对不是自然而然的事情；宇航员们必须学会如何去观察地球。

地球越小，它就变得越强大。迈克尔·柯林斯解释说：“这绝对是一种完全不同的感觉。在100英里的高空，你只是飞掠地球表面，你感觉不到地球的整体性……你必须看到‘第二个星球’才能珍惜和欣赏第一个星球。”对于两次造访月球的吉恩·塞尔南来说，地球轨道飞行任务和月球任务就像是“两个不同的太空计划”。在地球轨道上，你仍然是地球的一部分；而从更远的距离看，地球“就像一幅多彩的三维画面”。“你向窗外望去，目光穿过25万英里的黑色太空，落在宇宙中最美丽的星星上……它在人类几乎难以想象的沉沉黑色中运转……你在看什么？你的目光穿过了什么？你可以称它为宇宙，但它代

1 舱外航天服是一个微型的航天器，是航天员走出航天器到舱外作业时必须穿戴的防护装备，以便把航天员的身体与太空的恶劣环境隔离开来，并向航天员提供一个相当于地面的环境。除了具有舱内航天服所有的功能外，还增加了防辐射、隔热、防微陨石、防紫外线等功能。阿波罗舱外航天服的重量约为82公斤。

表了空间的无限性和时间的无限性。”对詹姆斯·欧文来说，地球是“我们在飞往月球途中，在太空中看到的唯一温暖的、有生命的天体”。当尼尔·阿姆斯特朗试图在静海基地的登月舱座位上打盹时，“像一只大大的蓝色眼球”的地球通过他的望远镜映入眼帘，这让他无法入睡；地球是如此之小，他甚至可以用拇指遮住它。[10]

太空飞行的紧张感往往会让其他情绪也紧绷起来；就拿阿波罗17号来说，恐怖组织“黑九月”对发射台的攻击威胁，让人又平添了一些担心。在飞船座位上静候发射的漫长等待标志着从正常的地球生活向太空生活的过渡，紧接着是发射过程中难熬的身体过载，然后是几分钟后在轨道上的飘浮。然而，一旦升空，宇航员们就无法放松。迈克尔·柯林斯回忆说，在双子座10号上，“几乎每小时都会有新的麻烦出现”，但他更直接的担心是在同事面前犯错。他“感到了这种压力，这种令人生畏的责任感压得我喘不过气来”。阿波罗7号宇航员沃尔特·坎宁安也同意这种说法：宇航员最害怕的是“自己出丑——特别是在同事面前”。阿波罗12号宇航员阿尔·比恩这样说：“在这个小金属罐里只有你们三个人，你望向窗外，看到遥远的地球，你意识到你无法凭直觉回家……如果出了问题，备选方案也许只有两个：要么地面会告诉你如何让飞船返航，要么你得利用电脑想办法解决。”对于这些工作负荷过重的宇航员来说，由于埋头于常规操作，向外望去，看到家园星球带来的情感张力也许更大。[11]

阿波罗9号的罗素·施韦卡特描述了飞船上升到轨道的过程：“当你俯冲，飞船呈水平方向，你可以透过舷窗第一次瞥见太空中的地球。这幅图景真美丽。所以你做了一些评论（每个人第一次看到地球时都会评论），而你所做的评论，被及时地记录了下来。然后就得去干活了，因为你没有时间去悠闲地欣赏窗外的风景。”[12]接下来几天的工作被下方地球偶尔出现的、令人沮丧的景象所打断了。天空实验室空间站[1]宇航员杰拉尔德·卡尔解释说，“你开始陷入你正在做的事情的细节中，我想你会忘记观察周围的情况”。阿波罗15号宇航员詹姆斯·欧文写道，“在这种飞行任务中，你太忙了，没有时间思考太空的

1　天空实验室空间站是美国第一个环绕地球的空间站，由土星5号运载火箭发射，轨道高度约435公里。宇航员的天地运输由阿波罗飞船完成。自1973年5月到1974年2月先后接纳过三批航天员，每批三人，在站分别工作了二十八天、五十九天和八十四天，进行了二百七十多项研究实验。1979年7月11日再入大气层时被烧毁。

恢宏，或者反思同时发生在内心的隐秘觉醒。你必须努力记住这些经历，留到以后仔细回味……我一直全神贯注地为科学飞行做准备，甚至从来没有想过精神飞行的高度”。[13]

受过技术程序训练的宇航员们发现，把他们的经历讲给别人听是有难度的，而这让人觉得他们的遣词造句单调沉闷。他们会说“主阀门关闭”和“休斯敦，已完全收悉”之类的话，让人感觉他们貌似看了太多《雷鸟特工队》剧集。甚至在阿波罗11号发射之前，一位记者就猜测，任务“正朝着修辞上的车祸现场前进”。“我们没有接受表达情感的训练，我们接受的是压抑情感的训练。”后来迈克尔·柯林斯有些气愤地解释道：“如果他们想要一个情感丰沛的新闻发布会，看在上帝的分上，他们应该组建一个由一名哲学家、一名牧师和一名诗人组成的阿波罗乘组，而不是三个试飞员。”阿波罗15号宇航员戴夫·斯科特发现自己“甚至无法开始表达我从这个距离回望地球时感到的惊奇”。“我说：‘哦，这真是太深刻了，我会告诉你，这太棒了。’”他后来了解到，“通常我们的通讯应该简短且按照设定的要求进行，这种背离要求的做法使任务控制中心的一些人略感气愤”。[14]难怪宇航员们倾向于把他们的经历装进瓶子里，以后再拿出来分享。

有时，遥远的地球使太空经验和正常经验有了天壤之别。吉恩·塞尔南写道：“站在月球表面，回望我们的地球会带来一种油然而生的敬畏感，阿兰·谢泼德甚至会为此流泪。”对塞尔南来说，“我亲眼看到地球上的时间在流逝，但在月球上，我们认知里的时间对我们没有实质影响”。他想知道“在空间和时间维度上，我实际身处何方”。“我们脱离了常规的现实，”詹姆斯·欧文解释说，“我感觉到我的内心正在发生某种深刻的变化。”“很遗憾，我的眼睛看到的东西超越了大脑的吸收能力。”迈克尔·柯林斯感叹道。他记得那种不协调的感觉：先是从月球轨道上听到尼克松总统关于阿波罗11号给地球带来“和平与安宁”的说辞，随后NASA插播了一段发言以提供技术信息。“我从未想过这次飞行能给人带来和平与安宁……滚动、俯冲和偏航，以及祈祷、和平和安宁。如果我们真的带着这个东西，带着装满月岩的箱子和满脑子看待地球的新观点，安全地返回地球，那会是什么样子？”[15]在毫无准备、心事重重的状态下，在没有方向感的狭小的空间里，一些宇航员发现回望地球产生了一种宗教经验的力量。

6.2　世界的眼睛

也许罗素·施韦卡特对宇航员震惊于地球之美的描述是最有说服力的。尽管他本人从未离开过地球轨道，但他有感于阿波罗8号同事们朗读《创世记》的方式，“从某种意义上说，这是为了将经历神圣化，并将他们所经历的一切传递给地球上的每一个人”。施韦卡特作为宇航员的阿波罗9号任务被称为“鉴赏家的任务”[1]，施韦卡特负责登月舱的操作，而登月舱要演练难度很大的对接机动，进行困难的脱钩和重新对接的操作，这对登月来说是必不可少的。在月球轨道对接是一项艰巨的任务，存在两位登月宇航员滞留登月舱的可能，而指令舱驾驶员不得不在这种情况下独自返回地球；指令舱驾驶员戴夫·斯科特为此进行了严苛的训练。施韦卡特不得不进行长时间的单人太空行走。太空行走期间确实出了技术问题，就在同组宇航员向任务控制中心寻求建议时，“我有大约五分钟的时间看地球，思考我在做什么，我是如何到达那里的，以及这意味着什么”。[16]

施韦卡特不必隔着飞船的舷窗看地球，当他多年后写下这段经历时，他给这篇文章取名为“没有窗框，没有边界”。他回忆起尼尔·阿姆斯特朗的评论——从月球上看，地球比他的拇指还小。

> 不久后，坐在你旁边的宇航员（指斯科特）去了月球。然后，他回来了，看到了地球……一个渺小的存在。明亮的蓝白色圣诞树装饰球和黑色的天空形成了鲜明对比，我们真正懂得了宇宙的无限。地球是如此渺小和脆弱，你可以用拇指遮住这个宇宙中如此珍贵的小圆点，并且你意识到在那个小圆点上，那个小小的蓝白色相间的球上，有对你意义非凡的所有

1　阿波罗9号执行了阿波罗计划中第三次载人飞行任务，于1969年3月发射，这是一次历时十天的地球轨道任务。这是土星5号的第二次载人发射，第一次携带了阿波罗登月舱。

图6.2　他心中的地球：罗素·施韦卡特在阿波罗9号任务期间执行的太空行走

图片来源：美国国家航空航天局

> 东西——所有的历史、音乐、诗歌、艺术、死亡、出生、相爱、眼泪、欢乐、游戏，都发生在那个你可以用拇指遮住的小地方。而你从这个角度意识到时，你已经改变了。[17]

斯科特回忆说："在任务的后半段，我们有更多的时间来思考。这比与尼尔共同执行的双子座8号任务的思考时间也许更长一些，那次任务虽然历时不长，却极其成功。我认为在第二次太空飞行中，我真正体会到了恒星和行星地球的壮美。有一次，我们调暗了飞船上的灯光，以便获得最好的视野。"他们得到了回报：看到了大气中的条状闪光；从上方观测到了流星。他们也谈了很多。试飞员出身的斯科特惊讶于施韦卡特的麻省理工学院研究科学家的背景。"他是一个真正有文化的人。他把伊丽莎白·芭蕾特·勃朗宁和桑顿·怀尔德的语录带上了飞船”，一同带上飞船的还有一盘磁带，上面有沃恩·威廉斯活力四射的圣歌《今天》和阿兰·霍伊霍尼斯的歌曲《神秘山》，不喜欢古典音乐的斯科特把磁带藏在口袋里，直到任务接近尾声时才露馅——“他从未原谅过我。”[18]

施韦卡特并不是唯一对地球上人类边界消失感到震惊的人。那个时期，几乎所有出名的地图集都是示意图形式，以国界为骨架；而直到第一个太空时代结束时才开始出现采用高质量的彩色颜料印刷的地图集，以显示从太空可能看到的自然特征。在人类载人航天发展二十多年后，航天飞机宇航员唐·林德仍然震惊于“无法看到引发战争的边界”。他认为，“兄弟情谊的感觉”仍然是宇航员同事们最常见的反应。在另一次航天飞行任务中，来自沙特阿拉伯的苏尔坦·本·萨勒曼·奥沙特（他是第一位伊斯兰宇航员）报告说：“大约第一天，我们都指出来我们各自的国家。第三或第四天，我们指出来我们的大陆。到了第五天，我们意识到，我们只有一个地球。”宇航员奥列格·马尔卡罗夫写道：“突然间，你意识到你是地球的居民，这是一种前所未有的感觉。”阿波罗10号宇航员汤姆·斯塔福德说：“你不是作为一个美国人，俯视我们的地球，而是作为人类的代表。”阿波罗15号宇航员阿尔弗雷德·沃登在孤独的绕月飞行过程中表达了同样的观点，他用多种语言广播了“你好地球，来自奋进号[1]的问候”这句话。“从那里（月球）看，地球真的是‘同一个世界’。”弗兰克·博尔曼说。[19]

迈克尔·柯林斯认为，政治领导人需要亲自看到地球的统一性：“遗憾的是，到目前为止，从10万英里的距离看地球的特权只属于少数试飞员，而不属于需要这种新视角的世界领导人，也不属于可能向他们传达这种视角的诗人。”当犹他州的参议员杰克·加恩乘坐航天飞机上天，成为第一个进入地球轨道的政治家时，他同意：“你当然会认识到，那里看不到任何政治边界。你把地球看作同一个世界，你意识到地球是多么的渺小……如果有更多的人进入太空飞行，一定会有更多的人理解我所说的内容。”[20]

对许多宇航员来说，俯视造物的经历加深了他们对造物者上帝的信仰。詹

---

1 阿波罗15号的指令舱代号为奋进号。

姆斯·欧文写道："当我们以物理方式飞向天堂时，我们收获了精神上的感动。当我们飞向太空时，我们对自己、对地球，以及对上帝的近在咫尺有了新的认识。"他在月球行走时偶尔看到了地球，这加深了他的体验，使他有一种"坚信上帝就在月球上的感觉"；当他在设置实验中遇到技术问题时，他祈祷并立即找到了答案："上帝在告诉我该怎么做。""吉姆被深深地影响了，"与他一起进行月球行走的戴夫·斯科特评论说，"他身上发生了一些真实的事情。"[21]

阿波罗17号宇航员吉恩·塞尔南也在月球上找到了新的信仰。他在自传中写道："当我沐浴在阳光下，站在这片宇宙中的荒凉之地时，抬头看到陷入无限黑暗中的深蓝色地球，我知道科学已经和对手狭路相逢了。""我看到的景色美得无法形容。虽然有太多的逻辑，有太多的目的——它实在是太美了，不可能是偶然发生的。你选择崇拜上帝的方式并不重要……他肯定得先存在，才能创造出我有幸看到的东西。"塞尔南说，"我亲眼看到了无尽的空间和时间"。能够和塞尔南一样如此感慨的人确实不多。[22]沙特王子苏尔坦·本·萨勒曼·奥沙特说："我第一次看到这个景色的时候……我只是用阿拉伯语说了一些类似'哦，我的神'或'神是伟大的'的话。用语言已无法描述……它改变了我对生活的认知。我对我们所生活的世界有了更多的了解。"阿波罗12号宇航员阿尔·比恩在想到那张著名的蓝色弹珠照片时说："我不是一个宗教人士……但我真的认为整个地球就是伊甸园。我们被赋予了天堂般的生活。我每天都在想这个问题。"[23]

也许乘坐阿波罗14号飞往月球的埃德加·米切尔经历了最彻底的转变。"在飞行过程中，我身上发生了一些我当时甚至没有意识到的事情。我想说那是一种改变了的意识状态，或者你可以说是一种巅峰体验。我转了个身……转身的原因是什么呢？是地球的景象。"在返航的飞船里凝视着遥远的地球，他"突然感觉到宇宙是智慧的、有爱的、和谐的"。NASA训练有素的宇航员转入了某种另类意识，这种想法让人饶有兴味。1989年阿尔·赖纳特的电影《为了全人类》中使用了宇航员的兴奋叙述，配以布赖恩·伊诺的电子音乐，让一些人觉得有一种强力的迷幻效果。埃德加·米切尔认为，看到地球的体验有强大的力量，可能会导致人类不再将地球家园视为行星。他应该早知道，NASA早期一部令人眼花缭乱的、从太空看地球的电影已经直接瞄准了反主流文化。[24]

阿尔弗雷德·沃登发现，他乘坐阿波罗15号绕月飞行的经历“完全改变了他对地球现实的看法……给了他一种刻骨铭心的复兴的感觉……深刻改变了他的生活”。关于这次飞行，他写了很多诗，主题总是回到看到地球带来的影响。“现在我知道为什么来这里了：不是为了从近处一窥月球/而是为了回望/我们的家园/地球。”沃登在《视角》中写道。他的诗《你好，地球》被印在NASA的出版物《月球上的阿波罗》上，配图就是我们的家园行星。[25]

静静地，像一只夜鸟，飘动着，翱翔着，没有翅膀
我们从此岸滑翔至彼岸，转弯，下降
但还没有触及月壤
地球：在静止的瞬间看到的遥远的回想

6.3 落入地球的人

那些远航至月球的宇航员常常感到有责任将他们所理解的东西传达给其他人。阿波罗15号宇航员詹姆斯·欧文解释说："我感到了作为人类代表的责任。""地球上的每个人都间接参与了这次飞行。"罗素·施韦卡特在思考他的太空行走时说："你想想你正在经历的事情，为什么？你是否配得上这样奇妙的经历？你是否被单独挑出来，来接触上帝，并拥有一些别人无法拥有的特殊经历？你知道问题的答案是否定的……你强烈地感到，你是人类的感知元素。你往下看，看到了你一直以来居住的地球表面，你知道下面所有的人，他们就像你一样，他们就是你——你在一定程度上代表他们。你在上面作为人类感知元素，在尽头的那个点给人一种谦卑的感觉。"[26]

也许有一种幸存者的负罪感在这里起作用。施韦卡特曾与同为宇航员的埃德·怀特一起与死神擦肩而过，并将自己的太空行走结束那天描述为“我生命中最悲伤的一天”。1966年7月，施韦卡特和怀特驾驶一架高性能的T-38喷气式教练机从得克萨斯州的埃尔帕索起飞时，发动机发生故障；两个轮胎爆裂，前轮脱落，他们冲出了跑道。[27]他们没有受伤，但受到了惊吓：就在五

个月前，一架类似的喷气式飞机坠毁，亲密无间的宇航员队伍中的另外两人牺牲——查尔斯·巴西特和埃利奥特·西伊。六个月后，怀特本人在阿波罗1号的火灾事故中丧生；他从未写过自己的故事。

作为曾经踏上月球的最后一个人，吉恩·塞尔南感到："我的命运不仅是一个探险家，还是一个来自外太空的信使，一个未来的使徒。"他感到沮丧的是，"我无法充分地分享我的感受。我希望我家园行星上的每个人都能体验到这种真正在月球上才能体验到的恢宏感觉"。在意识到地球是多么渺小和脆弱

图6.3 哈里森·施密特，蓝色弹珠照片的摄影师。由阿波罗17号宇航员吉恩·塞尔南在月球上拍摄的施密特与地球的合影

图片来源：美国国家航空航天局

之后，迈克尔·柯林斯宣称，“我在那一刻决定，我要尽我所能让人们知道我们拥有一个多么美好的家园——在为时已晚之前。因此，我要传达一条我个人的简单信息：世界上只有一个地球。地球是一小块珍贵的石头。让我们珍惜它，因为它独一无二”。阿尔·比恩离开宇航员队伍后成了一名艺术家；很多其他宇航员可以去驾驶航天飞机，但只有他可以画出他在月球上看到的东西。在天空实验室空间站上，他发现很难用语言来描述日出（“有点橙金色……有点蓝”），但他的画极具表现力地传达了太空体验——“我现在的梦想是创作一组油画，讲述阿波罗的故事。”他解释说。[28]

在月球漫步任务结束后，阿波罗15号宇航员詹姆斯·欧文在休斯敦的拿骚浸信会教堂重新接受了洗礼。他成立了一个名为“高飞”的福音组织，将自己变成了一个鼓舞人心的公共演讲者。“高飞”的名字源于约翰·马吉的同名诗，这首诗在飞行员中很流行：“我内心宁静，怀着向上的心态，进入/未曾踏足过的高高的太空/神圣的太空/我伸出手，触摸到了上帝的脸。”迈克尔·柯林斯把这首诗带到了月球。和欧文同乘组的阿波罗15号宇航员阿尔弗雷德·沃登于1975年加入了高飞组织。在执行阿波罗15号任务时，欧文发现了举世闻名的“创世记岩”，证实了四十多亿年前地球和月球是同源的，他随后几次前往阿拉拉特山[1]山坡上寻找诺亚方舟。[29]

在宗教方面，埃德加·米切尔更有甚之。在阿波罗14号任务中，他经历了他所说的“意识爆炸，啊哈！哇！”[2]。在返航途中，他曾尝试过感外感知的实验；回到地球后，他重新整理了自己的想法，将“科学范式”转向更神秘的方向。在返回地球后不久，米切尔就离开了航天项目，并在加利福尼亚的帕洛阿尔托创立了思维科学研究所，这是一个旨在促进人类意识进步的研究和教育机构，以及慈善组织。他意识到，创造性的洞察力出现在“大脑与宇宙的基本物质同频共振之时”。他期待宇航员的经历将产生更广泛的影响：“走出地球，从不同的角度回望地球……将对哲学和价值体系产生直接影响。”[30]

对地球环境的高度关注可能是宇航员看到地球时最常见的反应。所有从轨

1 阿拉拉特山位于土耳其东部，靠近伊朗和亚美尼亚边境，被认为是诺亚方舟在大洪水后停泊的地方，象征着希望和复兴。

2 这里指顿悟时刻，英语里有aha moment的说法，即突然间理解了，突然间意识到。

道上看到地球的人都震惊于大气层竟然如此稀薄；相比之下，看上去广阔无垠的蓝天，其高度还不如苹果皮的厚度之于苹果。杰拉尔德·卡尔曾接受过阿波罗计划的宇航员培训，但最后成了天空实验室一次任务的指令长，他说："大多数返航的宇航员都对生态学有兴趣……你回来时，多了一点人道主义感觉。"对于那些从月球上看到地球的人来说，他们对地球脆弱性的感觉似乎特别强烈。迈克尔·柯林斯看到了这两点。"依据风向，来自萨尔河谷的烟雾可能会污染几个国家。我们都知道这一点，但必须看到，它给人留下不可磨灭的印象，产生一种情感上的冲击，使人为了长期美德，而不惜牺牲短期利益……任何从远处回望过我们星球的人都只能痛苦地呐喊，因为他知道他闭上眼睛仍能看到的原始的蓝白色是一种幻觉，掩盖了下面越来越荒唐的丑陋。"对于一些后来的太空旅行者来说，其因果关系是相反的；在执飞航天飞机任务的十五年前，查尔斯·沃克就参加了第一个地球日。[31]

埃德加·米切尔回忆说，当他乘坐阿波罗14号飞船返回地球时，他感觉到"在蓝白相间的大气层下是越来越混乱的局面……人口和无意识的技术正在野蛮生长，失去了控制"。他的感觉是"地球号太空船的船员实际上是反抗宇宙秩序"。[32]罗素·施韦卡特是环保的先锋，并加入了加利福尼亚的反主流文化组织。阿波罗9号任务完成后一年，他为《贝尔交会》杂志撰写了一篇不同寻常的文章，题为"地球：太阳的3A行星"，这是一个想象中的太空旅行者对地球状况的评估。他看到地球处于"进化的平衡点，在可能的伟大和大崩溃之间踉跄前行"，在"'保护和捍卫狭隘边界'的战争和'智能控制和管理地球资源'之间摇摆"。他印象最深的是"这些发达国家的年轻地球人……愤怒、沮丧、吵闹、偶像崇拜、实施革命和不切实际……归根结底，他们是这个星球唯一真正的希望"。正如我们将在第八章看到的，他继而转战反主流文化，以便（正如他所说的）"分享人类现在已经有的经验"。[33]

也有可能，一些多年后的、带有环境色彩的评论，要归结于阿波罗计划后环境意识的增长，这可能有助于宇航员阐明他们最初的整体感觉，即地球是脆弱和珍贵的。博尔曼在1988年写自传时，认为地出是"我一生中遇到的最美丽、最吸引人的景象"。但在宇航员救援后的新闻发布会上，他曾说："我想，最早的评论之一是请把相机递给我。当时的情景并不像人们想象的那么波澜壮阔。"[34] 近三十年后，詹姆斯·洛弗尔对《创世记》的朗读进行了深思："实际上，比起当时所做的事，回顾……带给我更多的思考。我们认为这在当时是非常合适的。我们埋头于阿波罗计划，以至于错过了很多，或者说没有注意到所有的暴乱和正在发生的战争，以及暗杀事件……多年以后，以1968年美国发生的一切为背景，我们再审视那次飞行，这种审视对我的影响更大。"[35]

具有讽刺意味的是，登月宇航员中有些人受登月影响很小，地质学家哈里森·施密特算是一个，他就是蓝色弹珠的摄影师。这位"石头博士"让吉恩·塞尔南很是恼火，因为当地球悬挂在天空中沉沉睡去时，他还继续忙于采集月岩。两人轮流和美国国旗合影；塞尔南很细心地把地球拍进画面，但施密特并不在乎。阿波罗17号返回地球后，他在国会发表演讲时谈到的不是地球，而是技术的演化和美国式自由在太空的传播。在后来的写作中，他试图同时面对这两个方面："就像我们童年的家一样，我们只有在准备离开地球时才能真正看到地球……我们的探月之旅凸显出来的现代挑战是，作为地球的居民，我们应该共同使用和保护我们的家园。"施密特对环境变化并不感到震惊，他评论说："我认为这些照片使它看起来比实际情况脆弱得多。地球是非常有韧性的。从地质学角度来说，我再次认识到了这一点。我知道地球所遭受的撞击……而事实上，地球上的这些巨变很可能是驱使人类进化到今天的原因。"[36]

回到地球四年后，施密特出人意料地以压倒性胜利击败了当时在任的民主党人，成为代表新墨西哥州的共和党参议员。他的政治主张是"实现最大限度的个人机会的增加和最小限度的政府干预，并支持国防壮大"。在国会山，他得到了"月岩"的绰号。他以不谙世事、缺乏社交天赋和以科学的眼光看待政治问题而闻名。他敌视任何形式的能源监管，加入了一小撮"仙人掌保守派"阵营，他们甚至坚决反对罗纳德·里根的妥协。他称自己坚持"一个人的意识形态"。[37] 但在某种程度上，施密特明显较小的转变也许并不令人惊讶；作为一名地质学家，他已经习惯于从行星的角度思考问题，这与他的试飞员同事不同。

对其他一些宇航员来说，他们自己的太空飞行经历对他们的影响也不大。拉凯什·夏尔马是第一位印度裔宇航员（1984年，他参加了苏联联盟号任务）。

他说："当我身处漆黑且不友好的真空环境中观察地球时，我心理上的界限扩大了，然而我的国家的丰富传统已经使我有条件超越人为的界限和偏见。一个人不需要进行太空飞行就能有这种感觉。"迈克尔·柯林斯写道："我在月球上没有找到上帝，我的生活也没有以其他方式发生巨变。"务实的沃尔特·希拉告诉奥里亚纳·法拉奇，宇航员可没有时间在太空中做梦。"当我在上面的时候，我忘记了我的梦想。如果我放飞梦想，我会迷失在对夕阳、对色彩的惊叹中，这样我就会浪费飞行机会，也许还会浪费我的生命。"宇航员唐·林德与"几乎所有去过月球的人"讨论了太空飞行的影响，他总结道："那些在出发前有很深宗教背景的人在这方面留下了深刻的印象，而那些在出发前忙得不可开交而无法顾及宗教的人，在返回前也因为忙得不可开交而无暇顾及。所以我不认为这种事情会改变任何人。"[38]

受太空飞行影响最大的是那些有富裕时间思考的宇航员：罗素·施韦卡特，由于技术问题，他在舱外滞留了五分钟；比尔·安德斯，没有配置登月舱的登月舱驾驶员，以及吉恩·塞尔南，他两次造访月球。对于这种不同的经历，有人提出了一种有趣的解释。戴夫·斯科特将其称为"左座右座理论"，其提出的依据是指令长和登月舱驾驶员的座位次序。詹姆斯·欧文解释说："与指令长或指挥舱驾驶员相比，登月舱驾驶员的生活因阿波罗飞行而发生的改变要大得多，而这不是偶然的。坐在我这个位置上的人有点像太空飞行的游客。他们监测的大部分系统都与飞船的控制无关，所以他们有更多的时间望向窗外，记录他们的所见所感，并将其消化吸收。"埃德加·米切尔称之为"指挥现象"："大部分对太空飞行的深度体验发表意见的人都是登月舱驾驶员……我们可以用心接受，从而更清楚地思考我们正在做的事情。"[39]阿波罗9号的詹姆斯·麦克迪维特就是一个例外。所有登月舱驾驶员也都从远处看到了地球。

戴夫·斯科特回忆说，登月舱驾驶员的生活"通常更不同寻常，有时甚至困难重重，这与人们想象中的飞行员和工程师的生活不一样"，他列举了奥尔德林、比恩、米切尔、欧文和杜克。在月球轨道上等待的指挥舱驾驶员也有时间，其中包括迈克尔·柯林斯、阿尔弗雷德·沃登和斯图尔特·鲁萨在内的宇航员都思考过地球是如何承载"我所知道的一切"，然后都有用手掌挡住地球的经历；鲁萨还告诉他的儿子，他是如何观察“像天空中的宝石一样”熠熠生辉的地球的。[40]重要的不是有时间思考，而是有时间思考地球。

对任何一位到过月球的宇航员来说，重返地球都不容易。吉恩·塞尔南说：“我已经变得更加豁达洒脱，有时甚至无法专注于地球上的小问题。”“我的那些前往月球的宇航员同伴们也遭遇到了同样的困扰，只是程度不同而已；我们打破了熟悉的生活矩阵，但是却无法修复它。”第一次登月的巴兹·奥尔德林写道：“我去了月球，但我生命中最重要的旅程是从我回到地球后才开始的。”宇航员训练中的激烈竞争和工作强度被“诸事皆完成的忧郁”所接替。在年轻的时候，奥尔德林曾在读过一个科幻故事后做了噩梦，这个故事讲述了一次前往月球的航行，而这次航行的旅行者们回到家后就疯掉了；现在，这一切似乎要成为现实。他变得失常，接受了抑郁症的精神治疗；之后，他的自传出版。埃德加·米切尔对这一切进行了总结：“我们作为技术人员去了月球，我们作为人道主义者从月球返回。”[41]

一位宇航员自传的评论员注意到，“在他们的书中，他们表达了和奥尔德林一样的想法，即人们应该把他们作为有着普通生活和普通问题的普通人看待”。罗素·施韦卡特这样阐释他的宇航员同事：“他们不是书中的英雄——他们是隔壁的邻居。他们的孩子和你的孩子一起玩耍，他们在月球外围朗读《圣经》，你知道这对他们意义重大。”吉恩·塞尔南的孙女在五岁时意识到她的祖父是一名宇航员，她说：“我不知道你去过天堂。”[42]

NASA最终也对自己的宇航员有了更全面的认识。其转折点是1973年至1974年期间在天空实验室3号上发生的宇航员罢工。在阿波罗计划被终止后，一个冗余的土星5号助推器被改造成了轨道实验室，1973年至1974年期间有三组宇航员入驻，前两组的指令长由阿波罗计划的老兵皮特·康拉德和阿尔·比恩担任。而第三次任务完全由新手宇航员执飞，任务周期持续近三个月。虽然宇航员们有巨大的空间可以活动，但舷窗很小，位置也不好，观测设备的位置也不对，望远镜的焦距也不对。他们不得不受制于持续不断的技术常规管理，并且是由高强度的阿波罗任务培训出来的不能体察入微的飞行控制员对他们进行精细化管理。正如《纽约客》的科学作家亨利·库珀所评论的那样，“可以说，这是NASA的典型做法，把宇航员送到一种全新的体验中，然后事无巨细地过度计划，以至于宇航员们没有时间去思考他们正在经历的事情——而这是当初把人类送入太空的一个重要原因”。[43]

宇航员们实施了罢工，并最终获得了更多属于自己的时间，他们把这些时间用于透过最大的舷窗望向窗外。他们挤在一起观看日出和日落，一天可以看到十六次——他们惊叹于亚洲和非洲广阔的土地竟然无人居住。杰拉尔德·卡尔评论道，“地球上没有多少地方是适合人类居住的”。“人类并没有占据世界大部分地方。我们聚居在很小的区域内。”威廉·波格说：“绕地球飞行的每一圈都是不同的。”“每一轨看到的景色绝不相同。地球是动态的；会下雪，会下雨——你永远无法在脑海中定格一幅图像。”负责科学项目的宇航员爱德华·吉布森回忆说：“我对世界有了全新的认识。”“展现在我们面前的是上帝的作品，无论是通过显微镜管中窥豹，看到一点，还是从太空一览全貌，看到大部分，你仍然得眼见为实，方能心怀感激。”天空实验室2号的宇航员杰克·洛斯马解释说。太空行走甚至更棒：“当你在飞船里面望向窗外时，地球很壮观，但这种感觉就像你在一列火车里面……但是，如果你站在舱外，脚踩操作台，就像站在正在车轨上飞驰的火车头的前端！但是，太空中没有噪声，没有振动；一切都很安静，没有动静。”库珀评论说，这样的经历“使所有九名天空实验室宇航员相信，我们必须直接观察地球，就像我们观察任何生命体一样，这种观察有人类可以提供的所有灵活性和聪明才智的加持，而不是由无人卫星进行间接的地球观测，好像地球是死寂的、静态的”。[44]

NASA的飞行控制人员曾认为，在太空中的时间太宝贵了，不能让宇航员有休息时间；但最终，一位飞行控制人员解释说：“我看到宇航员们需要时间来思考他们正在做的事情，并重新自我定位……我们现在觉得，宇航员的休息时间是不可侵犯的。”在1980年代的航天飞机任务中，如果有将非专业宇航员送上太空的机会，NASA表现出了人员选择的倾向性，即选择那些能够“交流经验”的乘员。[45]对于一个依靠与美国选民沟通互动来获得未来经费的部门来说，这时才意识到这一点未免有点晚了。

后来，一些受太空经历影响最深的宇航员成立了太空探索者协会，该协会向所有曾进入地球轨道的宇航员开放。协会的创始人包括罗素·施韦卡特、迈克尔·柯林斯、埃德加·米切尔、奥列格·马卡罗夫和太空行走第一人阿列

图6.4　由地球摄影师们签名的地球照片：太空探索者协会第一次会议的海报，1985年

图片来源：太空探索者协会

克谢·列昂诺夫。经过两年的仔细磋商，1983年，协会在莫斯科附近举行了第一次工作会议，两年后在法国举办了第一次大会。列昂诺夫起草了新闻稿。他说："美国宇航员和苏联宇航员是少数幸运儿，他们有幸从远处遥望地球，并意识到了地球是多么渺小和脆弱。""我们希望地球上各民族都能理解这一点。"[46]第一届大会的目的是"保护地球环境"，其主题是"地球，我们的家园"。由阿列克谢·列昂诺夫设计的会议标志是一个太空头盔，头盔表面映射着地球图像；纪念海报上印着蓝色弹珠地球，所有宇航员的签名点缀其间。马卡罗夫写道："我们希望每个人都认同我们看待世界的特殊宇宙观，以及我们团结地球上各民族，一起保护我们共同的、唯一的、脆弱的和美丽的地球家园的愿望。"

太空探索者协会向海底探险家雅克·库斯托颁发了一个特别奖，以表彰他对"富饶自然界"的奉献。在埃德加·米切尔的思维科学研究所的支持下，该协会又出版了名为《地球家园》的大开本地球摄影集，众多太空探索者的评论点缀其中。施韦卡特在他的序言中写道："正是这种对家园星球的共同的个人体会使我们许多人聚集在一起，成为空间探索者协会的一员……它是将我们所有人连接在一起的金丝线……这是我现在思考的问题，也是我将在余生中惊叹的问题。"[47]

几十年后，2021年掀起了新一波私人进入太空的高潮，他们乘坐杰夫·贝佐斯的蓝色起源火箭短暂进入太空，这项事业的经费支持源于亚马逊公司的地球财富。10月份第二次飞行的乘客包括九十岁的演员威廉·夏特纳，他因1960年代在《星际迷航》中饰演的角色而至今闻名于世。这位前星舰指令长经历艰辛后感慨万千，不是关于太空，而是关于地球。

> 世界上的每个人都需要这样做……覆盖我们的这蓝色一层……我们认为，"哦，那是蓝天"；然后突然你急速穿过这蓝色，就像你在睡觉时被抽掉身上的床单一样，你看到的是黑色，是黑色的丑陋……以及脆弱的地球，这一切都是真的……让我们存活的大气，它比你的皮肤还薄。

他说，太空给人的感觉就是死寂一片。夏特纳已经为看到地球做好了心理准备。但当他在自传中写到这一点时，他强调自己的收获是出人意料的。他写道："我之前所想的一切都错了。我期望看到的一切都错了。""我曾以为进入太空将是……了解宇宙和谐的完美一步"，相反：

> 太空的恶寒和下面地球的温暖滋养之间形成的对比，让不可阻挡的悲伤充斥我的全身。每一天，我们都知道会面对这样的困扰，即地球将在我们手中被进一步破坏……这让我充满了恐惧……我的太空之旅本应是一场庆典，但却感觉像是一场葬礼。[48]

与地球上的人相比，所有从地球轨道上看到过地球的宇航员肯定更懂得，人类都生活在同一个世界里。但那些从更远处看到过地球的宇航员意识到更多东西，因为他们看到了整个地球。对于那些在惊鸿一瞥中真切地看到过整个地球的人来说，拥抱全人类的雄心壮志并不显得如此缥缈。他们试图与其他宇航员分享太空体验，因此这些第一批"人类的外太空使者"成为第一批地球公民。

第七章

从地球号太空船到地球母亲

在第一个太空时代开始时，汉娜·阿伦特提出了一个正当其时的问题：“人类对太空的征服是提高了人类的地位，还是降低了人类的地位？”后来，阿伦特撰写了关于纳粹战犯的研究报告，她对那些欢迎太空飞行的人感到震惊，因为他们将太空飞行作为“人类对地球监狱的挣脱”。的确，哲学家们一直梦想着从地球以外的某个“阿基米德点”来观察人类，但是，她认为哲学家们的想法源于一种朴素的愿望——“发现整体的美和秩序”，而不是出于“征服太空”这种具有破坏性的冲动。从轨道上看，人的个性将最先消失，接着从视野里消失的是他们的人性。我们将无法分清司机和他们的汽车，这些汽车如此之小，就像众多有金属外壳的蜗牛。城市居民会像成群结队的实验室老鼠，在他们的迷宫里乱窜。人类将变成人口，成为统计学研究的对象，而不是哲学研究的主体。悲剧的是，人类的地位将降低。世俗化已经将天父上帝拉下神坛；而下一个就是地球母亲。对阿伦特来说，地球不是一个要逃离的监狱，而是“人类生存的精髓……就我们所知，地球的自然环境可能是宇宙中独一无二的”，“太空旅行无异于‘对人类生存的反叛’”。[1]

保守派专栏作家威廉·巴克利将这种有人文关怀的、担心太空旅行的人称为“平地自由主义者”。这些人不在少数。媒体大师马歇尔·麦克卢汉评论说:“在人造卫星之后，自然消失了，只留下艺术……地球是一个古老的鼻锥体（整流罩）。”《纽约时报》专栏作家安东尼·刘易斯在报道第一次登月时写道，“飞往月球是对我们地球责任的一种逃避……并让人从此心里不安”。他担心，最终“我们会了解宇宙星辰，却不了解自己”。库尔特·冯内古特对整个宇航事业深表怀疑:“NASA发给我的照片里，地球是一颗如此漂亮的蓝色星球。它看起来如此纯净。你看不到这里所有饥饿、愤怒的地球人，以及烟雾、污水、垃圾和先进的武器装备。”最不友好的批评家做出了最有预见性的评论。社会学家阿米泰·埃齐奥尼谴责载人航天计划为“到月球胡闹”，并呼吁:“当我们继续向深空进发时，我们应该直面地球。”[2]

而航天计划最终确实直面了地球。本章探讨了从太空看地球，以及从“地球号太空船”到“地球母亲”的文化影响，特别是反主流文化的影响。

7.1 地球号太空船

回顾过去，前沿思想家们愿意着墨于地球的毁灭，这是第一个太空时代最引人注目的方面之一。这个时期也是核危险最大的时期，出现了“相互确保的毁灭”、古巴导弹危机和电影《奇爱博士》。当时，未来学家赫尔曼·卡恩在他的专著《思考不可想象》和《论热核战争》中首次提出了“大规模死亡”一词，并“用裹尸布对文明的尸体进行测量”。[3]核导弹和火箭在技术爆炸性进步中紧密相连，它们即便不能真的灭绝人类，也会让人类变得无足轻重。地球上的人们因共同利益而共同生活在渺小而脆弱的星球上，这种想法不是源于环境运动，而是源于对核战争的恐惧。在1962年举办的第一届国际全球会议上，美国环球航空公司的负责人发言时指出，世界因航空旅行而变小，与此同时，对世界的威胁也在增加:“无论好坏，我们都在同一条船上。”[4]肯尼迪总统在同一年指出阿波罗计划“可能与人类在地球上的未来休戚相关”时，他想到的是在军备竞赛中幸存下来。毕竟，这一年发生了古巴导弹危机。就像高科技版本的诺亚方舟，太空移民是摆脱核灾难的一个途径。

沃加在1961年出版的《H. G. 威尔斯和世界国家》一书中也提出了类似的想法。威尔斯在他1913年的小说《世界自由》中设想了一场原子战争，战后，人类才终于让最优秀的人走到前台，来设计一个更好的世界（有人猜想威尔斯可能喜欢这样的转折）。[5]沃加写道："我非常认真地建议，从事世界革命运动的一部分人应该在很早的阶段就从主体运动中分离出来，并投身于一艘文明方舟的建造，这个人员和物资充足的新殖民地将引导全面战争的幸存者回到文明的生活，走向人类的团结……智人将成为新的尼安德特人，成为新的有科学精神的克罗马努人。"沃加认为，"被疏远的、贫穷的和被压迫的人"将以某种方式成为这种新的"有机世界文明"的受益者。演化马克思主义思想家伯纳尔在其1929年的演讲《世界、肉体和魔鬼》中，对人类居住的"空间仅限于地球表面的世界"感到遗憾。他设想了由三万人组成的殖民地——一个10英里宽的、围绕地球运行的、透明金鱼碗似的飞船。伯纳尔承认，这里的生活可能看起来"极其乏味"，但文明会相应地发展起来。[6]

将太空作为理想化生活场所可以追溯到康斯坦丁·齐奥尔科夫斯基。他在20世纪初的作品里，将充满了"沮丧和痛苦的麻烦"的拥挤不堪的地球与"广阔自由的……充满了光亮……环绕我们地球的太空"进行对比。"谁能阻止人们在这里建造他们的温室和宫殿，并过上和平和富足的生活？"齐奥尔科夫斯基急切地想逃离被束缚在土地上的俄罗斯农民的生活，而在富裕的西方也有类似的响应。年轻的阿瑟·克拉克在1930年代写道："目光穿过浩瀚无垠的太空，仰望巨大的恒星和环绕的行星，触及无限神秘和充满希望的世界，你能相信人类将在这个小小的地球表面蜷缩爬行度过一生？地球就像一颗潮湿的卵石，表面附着了一层大气。或者，你相信他的命运确实属于星辰，并且有一天，我们的后代将链接起浩瀚太空？"[7]

雷·布拉德伯里的《火星编年史》（1950）想象火星上的第一批殖民者看到遥远的地球正笼罩在原子战争的红色火球中。布拉德伯里很严肃地对待这个主题。后来，他忧心忡忡地写道，"如果太阳死了"，人类文明也会随之消失。"让我们准备好逃跑，继续生活，并在其他星球上重建我们的城市：我们不会在这个地球上待太久！……让我们忘记地球吧。"这让采访布拉德伯里的奥利安娜·法拉奇大吃一惊。那么，地球是一个监狱吗？"好吧，我在里面很舒服，这里既温暖又安全，就像母体的子宫。但你不能永远待在母亲的子宫里……地球要继续存续下去，唯一的办法就是把你吐出来，把你吐到天上去，吐到大气层以外你无法想象的世界里。”法拉奇观察到，他说话时，“声音很低，眼睛半闭着……就像一个牧师在诵读主祷文”。[8]

随着太空计划的起步，这种愿景似乎离实现只有一步之遥。对《新共和国》的路易斯·哈勒来说，阿波罗计划代表着“人类从地球监狱中获得解放”。人类“就像被束缚在海洋深处的智慧生物……我们终于开始逃脱了”。在阿波罗11号发射的那一年，普林斯顿物理学家杰拉德·奥尼尔开始将地球理解为一个重力井，“一个深达4 000英里的洞”。在1970年代初，他继续设计“太空殖民地”，这些“里出外进型行星”[1]，能够容纳地球的剩余人口。我们应该批判性地问一下，就数字而言，一个不断增长的先进工业社会的最佳落脚地点是地球、月球、火星、其他行星，还是其他完全不同的地方。令人惊讶的是，答案将是不可避免的：其他完全不同的地方。奥尼尔认为，关键的一步是丢掉“对行星的挂念”；他的支持者们流行的口号是“再见了地球！”。支持者里就有艾萨克·阿西莫夫，他把反对意见斥为“行星沙文主义”。杰西科·冯·普特卡默是沃纳·冯·布劳恩的助手，后者在1970年代是NASA先进项目办公室负责人。普特卡默喜欢引用生物学家和神秘主义者泰尔哈德·夏尔丹的话：“人类除了进入宇宙的那部分外，没有任何价值。”[9]天体未来主义者认为，看到了遥远的地球就证明了人类终于在宇宙中找到了自己的位置，并且正处在远离地球的路上。

在第一个太空时代，从技术上控制地球的野心也达到了顶峰。在一定程度上，这要归功于一种新的普遍适用的管理理论：系统论。这个新学科有能力给出自信的、非政治性的理解，包括组织、政府、人口，甚至生态系统。NASA本身就是极具代表性的尊崇基于系统的管理力量的机构——局长詹姆斯·韦伯喜欢称之为“太空时代的管理”。[10]当第一批卫星系统开始在地球周围互联互通时，媒体大师马歇尔·麦克卢汉写道：“今天，我们已经将我们自己的中枢神

1 里出外进型行星（inside-out planets），又译内外翻转行星，指行星内部的结构与外部的结构相反的行星。通常，行星的内部由固态核心、液态或固态的地幔以及外部的气体大气层组成。然而，里出外进型行星的内部结构与传统行星相反，其外部是固态或液态的核心，而内部是气体大气层。

经系统扩展到了拥抱全球的程度，就我们的星球而言，空间和时间都湮灭了。”麦克卢汉认为地球正在变小，这要归功于载人航天计划。他认为，该计划“改变了人类与地球的关系，将地球缩小到可以晚上遛弯的范围”。[11] 1966年，众议院空间科学委员会主席、参议员约瑟夫·卡思做出了一个敏锐的评论。他告诉国家航天俱乐部，“航空航天技术的一个重要贡献是让人们普遍接受了‘整体系统法’”。“与之密切相关的想法是，人们越来越意识到，我们需要将世界环境作为一个整体来看待。我有一种预感，历史学家在回顾历史时，将认为这个概念是我们这个世纪真正重要的想法之一。”[12]很快，我们似乎可以将整个地球作为单一的巨大系统管理。这个系统被命名为“地球号太空船”。

“首先意识到地球是一艘宇宙飞船的是谁?”生态学家加雷特·哈丁在1972年问道。他的回答很简单:“没有人是第一个。伟大的愿景在人们的头脑中形成是缓慢的过程。”然而，“地球号太空船”提出者确有其人。早在人类离开地球之前，巴克明斯特·富勒就想到了离开地球的办法。富勒是20世纪伟大的原创思想家之一，早在1951年就首先提出了“地球号太空船”（他声称）的说法。他最著名的发明是超轻大地穹顶，这是太空时代的标志建筑，但其灵感来自大自然。富勒的穹顶确实可以容纳很多东西，包括公司总部大楼、国际博览会、社区和活动。人们把富勒称为技术诗人和“爷爷辈的疯狂发明家”。他试图把世界作为一个系统来理解，自然和人类融合为一体。他认为自己超脱于世界之外，扮演着“综合设计师”的角色，预测并塑造着人类的进步。[13]

当沃尔特·克朗凯特在报道阿波罗8号时，将地球描写成“浮在太空中”。富勒轻蔑地问道:“飘浮在什么里面?”他认为地球像其他飞船一样在太空运行:“我们所有人都是宇航员，过去是，现在是，将来也是，这是我们唯一的身份。”（尽管富勒是自然界经济的崇拜者，但他可能也是一个夸夸其谈的人。）他嘲笑那些“不懂几何”的人（上到总统，下到黎民百姓），这些人看着阿波罗8号的照片，仍然谈论“上”月球和“落到”地球——“宇宙中哪有下的方位?”摄影历史学家博蒙特·纽霍尔也是同样的逻辑，他写道，通过望远镜拍摄的每张照片“的确是太空照片，是来自地球号太空船的照片”。当人们问富勒住在哪里时，他会回答:“我住在一个名叫地球的小星球上。我从未离开过家乡。”[14]富勒宣称，如果关于地球的过时观念继续根深蒂固，“人类注定要失败。但是有希望在眼前。年轻人！……他们很有可能接管地球号太空船，并成功运行飞船”。

这正是接下来要发生的事情。阿波罗8号拍摄的地球景象使人们对富勒的“世界游戏”产生了兴趣。这个计算机模拟游戏的设计思路是制定“管理地球号太空船的有效程序”。早在五年前，富勒就首次提出了这个想法：在1967年世博会上，游客按下按钮就可以在由灯泡组成的世界地图上进行游戏；博览会组织者接受了他的大地穹顶的想法，但拒绝了这个游戏。1969年夏天，来自美国、加拿大和欧洲的大学生团队开始玩起了“世界游戏”。《地球母亲新闻》将其描述为“一项开发计算机调控地球模型的独特实验——包括资源、历史、人类态度和社会趋势，可以用来‘玩转世界’，并探索为全人类的利益管理未来的方法”。一位多米尼加出身的玩家解释说：“我们从基本的前提出发，即当今世界的所有问题在某种程度上都是由固化思维造成的，边界和领土给人们带来了巨大的障碍，大部分的资源浪费都源于固守这些政治神话、这些政治边界。我们将不得不把地球看成一个岛屿、一个国家、一个界限。”[15]

地球号太空船的想法本质上属于技术官僚思想，曾经一度具有相当的影响力。宇宙学家唐纳德·克莱顿很欣赏计算机控制的空间站概念，特别是《2001：太空奥德赛》中的空间站，他建议“通过精心维持生命平衡，并遵循我们的好奇心，查拉图斯特拉的人类重生的‘超人’时代就能到来——前提是，我们能够幸存下来”。[16]由于出现了从太空拍摄的地球图像，这种地球号太空船的技术官僚思想演变成了一种自然思想，因为完整地球的图像成为生态意识反主流文化的标志，这种反主流文化在阿波罗时期如雨后春笋般迅速涌现。

7.2 《全球概览》

斯图尔特·布兰德发行的《全球概览》（1968—1971）是一本优秀的杂志样式的名录，为反主流文化提供“工具”。这种反主流文化正在从加利福尼亚的社区和漫画，迅速传播到世界其他地方。封面是太空中拍摄的完整地球的图像。内页解释说，阿波罗8号的地出图片“确立了我们的地球是一颗行星的事实，证实了地球的美丽和稀有性（干燥的月球、寂寥的太空），并开始撼动人们的意识”。在后来几期的封底上，地球图片下印着一句口号："我们不能把地球捏合在一起。地球就是一个整体。”在1960年代中期，作为在斯坦福大学接受过教育的学识渊博的学者，布兰德卷入了西海岸的反主流文化运动，与肯·凯西的“快乐的恶作剧者”过往甚密，并帮助发起了传奇的“电酷-酸试验”[1]。他在1970年对一个国会委员会演讲时说，“我曾经学过生态学专业，我可以说，作为一门科学，生态学是非常无聊的……作为一种运动，作为一种宗教，生态学是非常令人激动的，每个人都可以参与到这股热潮中”。他希望看到用于环境的预算支出被拿来支持“太空计划，该计划为我们提供了另类环境的视角，让我们看到我们的星球是一个整体，它有生命力，也处于危险之中”。[17]《全球概览》将技术乌托邦主义、环保主义和反主流文化联系了起来，地球的图像使他们都聚集在一起。它比巴克明斯特·富勒自己的论文更接近于“地球号太空船操作手册”。

第一本《全球概览》于1968年秋出版，印数只有一千本，但经过几次迭代和补充，1971年由企鹅公司面向国际出版的《最后的全球概览》销售了近一百万册。苹果电脑的创始人史蒂夫·乔布斯将其描述为“就像纸版的谷歌……充满了理想主义，到处都是称手的工具和伟大的想法”。[18]书里的内容包含了另类生活方式所需的一切，从帐篷和净水器（“你的尿液回收”）到装饰品和手册。印刷品包括巴克明斯特·富勒的《地球号太空船操作手册》、印有仙女座星系的海报，奥拉夫·斯塔普尔顿的宇宙小说《造星主》，洛伦·艾斯利的《意外的宇宙》，一本《宇宙图册》，几本太空照片图册，包括《太空生态调查》和NASA的《这个地球岛》《生物圈》，以及命名显得有品位的《表面解剖》裸体图册，甚至还包括了1967年《外层空间条约》的条款摘要。购买五张及以上的完整地球的海报享受五折优惠。[19]

---

1 原文为Electric Kool-Aid Tests，典出美国作家汤姆·沃尔夫于1968年出版的同名非虚构作品。这本书以真实事件为基础，描述了1960年代美国反主流文化运动的一部分参与者，特别是以肯·凯西为中心的一群人的经历。肯·凯西是一位作家和文化先锋，他组织的一系列的派对和旅行，被称为“酸试验”（Acid Tests）。这些活动以吸食迷幻药物LSD为特点，旨在探索意识的边界和个人自由的可能性。

图7.1 第一本《全球概览》(1968年秋)刊登了ATS-3号拍摄的地球照片

图片来源：斯图尔特·布兰德

1966年春天，布兰德在阅读芭芭拉·沃德新出版的环保主义宣言《地球号太空船》(下文有讨论)时，产生了编撰《全球概览》的想法。[20] 两年后出版的第一本《全球概览》开篇就是"理解整个系统"，宣传了巴克明斯特·富勒的作品。《全球概览》的出版早于阿波罗任务。人们通常认为其封面上的图片来自阿波罗任务，但其实远早于阿波罗任务：事实上，它是1967年ATS-3号卫星拍摄的地球电视图片的上色作品。NASA拍摄的这张照片鲜为人知，其背后隐藏着一个新奇的故事：布兰德试图说服NASA拍摄一张更早的地球照片。

几年后，在林迪斯法恩协会的一次会议上，布兰德讲述了（他认为的）他是如何在幕后促成拍摄那张照片的故事。

> 我当时坐在旧金山北滩的一个碎石铺成的屋顶上。那是1966年2月。肯·凯西和“快乐的恶作剧者”们正朝着墨西哥的方向渐行渐远。我当时二十八岁。
>
> 在那些日子里，对付无聊和不确定的标准做法是吞食迷幻药，之后就会有宏大的计划。因此，在寒冷的午后，在阳光下，我坐在那里裹着毯子，因寒冷和莫名的情绪而颤抖，我凝视着旧金山的天际线，等待着我的幻想。
>
> 建筑物并不平行——因为建筑物、我，以及所有人脚下的地球是有曲率的；地球的曲率是闭环的。我记得巴克明斯特·富勒在最近的一次演讲中一直在强调：人们认为地球是平的和无限的，这就是他们所有错误行为的根源。现在，有了三层楼的高度和一百微克的药量，我可以看到地球是有曲率的，我集中思考，并最终感觉到了。
>
> 但如何广而告之呢？

尽管布兰德是太空计划的支持者，但他觉得有哪里不对劲。在俄勒冈州的一个保留地居住时，他吸收了美国原住民对月球的想法。他还记下了林登·约翰逊总统的就职演说，即地球如何“像一个悬挂在太空中的儿童地球仪”。他甚至猜测，“随着从月球拍摄的第一张模糊地球照片的发表——熠熠生辉的圆盘，团结的曼陀罗[1]，茧房中的自己”，一个新的时代将开始。“在1966年，我们看到了很多月球图片和显示了大部分地球的图片，但从未看到完整的曼陀罗……而且有点奇怪的是，十年来，我们都没有把世界上那么多的摄影设备的相机掉转一百八十度回看地球。”他开始了一场提问运动：“为什么我们还没有看到完整地球的照片？”他把他的问题印在纽扣徽章上，也印在一张海报上，海报上显示了一个中间有洞的星空，这发挥了美国人擅长阴谋论的本能。他把徽章寄给国会议员、联合国和美国国家航空航天局的官员、苏联科学家和外交

1 曼陀罗是梵语Mandala的音译，在某些东方宗教中是代表宇宙的圆形图案。

官，以及巴克明斯特·富勒和马歇尔·麦克卢汉。[21]然后他出现在加州大学伯克利分校（据《旧金山纪事报》报道），“他身着惊艳的粉红色和蓝色夹层衫和白色外套，脚蹬沙漠靴，头戴一顶插有黄花的高帽……他身边聚集了相当数量的学生。他还以每枚二十五美分的价格卖掉了不少襟针”。[22]他被詹姆斯·谢内德（“警察院长”）赶了出去——上级任命他为校园警察，来阻止政治活动家进入大学校园。然而，在进入斯坦福大学、哥伦比亚大学、哈佛大学和麻省理工学院（他哥哥在那里任教）之前，布兰德还是回来了几次，主持他所谓的“关于空间和文明的街头小丑研讨会”。

布兰德在正确的时间出现在正确的地点，因为加利福尼亚州及所属高校是美国的航天技术中心之一，人们具有非常强的航天意识。同时期的《旧金山纪事报》充满了关于太空任务、UFO、天文馆表演（包括“地球之死”）的报道，报纸上满是卫星拍摄的新天气图片。同时，长期悬而未决的帕洛马雷斯事件助长了对政府的怀疑，这次事件发生在西班牙，美国空军在一次飞机失事前，成功地抛下了两枚氢弹，并徒劳地试图掩盖所发生的一切。如果斯图尔特·布兰德的问题能够在一个地方引起共鸣，那就是在加利福尼亚。但是，NASA是否感受到了？

图7.2　布兰德的提问运动徽章，1966年2月

图片来源：斯图尔特·布兰德

为了大量邮寄徽章，布兰德查找了“所有相关的NASA官员”的名字和地址。在伯克利，天体物理学家乔治·菲尔德买了五枚徽章，准备带给NASA。菲利普·莫里森（他也和NASA有联系）在哈佛广场买了两枚徽章。[23]在斯坦福大学，布兰德遇到了NASA艾姆斯研究中心的人（后来，他遇到了华盛顿派来调查他的军事情报官员；这位情报官员曾报告说，加利福尼亚充满了无害的个人主义者）。似乎一些美国国家航空航天局的工作人员听说了布兰德的运动，但没有这方面的记录。布兰德的官方传记作者约翰·马科夫也没有发现NASA内部做出回应的证据。正如我们前面所看到的，拍摄照片的理由并非来自外部，但似乎可以合理地猜测，布兰德的运动帮助NASA的一些人想到了拍摄地球照片，而时机正是拍摄地球照片在技术上变得可行了。[24]

也许《全球概览》最不寻常的展示内容是一幅名为“完整的地球”的全彩色影片，它是由NASA的静止轨道卫星ATS-3号在37 000公里的高度拍摄的。人们称之为覆盖地球二十四小时的“家庭电影”：你先看到黑暗，然后是黎明的一弯地球，然后是迅速铺开的阳光，巨大的天气模式在地球上空蠕动，之后是中午完整的圆形曼陀罗地球，然后是下午的大半个地球，黄昏时的一弯地球，最后又是黑暗。影片出现了一系列地球不同区域的特写镜头，模糊地、迷幻地旋转着，就像当时照亮平克·弗洛伊德等人的地下音乐会的油透镜投影。就像帮助地球变得生动起来的迷幻药一样，拍摄完整地球照片一开始是美国政府的一个项目，最后成了反主流文化运动的一部分。[25]《全球概览》封面上的ATS-3号卫星拍摄的完整地球图片传达了这样一个想法：在技术时代和大众传播时代，一个图像就有可能改变我们对世界的看法。

7.3 地球日

随着阿波罗号宇航员返回地球，环保运动也随之兴起。地球日发端于1970年，1990年重新流行，至今仍出现在日历上，已经成为美国生活的一个固定组成部分。地球日的源起可以直接追溯到阿波罗8号拍摄的地球照片。早期的环保主义虽然对“大技术”普遍持怀疑态度，但似乎并不特别敌视太空计划。[26]地球日填补了阿波罗计划的空档期，因为在1969年的三次成功登月任务之后，

1970年没有安排载人登月。有意思的是，虽然只有一个地球，但起初却有两个地球日。

来自北卡罗来纳州的太空爱好者约翰·麦康奈尔发起了第一个地球日。他回忆道，“当1969年地球的第一张照片出现在《生活》杂志上时，我……以一种深刻而感性的方式获得了对行星地球的新知。《生活》杂志的照片让我想到，一面地球旗帜可以起到象征意义，鼓励我们形成新的世界观，而从太空中看到的地球图像是实现这一目的的最佳标志”。他打电话给NASA的公共事务负责人，后者说：“多么好的主意！”并给他寄来了同一张照片的透明片。麦康奈尔为一幅图像申请了版权，图像显示了地球和深蓝色背景。后来，麦康奈尔还将其注册为商标。五百面茶巾大小的旗帜被订购一空，大部分顾客是1969年7月20日聚集在纽约中央公园观看首次登月的人。[27]

取得了这次成功之后，麦康奈尔去加利福尼亚组织了第一个地球日。还有比加州更好的地方吗？1970年3月21日，正值春分。旧金山市县两级宣布3月21日为地球日，（据说）春分是全世界的白天和黑夜等长的一天。这一天是“庆祝地球的日子：人类的家园，生命的源泉，人类的共同责任。这是地球生命复苏的日子”。活动鼓励支持者们植树种花，清扫社区，在太平洋标准时间上午11点进行“地球一小时”活动，默默祈祷或冥想，外出享受大自然，并展示地球旗帜，提醒人们“每个人都有使用地球的基本权利，也有建设地球的同等责任”。活动分发的一枚显示地球的纽扣徽章上面写着：“我们的遗产——我们的责任。”而另一枚徽章（受约翰·列侬新歌《给和平一个机会》的启发）则写着“给地球一个机会”的口号。[28]由于《全球概览》的宣传，对旗帜的需求猛增，志愿者们向学校、教堂、生态团体、企业和青年组织分发了超过一万五千面旗帜。

麦康奈尔随后成立了地球协会，该协会继续开展了多年的活动，其设计的理想主义计划包括世界公民计划和世界护照计划，并促使地球旗成为“所有地球人的非政府旗帜……以鼓励自然、社会系统和人的思想的平衡”。协会鼓励各国政府把地球图案放到国旗的一角，（麦康奈尔回忆说）“1973年，在加勒比海地区举行的为期两周的地球协会巡航中，伊丽莎白2号游轮悬挂了地球旗，同行的有艾萨克·阿西莫夫、卡尔·萨根、布尔·艾夫斯和其他热爱地

图7.3　约翰·麦康奈尔和瑞娜·汉森展示地球旗（纽约，1969年7月）

图片来源：史密森学会美国国家历史博物馆医学和科学部

OUR INHERITANCE
OUR RESPONSIBILITY
TM

Earth Day—Year One (1970

A special day to remember Earth's tender seedlings of life. A day to celebrate planet Earth: one home for mankind, one source of life, one responsibility for all. A day to begin our renewal of Earth life.

Saturday, March 21st, 1970, the day of the Vernal Equinox, when day and night are equal in all countries of the world, has been declared "Earth Day" by the City and County of San Francisco. We are asked to dedicate this day to the natural wonders of our planet, and its precious balance of life.

ACTION GOALS IN WHICH YOU CAN PARTICIPATE

1. Planetary Inheritance: Restore ecological unity to our planet. Help rebuild the Earth's scarred surface. Improve the human and ecological environment of the world by planting trees and flowers. Organize groups for cleaning of yards, neighborhood streets and play areas.

2. Hour for Peace: At 1900 Universal Time (11:00 am P.S.T.), Earth Hour will begin, an hour of silent contemplation, prayer or meditation for the peace and harmonious growth of the planet. The Hour for Peace may be observed at home, in a park, by the sea or bay or wherever it is appropriate.

3. Share the Earth: A time to be with nature. As inhabitants of this Earth each person has the equal right to the use of this global home and it is the equal responsibility of each person to preserve and improve the Earth and the quality of life thereon. Use this day to communicate with nature . . . take a hike through the country, walk in its parks, enjoy its natural wonders.

4. The Earth Flag: Display the Earth Flag; a non-governmental flag for all the people of the Earth. The Earth Flag is to encourage young and old a new view of our beautiful planet as a home for all the people. The Earth Flag is to remind us: Each person has a basic right to use the Earth, and an equal responsibility to build the Earth.

图7.4　宣布1970年3月21日为第一个地球日

图片来源：史密森学会美国国家历史博物馆医学和科学部

球的人。同年，蓝色弹珠在公众记忆中仍然鲜活，人类学家玛格丽特·米德的地球日文章在国际媒体上被连续转载。在纽约中央公园举办的一次庆祝种族多样性的活动订购了三十面大型地球旗帜。一位官员后来坦言："这解决了一个问题。如果你漏掉了一面种族旗帜，你就有了大麻烦。地球旗帜涵盖了所有人。"1990年，地球日迎来了二十周年纪念，并发布了一个令人不安的图像：一个红、白、蓝三色头骨，头骨的脑盘里是全彩的地球；图像的标题写着："一个和平的地方，至少从太空看起来是这样。"麦康奈尔在仿制的羊皮纸上准备了一份"地球人宣言"。"地球人共治，地球人共享"，宣言警告说，生态平衡的危机已经开始，并敦促宣言签署者承诺将其收入的百分之十用于环境和社会正义的运动——比用于战争和污染的预算比例多百分之一。[29]

1970年的第二个地球日是由威斯康星州的民主党参议员盖洛德·纳尔逊组织的，时间在麦康奈尔的地球日后的一个月。1963年9月，约翰·肯尼迪总统在联合国就国际空间合作的必要性发表了讲话，在同一个月，他还与纳尔逊一起踏上了全国保护区之旅，在五天内访问了十一个州。这次旅行是纳尔逊的主意。他的家乡威斯康星州的大部分地区已被伐木业蚕食。1961年，纳尔逊发起了威斯康星州户外休闲计划，在复用的土地上开展对环境敏感的旅游业。总统的这次旅行不像肯尼迪的太空声明那样引人注目，但它为1965年具有里程碑意义的《水质法》的出台做好了舆论准备，该法使各州开始习惯于联邦对环境问题的干预。[30]

在1969年夏天，即阿波罗之夏，反对越战者组织的大学师生“时事宣讲会”是一波接着一波，纳尔逊深受启发。9月20日，纳尔逊号召组织一波环境宣讲运动，并招募了二十五岁的反越战活动人士萨姆·布朗。纳尔逊回忆说：“反响热烈，一飞冲天。”这次活动几乎是在参议员自己办公室里自行组织起来的。拉里·洛克菲勒捐款一千美元，作为启动资金；汽车工人联合会和美国劳工联合会的主席也不甘示弱，分别致电，并各自捐赠了两千美元。其他政治家们也急于获得环保方面的政治资本，正如《华盛顿邮报》所说，他们都“跟上了盖洛德的步伐”。最终，基金会筹集到了十八点五万美元。消费者领军人物拉尔夫·纳德也给予了支持。当1970年1月华盛顿办事处开业时，约翰·加德纳提供了场所，他很快就成立了公民游说组织“共同事业”。丹尼斯·海斯是另一个主要的组织者，他后来创建了环境行动组织。这个地球日成为环保活动家的摇篮。[31]

地球日活动于1970年4月22日举行，这是一次大规模的环境宣讲活动。演讲者包括巴里·康芒纳、保罗·埃利希、雷内·杜博斯、拉尔夫·纳德、本杰明·斯波克和艾伦·金斯堡。组织者声称，两千所大学、一万所文法学校和高中，以及两千个公民团体已决定参加。在华盛顿纪念碑前集会的人数有一万人，在许多大城市有多达两万五千人的集会。在纽约，州长纳尔逊·洛克菲勒签署了一项设立环境保护部门的法案，然后在布鲁克林展望公园的集会上发表讲话，活动结束后骑自行车离开。在大公司康爱迪生的总部内，“每个人都戴着地球日徽章”。在第五大道上，摄影师拍到了三个孩子举着一个印有地球的横幅，上面是“要么爱它，要么离开它”的口号，巧妙地改编了“红脖子”的座右铭“美国，要么爱它，要么离开它”，并把这个座右铭带到了太空时代。尼克松总统欢迎任何能将注意力从越南战场转移开的事情，他表示环境可能成为“美国人民在1970年代的主要关切”，在国情咨文中，他敦促美国人民“与自然和平相处”。

总的来说，地球日的庆祝活动多于抗议活动。组织者仿照反战运动中的焚烧征兵卡的做法，宣传焚烧信用卡，但评论员们认为无法达到同样的激情四射的效果。其他一些人批评地球日是一个非对抗性的、自我感觉良好的运动，转移了人们对其他类型抗议的注意力——这种抱怨持续了很多年，直到环保主义本身开始进入政治议程。尽管如此，在一个被种族矛盾和越南战争扭曲的时期，地球是一个相对安全的话题。《纽约时报》评论道，“如果环境运动有任何敌人的话，他们也不会把这些敌人摆上台面”。《生活》杂志评论道，“突然间，我们都成了环境保护主义者”。[32]二十五年后，盖洛德·纳尔逊被授予总统自由勋章。颁奖词写道：“作为地球日之父……他激励我们牢记，对自然资源的管理就是对美国梦的管理。”

巴克明斯特·富勒的“地球号太空船”概念的普及主要归功于环境哲学家芭芭拉·沃德的书名，而不是富勒本人。她把人类看作一艘太空船的船员，并敦促说：“如果我们要在浩瀚的太空之旅中生存下来，我们就必须像人类一样生活，这种太空之旅我们已经实施了几百年，但没有注意到自身的状况。这种太空之旅充满了危机。我们的生存依赖于一层薄薄的土壤，和一层稍厚一点的大气。而这两者都可能被污染和破坏……理性的行为是生存的条件。”作为美国驻联合国大使，民主党人阿德莱·史蒂文森从同样的想法中得出了乐观的政治启示（详见第二章）。[33]

几个月前，即1965年1月，林登·约翰逊总统在就职典礼草稿中写道：“从正向火星飞去的火箭回望地球，从这个视角思考我们的世界吧。地球就像儿童地球仪，悬挂在太空中，各大洲紧贴在侧面，就像彩色地图一样。我们都是地球这个点上的乘客。”1970年，联合国秘书长吴丹警告说：“地球号太空船失去了中央指导和把控。”阿波罗13号的事故发生在第二个地球日的前一周。当事故中的飞船在太空中漂泊，努力维持其生命支持系统时，系统生态学家尤金·奥德姆认为这是对“地球号太空船”困境的警醒，表明我们迫切需要了解地球，好拯救它。[34]

在地球日之后，联合国于1972年6月在斯德哥尔摩举行了人类环境会议。这是第一次地球峰会，其意义将在后面的章节中讨论，但这里最重要的是第一批地球照片所发挥的作用。芭芭拉·沃德与微生物学家和哲学家雷内·杜博斯接受委托，共同撰写公开报告。该报告后来以“只有一个地球”为题出版，封面是NASA的地球照片。该项目被描述为“国际合作的独特实验”，汇集了全世界一百五十多名咨询顾问的工作成果。专家们的意见有很大的不同，尤其是核能方面的分歧很大，但传递的总体信息是“技术圈和生物圈的本质统一和相互依赖”。作者们写道，“随着我们迈入人类进化的全球阶段，很显然，每个人都有两个国家，他自己的祖国和我们的行星地球”。雷内·杜博斯也观看了哥伦比亚广播公司对重返地球的阿波罗8号宇航员的采访，采访围绕他们的经历展开。杜博斯注意到，“最终证明，宇航员们最深沉的感情是在太空中看到了地球”。“从阿波罗8号宇航员对从太空舱中的所见所闻的描述中，我想到了‘地球神学’这个词。”杜博斯感觉到，“存在着神圣的关系，将人类与地球的所有物质和生命属性联系在一起”；他认为，这种洞察使得“在载人航天计划上花费的数十亿美元变得值得”。[35]

1968年至1972年，还出现了更宏观的生态复兴。当然，对自然环境的关注早已有之，但充斥20世纪大部分时间的基本都是自然景观和野生动物保护，这些保护组织包括西拉俱乐部（1895）、荒野协会（1935）和世界野生动物基金会（1961）。从1890年代开始，国家环保组织的成立速度略高于每十年一个，但在1969—1972年期间，就相继成立了至少七个大型国家环保组织。一旦地球的“存在感”增强，它就开始收获朋友，1969年的地球之友就是发端。作为活动家和激进分子，他们旨在实现社会和文化变革，而不是简单的保护。他们也越来越专业：1969年在首都华盛顿，只有两个全职的环境游说者，但几年内这个数字就变成了几十个。1970年代，英国地球之友的一张海报印有完整地球的图像，图像上面的标题是“有吸引力的独立住宅”。地产代理风格的简介解释说：“虽然近些年遭到了可悲的忽视……地球仍然为那些准备精心维护它的人提供一个绝无仅有的家。"[36]

新环境运动的重点不是"荒野"或"自然"，而是"环境"，人类在其中扮演着非常重要的角色。在地球日之前，"生态"这个词鲜见于新闻界；随着地球日的到来，这个词占据了《纽约时报》1970年索引的八十六个栏目。在英国，1969年秋天英国广播公司具有影响力的雷斯讲座使得生态学的概念为公众所接受；主讲人是生态学家弗兰克·弗雷泽·达林，主题是"荒野与丰饶"。一位评论家写道："在全国大学校园的年轻人中，生态学像一种新宗教一样流行起来。"1970年被指定为"欧洲保护年"，健康食品店也随之迅速兴起。[37]那些年，其他有影响力的出版物包括马克斯·尼科尔森的《环境革命》(1969)，巴里·康芒纳的《封闭的圈层》(1971)——这是"生态学家保罗·里维尔"多年警告的高潮，以及加勒特·哈丁的《探索生存的新伦理：比格尔号宇宙飞船的航行》(1972)。其中包括哈丁在1968年发表的有影响力的文章《公共地悲剧》[1]，该文将地球号太空船和救生艇进行了类比，认为为了拯救环境，短期内失去自由是合理的。

认识到地球及其资源是有限的，对经济学界产生了同样的影响。肯尼斯·博尔丁是一位英国经济学家，同时也是一位倡导系统理论的先锋。早在1966年，他就发表了一篇关于"即将到来的地球号太空船的经济学"的论文。他将以无节制的生产和消费为特点的"牛仔经济"与"太空人经济"进行了对比，"在太空人经济中，地球已经成为单独的宇宙飞船，任何东西的储备都不是无限的……这是一个循环的生态系统"，这需要保护而不是开发利用。[38]1972年，《增长的极限》出版，这是一份关于"人类困境"的报告，其编者是一个国际小组，这些人于1968年春天在巴黎首次相聚，包括了科学家、教育家、经济学家、人文主义者、工业家和官员。报告的结论是，在人口增长和资源枯竭的双重作用下，地球将在一个世纪内达到经济增长的极限；我们迫切需要实现不依赖掠夺稀缺资源的可持续发展。两年后的第二份报告将全球经济

1 1968年，哈丁在《科学》杂志上发表了一篇文章，题为*The Tragedy of the Commons*，又译《公共资源的悲剧》。对公共地或曰公共资源的悲剧有许多解决办法，哈丁认为可以卖掉，使之成为私有财产；可以作为公共财产保留，但准许进入，这种准许可以以多种方式来进行。哈丁认为，这些意见均合理，也均有可反驳的地方，"但是我们必须选择，否则我们就等于认同了公共地的毁灭"。

比作一个有生命的有机体，如一棵橡树，当它达到成熟期后，增长速度需要放缓："有机增长"一定会取代指数增长。它传递的警告也直截了当："天下有疾，疾即人也。"[39]

一本名为《地球的脉搏》的书内容宏大，并自引为"史密森学会向全球社会提供的'一流的行星地球'报告"。阿波罗8号拍摄的地球照片启发了这份报告，（编辑们写道）"照片出人意料地表明，地球也是一艘飞船，在宇宙中漂泊。我们的星球完全依赖自身的独立资源，与人类发射的所有卫星一样，地球在灾难的边缘如履薄冰。具有讽刺意味的是，就在人类到达月球的那一刻，人的思考又转向了地球"。该书采用了奇特的《英国奇异事件杂志》式的杂记形式，其中包括"过去四年中发生的令人兴奋的、不寻常的、通常显得古怪的事件——自然灾害、人为的环境灾难和生态事件，旨在让人们感受到'地球是一个生态系统'"。[40]

1968年12月的阿波罗8号照片为"地球号太空船"的概念提供了具体样板。著名的阿波罗17号蓝色弹珠照片拍摄于1972年12月，正值生态复兴的高潮，正好为环保运动提供了最强大的标志。以科技为隐喻来描述地球的方式正在被以自然和灵性为隐喻的方式所取代。

7.4 地球母亲的回归

1972年12月，宇宙学家卡尔·萨根和新时代运动[1]的先锋威廉·欧文·汤普森也出现在了观看最后一次阿波罗飞船发射的人群中。对于这两个人来说，观看发射是一种精神体验。当他们一起坐在佛罗里达州潟湖边时，萨根在设想火星上的生命和其他宇宙的样子，同时嘴里发出哔哔声，试图与附近的海豚交流。当火箭发射时，汤普森感到了"纯粹的喜悦，因为人们正在扭转天空的

---

1 新时代运动（New Age Movement）指一种综合了多种宗教、哲学和灵性观念的文化和精神运动。它起源于20世纪60年代和70年代的西方社会，并在全球范围内取得了一定的影响力。新时代运动强调个人的内在成长、自我实现和灵性觉醒，倡导和平、和谐、环保和全球意识。它吸收了东方哲学、宗教和灵性传统的元素，同时也受到了心灵探索、心理学、奥秘学和超自然现象等领域的影响。新时代运动的信仰和实践形式多种多样，包括冥想、能量疗法、水晶疗法、占星术、塔罗牌等。

局势，使得那颗彗星从地球上空升起”；汤普森把人类使彗星从地球上升起的行为比作弥撒中神父举起圣饼的仪式。他注意到，“这些科学家的面孔就像那些亲眼目睹了山上的变容奇迹[1]的人一样”。蓝色弹珠照片将在二十四小时后诞生，汤普森感觉到这一事件标志着“人类文化的新阶段……一个行星社会”，其特点是海量的知识和无限的精神潜力相结合。[41]

几个月后，汤普森在纽约长岛成立了林迪斯法恩协会。协会以遥远的诺桑比亚修道院命名，那是“一群在黑暗时代坚守知识的精神精英”；协会旨在“实现人类文化的进化转型”。但是，一场与时间的赛跑正在进行：在人类对环境的破坏变得不可逆转之前，新的地球意识能否形成？[42] 1974年，林迪斯法恩协会举办了一次关于“行星文化”的会议，这是新时代运动的创始活动之一。另外，这次会议还邀请了宇航员罗素·施韦卡特和斯图尔特·布兰德。

布兰德已经停掉了《全球概览》，认为它已经完成了使命。但在1974年，他改变了主意，出版了一个迭代版本，这引发了一系列后续版本。同年，他创办了思想杂志《共同进化季刊》（即后来的《全球地球评论》），成为科学和反主流文化之间的桥梁。他现在受到科学哲学家格雷戈里·贝特森的影响，贝特森一直在完善一种观点，即把自然界视为一系列相互联系的信息系统。贝特森把个人看作是“与环境耦合的伺服系统”，并着墨于跨越地球的“心灵生态”。他认为，引领时代的个人的洞察力可以传播给整个物种，他呼吁采取紧急行动，使人类和自然界重新达到平衡。这吸引了布兰德，实际上也吸引了整整一代反主流文化的激进分子、环保主义者和寻找社会变革新模式的“新时代人”。“心灵生态”概念体现在环保主义者的口号中，即“全球思考，本地行动”，也体现在罗素·施韦卡特的信念中，即在太空行走中他是“人类的感应器官”。布兰德正在超越“地球号太空船”的概念，现在他赞成将地球视为盖亚，一个活的有机体。他在1976年宣布：“范式的转变是从工程隐喻到生物隐喻。”[43]

罗素·施韦卡特因为在阿波罗9号的太空行走中看到了地球，而受到了强烈的影响。他继续充当阿波罗-天空实验室计划的备份宇航员（该计划已经终

1 “变容奇迹”指的是《圣经》中的一段故事，即耶稣在一座山上发生的一次神奇变容的事件。根据《马太福音》的记载，耶稣带着彼得、雅各和约翰三个门徒登上一座山，耶稣的面貌突然发生了变化，变得明亮耀眼，衣服也变得洁白如光。这个事件被称为“the Transfiguration on the Mount”，意为“山上的变容”。

止）。宇航员们要求有更多时间看窗外的地球，并且得到了满足。一段时间以来，他对表达不满的青年运动表示支持和亲近，“这是地球唯一真正的希望”，他还留起了长发。他现在是NASA华盛顿总部应用办公室的用户事务负责人，负责协调NASA和空间技术用户之间的关系。另外，他还促成了雅克·库斯托和美国国家航空航天局的陆地卫星项目之间的合作；他还把斯图尔特·布兰德介绍给了库斯托和NASA华盛顿总部的官员，这次会面的结果及时刊发在了《共同进化季刊》上。[44]

布兰德在林迪斯法恩会议上介绍了他说服NASA拍摄完整地球照片所做的努力；大家接受了他的建议，即反主流文化对所采用的地球形象负有最终责任。罗素·施韦卡特提出了非凡冥想“没有窗框，没有边界”，然而没有什么能让听众为此做好万全准备。施韦卡特传达了一种精神力量，这种力量源于飘浮在飞船外，看着地球在脚下旋转的体验。布兰德没有出席那次会议，但事后听到了录音，他将施韦卡特的发言描述为“一次漫长的、没有停顿的祈祷……”“施韦卡特本人似乎也惊讶于自己所说的话，惊讶于他所参加的聚会，仍然惊讶于导致他在地球和宇宙之间自由飘移的事件。还记得《2001：太空奥德赛》结尾处的星辰之子吗？就像那样。”他以卡明斯的几句话结束，他说这几句话“不知不觉中成为我的一部分”，感谢上帝赐予“一个蓝色的、真正的天空之梦，以及自然的、无限的和确定的一切”。布兰德把这篇演讲稿发表在了《共同进化季刊》上，林迪斯法恩协会出售了这篇演讲的录音带；所有这些使得施韦卡特这篇演讲成为最著名的宇航员陈词之一。后来，施韦卡特用一句简短的话总结了他对地球的感觉：“它是家，它是完整的，它是神圣的。”[45]

1970年代中期，在太空殖民地的问题上，布兰德与反主流文化中的技术派观点产生了分歧。1974年，杰勒德·奥尼尔发表了其颇有抱负的初步计划，然后向旧金山的波托拉研究所寻求帮助，该研究所也是《全球概览》的出版商。波托拉组织了一次会议，布兰德的波因特基金会提供了一笔资助，基金会的资金来自《全球概览》的收益：反主流文化现在正在资助太空计划。奥尼尔将他的论点建立在当代对如下问题的关注，包括人口过剩、能源短缺和增长极限——他认为一个面临人口过剩、能源短缺和增长极限的社会，只有通过进入太空，开采月球和小行星，并利用太阳取之不尽的能源才能繁荣发展。他建议将人口输出到“里出外进型行星”，即在引力的作用下，悬浮在地球和月球之间的圆柱形殖民地。从一万人开始建设，殖民地在一段时间内可以容纳数百万人。布兰德宣称：“建立殖民地的目标是为了自由空间。”“对于那些渴望最严格的自由的人，或者那些与巴克明斯特·富勒一样相信文化的创造力需要法外之地的人，自由空间就像曾经的海洋——面积广阔，人口稀少，是不适合国家控制的法外之地。”一幅太空殖民地的想象插图包括起伏的丘陵景观、河口、吊桥和野餐中的嬉皮士，这与旧金山湾区非常相似。

空间殖民地计划引发了一场激烈的辩论，《共同进化季刊》的读者群观点也有分野。[46]“新行星”计划的支持者中有一些有趣的人。微生物学家林恩·马古利斯是早期的盖亚思想家，他温和地表示赞成，因为殖民地通常能起到振奋人心的作用：“从殖民地的距离回看母国，能找到新的视角审视母国的价值。从一定的距离之外看，所有的部落、民族和帝国的习俗是多么渺小、特立独行、孤立、反理性、狭隘和压抑。”宇宙学家卡尔·萨根更喜欢“太空城市”一词，而不是“太空殖民地”（布兰德强调“没有太空土著被殖民”），并迭代了美国边疆假说。“地球几乎已经被完全开发，文化上也已经同质化。地球上几乎没有地方可供那些不满的边缘人移居……太空城市提供了一个天空版本的美国，为自发形成的亲和团体提供了发展不同文化、社会、政治、经济和技术生活方式的机会……但这一目标需要尽早地大力鼓励文化多样性。”罗素·施韦卡特也是一位支持者。他写道，从贫瘠的太空拍摄地球的照片是一回事，但“有了奥尼尔的‘种子舱’……地球母亲就不再贫瘠”。

但是，虽然许多读者期待着太空公社，但更多的人感到吃惊。诗人罗伯特·弗罗斯特写道：“我想离开地球一段时间，然后再回到地球，重新开始。”“地球是爱的圣地：我不知道还有哪里是更好的去处。”理查德·布劳提根写道：“我喜欢这个星球。”“这是我的家，我认为它需要我们的关注和爱。让其他行星再多等一会。他们擅长等待。”一位记者一针见血地指出：“你真的认为政府会让一群追求时髦的乌合之众进入他们的新太空殖民地吗？”[47] NASA研究了这一计划，因为它为后阿波罗时代的主要项目提供了另一种可能的用途，即可重复使用的航天飞机。尽管有布兰德的倡导，1970年代后期的环保主义者大多不理睬太空话题。新观念认为“小即是美”；大技术出局了，生态学入局了。然而，在加利福尼亚，找到二者融合的努力仍在继续。

如果说1970年是地球日的元年，那么1977年就是航天日的元年，至少在加利福尼亚是这样。航天日的主题是“生态和技术在太空中实现一致”。那时，杰里·布朗已经接任憎恨嬉皮士的罗纳德·里根成为加州州长。他是一位社会自由派人物，试图联结环保主义和反主流文化。布朗也是继约翰·肯尼迪之后，再次提出太空探索愿景的主要政治家。布朗曾因批准一个水坝项目而受到环境游说团体的抨击，也曾因传闻中的过度监管将陶氏化学公司赶出本州而受到商业游说团体的抨击。布朗试图挽回，让两方走到一起。航天日是由加利福尼亚的航空航天工业界发起的，他们担心NASA的预算会被削减。布朗的顾问中有斯图尔特·布兰德，他反过来说服州长延聘雅克·库斯托和罗素·施韦卡特。施韦卡特搬到了加州，在接下来的两年里担任州长的科技助理。

加州的航天日于1977年8月11日在洛杉矶科学与工业博物馆举行，有大量的观众受邀出席。发言者包括美国国家航空航天局的新任局长罗伯特·弗罗施、杰拉德·奥尼尔、卡尔·萨根、雅克·库斯托、喷气推进实验室的主任布鲁斯·默里（他也是E.F.舒马赫和伊万·伊利希的粉丝），以及罗伯特·安德森，他的企业正在负责建造航天飞机。斯图尔特·布兰德主持了辩论会。布朗赞同卡尔·萨根的观点，并就太空前沿这一古老的天体未来主义主题，提出了一种自由主义的看法。“只要还存在一个未开发的边疆，人类的创造力、进取心和开发欲望就能够得到释放和引导，去实现长远的可能性和利益。然而，如果没有了这些边疆，并且人们开始自我封闭，就会对民主的基础构成威胁。”据观察，这次演讲与以迷幻药为灵感的诗人蒂莫西·利里最近在旧金山的一次演讲非常相似，利里也是布兰德的老熟人，当时正在全国巡回宣传星际移民的好处。

演讲结束后，活动（无疑要感谢布兰德）演变成了一种太空时代的兴奋剂试验。以NASA一些最壮观影片为背景，节拍诗人迈克尔·麦克卢尔朗读了一首新作品。第二天，这些人转场到了爱德华兹空军基地参加一项更加引人注目的活动：新航天飞机的首次（大气层）飞行测试和降落。布朗州长提出了一连串的建议：发射加利福尼亚州的公共通信卫星，发起一个新的环境监测计划，以及投资太阳能。在客人们喝着太阳能加热的咖啡时，布朗宣称："在地球上，小是美丽的，但在太空中，大是更好的。"[48] 布兰德和他的同事们帮助布朗的办公室制作了《加州水系地图册》，利用卫星图像展示了环境系统中最核心的水系统是如何运作的。[49]

罗素·施韦卡特后来成为加利福尼亚州能源委员会主席。在三里岛核反应堆事故[1]后，他反对核电，与《物理学原理》的作者、左派物理学家弗里乔夫·卡普拉找到了共同点。（与此同时，施韦卡特之前的宇航员同事哈里森·施密特作为共和党参议员正在反对各种形式的能源监管。）在一次活动中，施韦卡特"坐在加州帕萨迪纳的一个礼堂里，额头上贴着一颗金属星，而舞者围着他，高呼清除核电站"。在观众席上，奥拉的预言家亚努斯宣布："宇宙飞船将在本周末到来。"施韦卡特还加入了卫星通信公司，参与了南极计划和保护地球免于小行星撞击的项目，并帮助成立了太空探索者协会。他把远距离看地球的经历比作离开子宫后第一次看到自己的母亲："我称之为宇宙分娩现象。"[50]

施韦卡特的公众"存在感"高峰可能出现在1982年，当时他"没有窗框，没有边界"的冥想被用于一部同名电影中，这部电影是为了宣传"超越战争运动"而制作的。超越战争运动组织是为了反对核军备竞赛和星球大战计划而成立的，并以完整地球作为其组织标志。影片以从轨道上看到地球开始，以施韦卡特的话语作为背景音。柏林墙的镜头取代了大海边缘的镜头。"什么是窗框？什么是边界？"旁白问道。人类的历史可以追溯到农业和土地所有权的开始，当时"我们开始建立自己的框架和边界，这是文化冲突的起源，一万年后将人类逼到绝境"。当原始部落的形象被核弹图片所取代时（无疑是受到《2001：太空奥德赛》的启发），旁白评论并警告说，核战争将给地球带来破坏性的影响。然后，影片出现了一张从轨道上拍摄的饱受战争蹂躏的中东地区的

1 三里岛核反应堆事故发生于1979年3月28日，是美国历史上最严重的核事故之一。事故发生在宾夕法尼亚州的三里岛核电站第二号反应堆。操作员操作失误和设计缺陷导致的冷却系统故障，使得反应堆过热并产生了大量的氢气。随后，氢气引发了爆炸，释放了一定量的放射性物质，引发了公众的恐慌和广泛的环境污染。

图片，这时又听到了施韦卡特的话："在那里，成百上千的人互相残杀，就为了一些你根本不清楚的、看不到的假想的界线。从这个高度看，那是一个整体，它是如此美丽。你希望能把一个人握在手里，然后说：'看。从这个角度看它。看看那个。什么才是重要的？'"这部影片在无数次公众会议上播放，取得了巨大的效果。电影宣称，"我们生活在一个星球上，只有一个生命支持系统"。"全人类的生存，（所有）生命的生存，是完全相互依存的。"影片最后一帧显示的是阿波罗17号的蓝色弹珠，标题是"选择是我们的"。[51] 十年前，地球还显得如此有活力，而仅仅十年后，地球似乎面临着死亡。

第二次冷战催生了核冬天。从太空中看到的地球形象再一次被拿来作为论证的框架。1982年，也就是发起"超越地球"的那一年，《纽约时报》记者乔纳森·谢尔出版了一本名为《地球的命运》的小书，讲述了核战争的全球后

图7.5　地球毁灭：可视化的核冬天，1983年

果。对谢尔来说，从太空拍摄的地球照片既说明了“我们对自然的掌控”，也显示了“我们在这种掌控面前的弱点和虚弱”。就像宇航员能够用拇指遮盖住遥远的地球一样，“作为核武器的拥有者，我们可以置身于自然之外，握有宇宙力量的工具，我们可以摧毁生命，而与此同时，我们仍然嵌套在自然之中，依靠自然生存”。最终，谢尔思考着：“最重要的视角是来自地球的，来自生命的内部……不仅仅是一个地球的视角，而是无数个相继出现的地球的视角，它们在宇宙无尽的黑暗和孤寂中闪耀。”海伦·考尔迪科特将他的书描述为“我们时代的新《圣经》，我们时代的白皮书”，该书以可怕的现实主义论证了核战争将如何首先摧毁城市文明，然后摧毁地球生态系统，留下“一个昆虫和草地的共和国”。[52]

在谢尔的书出版后不久，卡尔·萨根带领一组科学家进行了一项开拓性的行星气候建模实验，研究内容是，如果一场核战争摧毁了大部分城市文明，并将其作为放射性碎片抛撒到大气中，那么实际后果会怎么样？最近有研究表明一颗巨大型陨石在六千五百万年前造成了恐龙的灭绝，这项研究成果一定程度上启发了卡尔·萨根。萨根的结论是，在黑暗的天空下，严重的全球污染可能会带来长周期的“核冬天”，今天所有的高级生命形式，包括人类在内，都会面对同样的后果。萨根迅速在首都华盛顿组织了一次主题会议，并出版了一本引起广泛辩论的书——《寒冷与黑暗》，合作者还包括另外两位完整地球的思考者，即保罗·埃利希和刘易斯·托马斯。[53] 由太空艺术家乔恩·隆贝格创作的封面插图展示了一张完整地球的照片，放射性碎片云包围了半个地球。正如我们所看到的，科幻作家雷·布雷德伯里和阿瑟·克拉克在三十年前也有类似的设想。两人可能都看到过罗伯特·佩恩1949年《美国报告》中的这段话：

> 在几个星期或几个月或几年的时间里，原子蒸汽云将像彩色围巾一样围绕地球转动。对于一个通过望远镜观察地球的火星居民来说，地球似乎没有什么变化，唯一的变化是亮度的增强，因为放射性蒸汽会让地球变亮。

在核冬天的研究结果发布之后，历史学家和核裁军倡导者爱德华·汤普森写作了小说《锡考斯文件》，书中想象了从月球回望的景象："慢慢地，很慢地，蓝白相间的地球变成了褐色，褐色笼罩着北半球，黄色如花圈一般向南延伸。然后，地球变得非常暗淡。蓝色消退了，云层是暗色的，有些是黑色的。在半相位的边缘，阳光的折射似乎是红色的，地球反射的太阳光在月球上投下了红色光。"这是"地出"之后的"地落"。[54]

在这个黑暗的十年里，和平运动与生态运动都背离了火箭技术，这一点并不令人惊讶。许多高举完整地球图像的抗议者并不真正了解图像的来源，或者认为它只是普通的卫星图像。生态学家大卫·沃斯特评论说，"一个病态、古老的有机星球的图像居然来自机械飞船上配备高度抛光镜头的机械相机"，这是一种讽刺。[55]当女性抗议者筹划于1987年母亲节当天在内华达核试验场采取直接行动时，她们穿着印有完整地球的T恤衫，衣服上印着"爱你的母亲"的口号。唐娜·哈拉维写道，这件T恤衫上的地球形象非常完美，显示出地球是"漂浮在羊水宇宙中的胎儿，是所有地球居民的母亲"。但是使用所谓的地球卫星图让人觉得"音调刺耳"，让人想起"太空竞赛，以及整个地球的军事化和商品化"。[56]生态女权主义者雅各布·戈布则更进一步。"作为机器制造的小型、外部、遥远、静态物体的代表，完整地球图像并不适合作为人类与地球之间整体相互关系的象征"。当人类准备进入太空时，"地球被抛弃了……地球是来自人类童年时代的破旧、过时的遗物，可以随着人类的进步而被丢到故纸堆里"。现在，完整地球成了"一个小而可理解、可管理的图标……一个贫乏的形象，象征并延续了一种贫乏的世界观"。这个单一的形象，掩盖了伤痕累累的环境和"生物世界的真正现实"。戈布呼吁"凭借真实且完整的地球形象，与我们的星球进行深度交流……让天空女神出现吧"。[57]

现在，完整地球的形象无处不在，出现在各种产品广告中，包括有机美容产品、工业化学品和技术硬件等。唐娜·哈拉维认为，"体现出中产阶级强调家庭意味的地球母亲的快照"已经变得"像一张充满爱的商业化的母亲节卡片一样令人振奋"。安·奥克利表达了一个普遍的观点，即广告业已经成功地将生态意识变成了一种商品："购买'自然'产品的呼吁恰恰是利用了这样的主题，即将地球看作一位无助的、受人爱戴的女性——一位需要通过公共利他主义行为拯救的世风日下的受害者。"[58]地球全须全尾地出现在杂志上和广告围

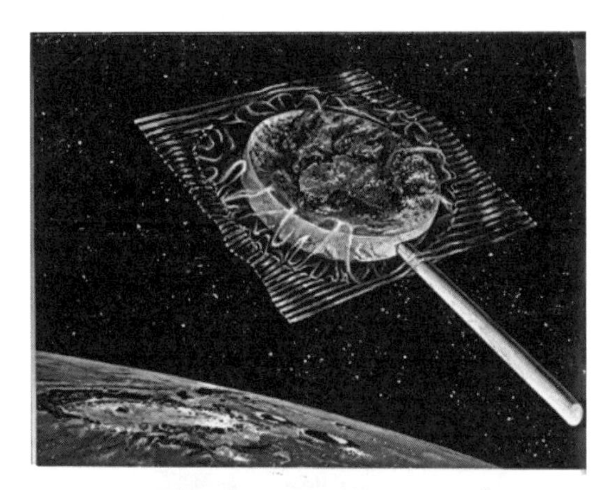

图7.6　不合时宜：为地球做广告，1973年

栏里，地球母亲似乎已经逃脱了核毁灭，但却遭受了比死亡更糟糕的命运。

地球号太空船的想法在1960年代作为一个技术隐喻开始，并作为一个生态隐喻结束，这主要归功于从太空拍摄的地球图像所带来的影响。完整地球运动乐于利用技术来提高人们的意识，即地球是行星，并注重欢呼和思考。在1980年代，女权主义者与和平运动者开始把它看作技术胁迫地球母亲的邪恶幌子。然而，与此同时，一个相当不同的观点正在悄悄地流行起来，体现在从太空看地球所激发的最伟大的洞察力：詹姆斯·洛夫洛克的盖亚假说。尽管盖亚假说与新时代思想有表面上的联系，但是盖亚假说不是源于反主流文化运动，而是源于冷战时期蓬勃发展的地球科学。

第八章

冷战与蓝色行星

在冷战期间，地球经历了一段艰难的时光。人们开始理解地球的大陆板块、洋流、大气层、磁场和范艾伦辐射带，但这种理解与监视、开发和控制有关。五角大楼在1961年宣布："陆军、海军、空军和海军陆战队的作战环境覆盖整个地球，从海洋深处延伸到遥远的星际空间。"天气控制、人为的环境灾难与热核战争都进入了超级大国的武器库。资本主义和共产主义国家对全球环境的掠夺急剧加速，其背景是所谓的"1950年代综合征"。

早期的原子科学家试图推广核战争的替代方案，设想用原子弹来融化极地的冰盖，从而开辟北极圈，以方便贸易和人类定居。淡定分析核灾难的科学家德华·泰勒提议用原子弹炸开一条新的巴拿马运河。[1]范艾伦辐射带保护了地球生命免受太阳辐射的伤害，当这个辐射带在1950年代末被发现时，科学家们开始在高层大气中爆炸兆吨级的氢弹，来研究爆炸的结果。《纽约时报》的科学记者沃尔特·沙利文乐于看到他所谓的"对未知事物的攻击"。他指出，地球物理学是这样一门科学，即"实验室是整个地球，实验由大自然实施"。他补充说："在这种情况下，地球周围的空间是实验室，但实验是由人类进行的。”实验的结果是，在地球周围形成了一条持久的放射带；对于那些彼时还是幼童的人，他们的牙齿和骨骼中仍然残留着原子弹试验的痕迹。对沙利文来说，这次试验是“一次智力上的胜利……一次几乎笼罩了整个地球的试验”。[2]

冷战时期，范围覆盖整个行星地球的军事研究计划开始让人类有了深刻的见解。迈克尔·亚伦·丹尼斯说：“在研究如何消灭敌人的任务中，地球科学给出了一幅关于地球及其复杂性的新画面。”[3]对于约瑟夫·马斯科来说，“冷战时期的核项目使人们有了新认识，即将地球视为一个不可分割的生物圈层……整个地球是不可分割的政治、技术和环境空间”。[4]虽然还没有看到完整地球，但它是可测量的、可思考的。有个问题值得一问：完整地球的整体情况是怎样的？

本章探讨了冷战培育的行星科学和完整地球思维所涉及的三个方面。第一，1957—1958年的国际地球物理年（IGY）。如果被命名为地球年可能更好。第二，1950年代和1960年代的地球科学革命。在这场革命中，大地测量学、板块构造学和气象学等学科对地球进行了测量和建模，随后卫星监测覆盖了整个地球。第三，控制论、系统论和生态学的兴起。这使得对所有类型的行星系统进行建模成为可能，促进了整个地球的生物和非生物模型的融合。然而，在此之前，我们需要暂时回到轨道上，考虑全球卫星监测的前提条件的源起：太空自由。

8.1 从冷战到开放天空

这个时代有很多悖论，军事竞争促进了太空自由就是其中之一。核武器的破坏力迅速升级，迈向末日：最大的热核H型炸弹比摧毁广岛和长崎的A型炸弹威力大一千倍，不是城市终结者，而是国家终结者。艾森豪威尔是“先得大位，后得智慧”的总统（任期为1953—1961年），他出身于行伍。珍珠港的旧事和对突袭的恐惧如噩梦般萦绕，艾森豪威尔引入了“新面貌”战略，将A型炸弹重新改造为作战武器。但他也知道，关于苏联战争计划的情报是理性战略（和负担得起的战略）的关键。U2间谍机是一个解决方案，该型飞机从1956年开始飞越苏联上空，但这些飞机的飞越行为是非法的，又有很大的风险；1960年，一架U2间谍机被击落，破坏了美苏这两个超级大国之间的关系。艾森豪威尔意识到，未来的出路在于卫星侦察。

令人奇怪的是NASA的载人航天计划未能把注意力转移到地球上，因为地球是航天计划最初的目标。卫星技术毕竟是一种让我们更好地了解地球的技术。当有人建议美国应该发射卫星，并将卫星发射列入国际地球物理年的活动内容时，艾森豪威尔让国家安全委员会秘密调研了卫星发射计划。该委员会报告说，“一颗小型科学卫星将检验‘太空自由’的原则”，提供“一个区分‘国家领空’和‘国际太空’的先例的机会，这种区分可能对我们日后部署大型情报卫星有利”。中情局警告说，无论哪个国家先发射第一颗卫星，都将获得“不可估量的威望和全世界的认可”。如果是苏联抢到第一，这将是“苏联优势的绝对证据”。美国的卫星发射必须“展现无可置疑的和平意图……以尽量降低苏联指责的影响力，卫星应该在国际友好和为了共同科学利益的氛围中发射”。[5]

艾森豪威尔总统支持卫星计划，并向苏联叫板，要求其同意“开放天空”政策，将空中相互监视作为和平的保证。苏联不同意，因为他们的军事信誉取决于虚张声势；他们仍然没有能力对美国进行原子弹轰炸。但他们悄悄地准备自己发射第一颗卫星，并将卫星发射作为苏联对国际地球物理年的贡献之一。1957年10月，当斯普特尼克1号卫星升空时，美国人的视角则完全掉转了。人们惊慌失措：如果苏联人可以把卫星送入轨道，他们也能把核弹送入轨道吗？一份报纸的标题概括了人们的恐惧：太空中的珍珠港。[6]

艾森豪威尔反对被卷入一场昂贵的太空军备竞赛。美国国防部长私下解释说，“苏联人……无意中为我们做了一件好事——形成了国际太空自由的概念”。艾森豪威尔没有抗议斯普特尼克1号对美国领空的侵犯，而是急忙将美国卫星送入轨道，进入苏联上空。1958年，美国国家航空航天局成立，作为民用机构，它承包了许多军事卫星项目的发射，但有自己独立的任务。1958年的《国家航空和航天法》指出：“美国的政策是，空间活动应用于和平目的，以造福全人类。”同时，联合国（成员国包括苏联）成立了和平利用外层空间委员会。该委员会宣布赞成太空自由，并决定“外层空间应只用于和平目的”。[7]

约翰·F.肯尼迪利用人们对苏联在核军备竞赛中建立起的危险的领先优势——臭名昭著的“导弹差距”——为民主党赢得了1960年的总统选举。他警告说:“如果苏联人控制了太空，他们就能控制地球。”他引用了沃纳·冯·布劳恩近年来一直挂在嘴边的一句话，这句话曾出现在电影《征服太空》中——“为了确保和平与自由，我们必须永争第一。”事实上，美国在导弹方面遥遥领先，美国公众（间接地）被苏联的宣传迷惑了。艾森豪威尔政府意识到，“苏联航天成就的最重要因素是它们为苏联的声明和主张的可信度赋能”，[8]但艾森豪威尔不能在不透露U-2间谍机秘密计划的情况下，展示他对苏联能力已经有所了解。相反，在离开权力中枢后，他警告继任者不要让“军事工业综合体”操控政策。

作为总统，肯尼迪也面临同样的问题。他不能在揭露“导弹差距”一直是个骗局的情况下，透露出美国正在赢得导弹竞赛。他也不想让人们注意到这样一个事实，即最新的核优势概念是建立在可怕的核灾难战略神学之上的。[9]美国不能承认自己正在赢得军备竞赛，但承认赢得太空竞赛是另一回事。肯尼迪在1961年5月宣布了经过深思熟虑而选择的终点线，即十年内实现美国人登月，而此前苏联已经将第一位宇航员送入了太空。这似乎将超级大国的竞争提升到一个新的水平。1962年2月，美国将约翰·格伦送入轨道，象征性地迎头赶上，这一事件在全国范围内引起了自1945年以来最热烈的欢欣鼓舞。赫鲁晓夫立即提出在太空探索方面进行合作，肯尼迪在第二天公开回应说:“我们相信，当人们离开行星地球时，他们应该把国家的不同抛在脑后。”如果这种合作能够实现，他向加利福尼亚大学的听众暗示，“冷战时期陈腐无用的教条可以完全丢到25万英里之外”。在被刺杀的几周前，肯尼迪向联合国提议美国和苏联联合开展登月任务，而登月宇航员将“不是一个国家的代表，而是所有国家的代表”。（最后，阿波罗11号乘组在月球上留下了星条旗和一块金属牌，写着“我们为全人类和平而来”。）[10]

创造太空自由的关键事件是1962年秋季的古巴导弹危机。苏联拟部署打击范围覆盖美国领土的核导弹，而美国逼退了苏联的企图，因此核战争一触即发。人们感觉到，世界似乎已经走到了“原子十字路口”。1945年第二次世界大战演变成了核武器战争，当时公众已经深刻意识到了这样一个十字路口。原子能科学家们警告说，人类正处于一个“原子十字路口”，不可避免地面临着选择核毁灭和技术进步的岔路。[11]因此，1961年，肯尼迪对得克萨斯州莱斯大学的学生们演讲时说，美国太空领导力的强弱将决定“这个新蓝海是和平的蓝海，还是可怕的战场”。一篇关于《空间法》的早期论文敦促说，“当代地球-空间社区的政治家”有能力为“一个做梦都想不到的富足和仁爱的最佳秩序铺平道路”，或者“由于他们的胆怯和错误，他们可以终结历史——正如人类所记录的那样”。[12]这一次，理想主义和权力政治牵扯到了一起。太空计划达到了宣传目的，正是因为它与人类的普遍价值相一致，而不仅仅服务于国家竞争。由于1950年代太空推广人的努力，太空旅行和天体未来主义理想已经与和平选择密不可分了。人们普遍认为太空旅行代表着人类进步的下一个阶段，是“命运的保证人”，或简称G.O.D.。[13]随之而来的一系列与太空相关的国际条约将这一愿景写入法律。冷战正酣之时，太空实现了和平。

古巴危机直接导致了第一个太空正式条约的诞生。1963年的《部分禁止核试验条约》禁止“在大气层及以外，包括外层空间，或在水下”进行任何形式的核爆炸。伴随着试验热潮最后一分钟的结束，大气层就基本上安静下来了。美国悄悄地结束了通过核动力推动火箭进入太空的猎户座计划。1962年，联合国大会通过了“外层空间原则宣言”，并于1963年决定禁止在包括月球在内的“外层空间和天体”使用大规模杀伤性武器。[14]核战争将在太空被禁止，从而在名义上实现了未来禁止核战争。至少在1980年代中期的“星球大战”计划之前，不会再有从地球之外发动核战争的噩梦。

太空旅行在1960年代中期似乎也平静了下来。NASA于1965—1966年实施的双子座计划也慢条斯理，不急不躁，该计划旨在为阿波罗计划进行轨道机动的预演。这一系列平稳进行的双人任务实施了非凡的太空对接机动和太空行走，并传回了令人惊叹的地球照片。

很显然，太空旅行已成为常规。因此，1967年1月，联合国发布了《外层空间条约》[1]，这是几年来各方谈判的产物。条约签署时，三名阿波罗宇航员在

---

1 《外层空间条约》全称为《关于各国探索和利用包括月球和其他天体的外层空间活动所应遵守原则的条约》。该条约是国际空间法的基础，号称“空间宪法”，规定了从事航天活动所应遵守的十项基本原则。

发射台训练时遭遇火灾丧生，这条新闻也打乱了签署仪式，淹没了媒体对该条约的报道。条约第一条是这样写的：

> 探索和利用外层空间，包括月球和其他天体，应为所有国家谋福利，而无论其经济或科学发展的程度如何。

不得通过提出主权要求，侵占外层空间，也不得放置大规模毁灭性武器；月球和其他天体将“完全用于和平目的”。外层空间将是一个自由、平等、无限的国际区域，以进行科学合作。宇航员被认为是“人类派往外太空的使者”。这与1961年的《南极条约》相呼应，该条约从法律上使南极洲中立，宗旨是“为了全人类的利益”进行科学探索。《外层空间条约》还借鉴了1962年《海洋法公约》的原则，该公约防止了各国侵占公海。这些都是国际地球物理年的成果。[15]经过短短十年的探索，太空在没有一个永久居民的情况下，拥有了一部宪法。

1967年的《外层空间条约》并非没有漏洞和局限性。虽然核武器不能“部署”在太空中，但它们可以穿越太空——所以洲际弹道导弹是被允许的，前提是它们没有实际上进入轨道。国际社会普遍认为“和平目的”包括监视、对自己的卫星进行防卫，甚至可能包括“非攻击性”的军事准备。但是，虽然太空没有完全非军事化，但包括月球在内的“天体”已经被非军事化了。尽管人们普遍认为以地球轨道为界，以上属于外层空间，以下属于国家主权下的“航空空间”，但“外层空间”并没有明确定义。[16]继1967年条约之后，又签署了1968年的《太空救援条约》，该条约规定所有国家有义务帮助任何遇险的宇航员，就像他们是公海上的水手一样。由于该条约于1968年12月1日生效，阿波罗8号宇航员成为第一批潜在的受益者。

阿波罗8号的地球照片所处的时代背景与1960年代初水星计划从远距离轨道拍摄地球风景照时截然不同。然而，一些评论的字里行间依然能看出核战争的阴影。在阿波罗8号发射前不久，《纽约时报》警告说，在太空中不会有“因地球上的民族主义和政治野心而产生的不良竞争……唯一理性的反应是合作，使太空成为团结和国际兄弟情谊的舞台”。该报认为，在这些“太空的哥伦布”远航之后，进入太空的不应该是征服者，而是挂着联合国旗帜的宇宙飞船，都载有不同国籍、语言、政治背景、宗教信仰和肤色的人。《波士顿环球报》警告说，“行星地球是如此渺小，而割裂种族、国家，以及人与人之间关系的差异又是多么微不足道，如果我们意识不到这些，那么阿波罗8号反射到地球上的光芒，将很快暗淡下去”。想到地出的照片，比尔·安德斯说:“它向政治领导人表明，华盛顿和莫斯科之间的不同也就那么点……从月球拍摄的地球图像都让人类，包括政治领导人、环境领袖和公民意识到，我们都挤在一个非常小的星球上，我们最好更好地善待地球和我们自己，否则我们就不能长久生存下去。”《基督教科学箴言报》建议把月球变成一个国际科学区，就像南极洲一样，“让人类的目光超越地球的古老竞争”。[17]

在这股国际兄弟情谊的浪潮中，鲜有人注意《外层空间条约》。一个精明的邮票商请美国航空航天局局长托马斯·佩恩在阿波罗8号邮票首日封上签名，邮票上印有《外层空间条约》和《太空救援条约》文本。阿波罗8号的乘组将这两个条约的微缩副本带到了月球，其中包括禁止太空核武器的条款，他们将其与地出照片一起赠送给了约翰逊总统。[18]这两个条约在阿波罗计划的前夕生效，这使得阿波罗宇航员成为第一批正式的“人类使者”。

8.2 地球年

1957—1958年的国际地球物理年是科学上的“地球年”。其主题是“世界对自己的研究”，被描述为“20世纪全球主义的决定性时刻”，这与太空时代的发端密切相关。它还与冷战时期的军事情报收集行动密切相关；IGY的图标显示了地球的白天和黑夜的区域，似乎反映了它所处的分裂世界。[19] IGY最初的策划版本是“国际极地年”。空间探索和极地探索的共同点比人们通常认识到的要多。南极是如此荒凉，以至于人们认为南极带来的生存挑战可以与太空等量齐观；沃纳·冯·布劳恩访问了南极一探究竟。无论是在两极还是在轨道上，人们都得穿着防护服，带好所有的补给，在遥远的异域中开展对恶劣环境的探索。两者都依赖于共享技术和国际合作。然而，北极和南极在20世纪经历了两种完全不同的历史。

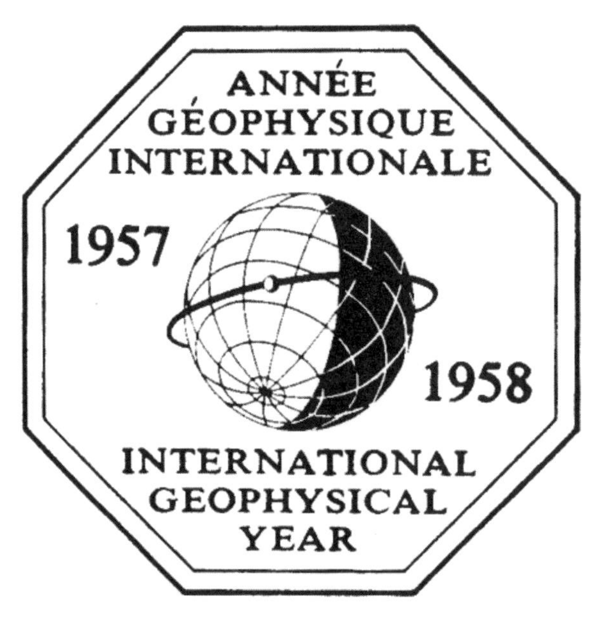

图8.1　国际地球物理年：地球年

西伯利亚北极地区是俄罗斯的边疆，是一个可以比肩美国西部的扩张区。对美国人来说，开放的边疆代表着自由、机会和富足，而对俄罗斯人来说，它意味着危险、诱惑和艰辛。两次世界大战之间的北极探险家获得的新闻报道关注程度足以媲美后来对宇航员的报道，因为苏联官方欢呼人类意志和技术可以战胜“残酷的北极”。[20] 在西方，1940年代的方位角地图的中心是极点，显示了北极是冰冻的地中海，也被敌对的陆地帝国所包围。北极也是两个超级大国之间最短的空中通道。1945年后，美苏两国的核导弹和防御系统在北极对峙，使该地区变得军事化。在这里，理查德·安德伍德演练了导弹跟踪和航空摄影技术，这些技术最终使从太空拍摄地球照片成为现实。尽管有关于融化北极的狂想，但北极仍然是冷战中最冷的战场。

虽然北极被战争笼罩，但南极却迎来了和平。1950年代中期的一系列国际会议和委员会都计划进行南极探险和南极基地建设，对上层大气和地球磁场进行测量，并在世界各地协调共时数据收集工作。1955—1957年的英国南极调查的成果是取得了深层冰芯样本，这些样本后来为气候的历史演化提供了关键证据。最后，1959—1961年的《南极条约》宣布南极是全球荒野。核爆被禁止，各国领土要求被暂停，以支持国际合作和科学研究，这成为1963—1968年《部分禁止核试验条约》和《外层空间条约》的典范。南极条约被誉为“冷战中第一次令人难忘的和解”，而《部分禁止核试验条约》（保罗·爱德华兹写道）“不仅是……第一个全球环境条约，而且是……第一个承认大气是循环的全球公域，人类活动会对大气造成全球性影响”。[21]这两个条约都是IGY推动极地研究的成果。[22]无独有偶，美国新闻署负责宣传美国在南极工作成果的官员正是西蒙·布尔金，他也曾为阿波罗8号宇航员提供过帮助。当他们返回地球，向国会发表演讲时，弗兰克·博尔曼希望“几年后，我们将建立一个（在月球）进行探索和研究的国际社区，就像我们在南极洲建立的社区一样”。同年晚些时候访问苏联时，他期待着苏美联合搭建空间站，模式“就像我们在南极的工作方式一样”。[23]

1957—1958年的国际地球物理年是一个为期十八个月的雄心勃勃的实验计划，这些实验只能在全球范围内开展：探索大气中的电磁辐射，地球偶尔经历的太阳风暴，到达地表的宇宙射线，大气的温度、压力和成分，大气和洋流的全球循环，地球吸收和辐射太阳热量的动态“能量平衡”，海床的地形和地震学，以及极地冰盖的范围和性质。现在全球范围内的核沉降现象研究是通过覆盖全球的监测站网络进行的，这反过来又使《部分禁止核试验条约》的落实成为可能。1957年在夏威夷建立的二氧化碳监测站设定了现代测量的基线；此后，大气中的二氧化碳浓度水平几乎增长了三分之一。IGY项目有一段有争议的冷战历史，这有悖于其理想主义的初心，甚至其包含白天和黑夜的全球图标似乎反映了它所处世界的分裂。[24]但是，IGY通过其庞大的规模让人们意识到地球是一套综合系统。[25]几个“世界日”期间，协调同步观测提供的数据被描述为“地球的快照”。[26]

IGY还没有获得可以和数据快照相匹配的完整地球照片。然而，美国国家科学院确实发行了一本制作精美的小册子，名为《行星地球：有一万个疑问的奥秘》，附有六张特别委托制作的彩色海报，代表不同的科学领域，每张海报都包含了一张地球的图片。所有这些图像都无一例外是示意图。[27]其中最自然的是由美国首席气象学家哈里·韦克斯勒委托绘制的全球云系统图（详见第三章）。然而，面向广大公众的图像通常都抛弃了云层。《生活》杂志就IGY

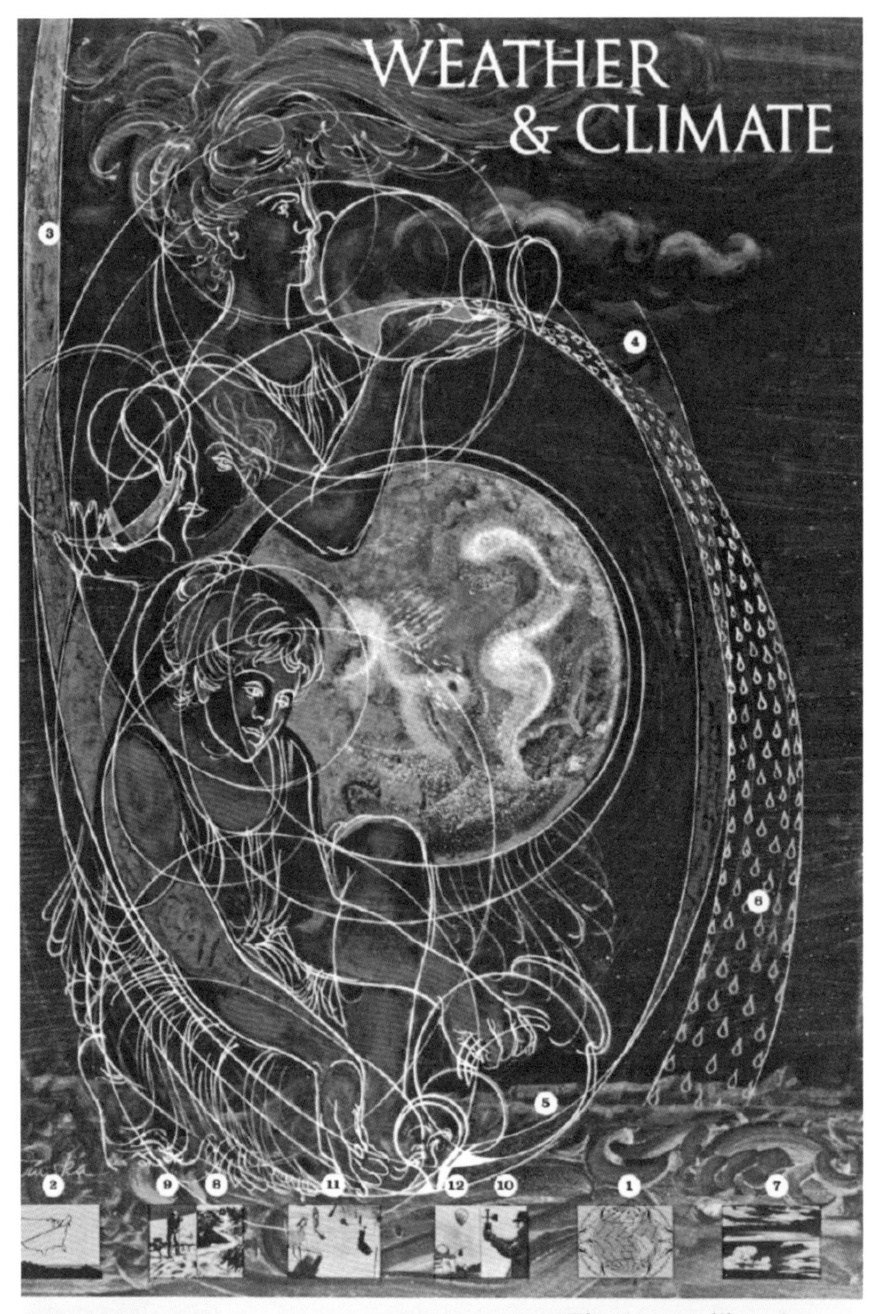

图8.2　国际地球物理年的宣传海报（1957）

图片来源：美国国家科学院

的发现出版了一期题为“我们星球的新肖像”的杂志，其封面就是一张无云的地球图像。[28]气象局要的是云层景观，《生活》要的是风景，但还没有人去尝试想象完整地球的样子。如果早在十年前就有了阿波罗拍摄的完整地球照片，IGY对地球的勘察会产生多大的影响呢？

8.3　关于整个地球的科学

在1950年代和1960年代，地球物理科学家正在将他们的观测范围和模型范围扩展到全球，并且在军事计划的支持下，将大规模的观测和测量汇聚，以形成对地球系统的行星层面的理解。本节将考察如下三个领域：大地测量学、板块构造学，以及气象学和气候，并介绍全球环境监测的发展。

在1960年代，一个鲜为人知的学科提供了一幅前所未有的地球图像：大地测量学。大地测量致力于对地球形状的精确测量，或大地水准面的测量。根据该领域历史学家约翰·克劳德的说法，这是一项行星地球事业，产出了“冷战时期最重要的智力成果之一”。[29]随着远程弹道导弹的出现，大地测量学已成为紧迫的实际问题。战后从德国缴获的一批地图显示，从不同参考点绘制的国家地图之间存在数百米的差异——这足以对远程导弹的瞄准产生决定性的影响，而V-2火箭为此付出了代价。问题在于，地球的形状既不是球形，甚至也不像制图师所设想的那样规则，其原因有二：一是地球自转造成的扁平形状，二是陆地的不规则分布。准确的形状很难测量，因为传统的方法依赖于重力，而重力随地球的半径而变化。然而，重力和半径之间的关系不是恒定的，而是根据测量点的陆地质量和密度而变化。仅通过拍摄恒星与月球和地球的位置关系的高度精确的照片就可以测量地球的形状，这种巧妙尝试还没有完全成功。[30]卫星的出现使得不依赖重力测量大地水准面成为可能。

大地水准面的图像仍然没有问世，原因有二：一是图像是由各种非视觉数据构成的，二是图像是通过美国国防部的卫星监视计划获得的，这些计划直到冷战结束前仍然是军事秘密。1960年至1972年期间，CORONA卫星网络对地球进行了高空拍摄，相机被装在返回舱中返回地球，在半空中被装有绳网的货运飞机捕获。这些照片与德国和苏联的大地测量图进行了融合，并与国防部世界大地测量系统的其他卫星观测数据进行了关联。（国防部另一颗名为DODGE的卫星拍摄了第一张完整地球的彩色照片，如第五章所述。）大地水准面的精确重建在另一个方面对整个地球意义重大；克劳德写道，它涉及“天文学、大地测量学、地理学、地质学、制图学、摄影测量学和地球物理学等原本不相干学科的大规模重新聚合”。因此，这种秘密开发地球无形图像的过程与其他地方发生的地球科学的融合相类似。[31] 大地测量对于载人航天计划也很重要，因为（正如克劳德所说）“要到达月球，首先需要辨识地球”。地球科学在这个问题上的融合是“冷战时期令人惊讶的、秘密进行的、反直觉的科学成就之一”。[32]

对地质学家来说，随着地质学、地震学、海洋学、火山学的综合运用，地球变得有活力起来，加上地球磁场的研究，板块构造学在1960年代开始形成。自莱尔以来，正统观点一直认为地质过程是极其缓慢的。大陆基本上是静止的，漫长岁月里的逐步地质改造是通过缓慢的过程实现的，如地壳隆起、沉积和侵蚀，而地震和火山活动也起到非常有限的作用。莱尔的观点反过来又框定了达尔文的进化模型，认为进化是小变化的稳定积累。而值得注意的是，达尔文在亲身经历了地震之后，发现自己“有感于地球的地壳永不停息的变化”。[33] 在19世纪末，瑞士地质学家爱德华·苏斯深刻认识到了地壳隆起的证据，对静态的地球正统观念提出了挑战，但没有撼动这种正统观念。20世纪初，德国气象学家阿尔弗雷德·魏格纳提出了大陆漂移学说，但由于没有找到合理的机理，甚至没有一套一以贯之的测量方法，因此他的学说被广泛否认。[34]

二战后，美国海军成为海洋学的主要赞助者，负责运送科学家到世界各大洋开发新的测量技术。深海地形图绘制了大陆架的边界，这些边界显示的大陆之间契合度比可见的海岸线要高得多。对洋底的勘察揭示了一个由洋脊和裂缝组成的“全球环绕”系统，在IGY期间进一步探索的时机已经成熟。由于需要了解它们如何改变声呐信号，对温线的勘察发现了具有地质意义的高热流的证据：在大洋中脊，新的岩石以岩浆的形式出现。[35] 同时，旨在检测地下核试验，并将其与地震区分开来的世界地震学项目提供了一种地球X射线。研究表明，地震集中在大陆板块缓慢移动或相互碰撞的边界上。[36] 对海底磁力的研究构成了最后一块拼图，这项研究是出于军事上精确磁力导航的需要。研究揭示了新出现的岩浆在凝固时，表面会出现条形码式的磁条图案，这是地球磁极连续反转的证据。这校准了随着时间的推移而不断扩张的海底，并使匹配和绘制移动板块的边界成为可能。通过1962—1966年的一系列国际会议和引人注目的发现，形成了统一的板块构造学说。用一位与会者的话说，这相当于“地球科学的革命”。[37] 在与此相关的一次事件中，美国海军对深海监听站的调查带来了新的发现，即发现了深海喷口和基于化能合成而不是光合作用的新的生命形式；海底地质学正在与生命科学产生联系。[38]

对地球地质的动态看法与视觉思维有关。爱德华·苏斯在1885年出版的《地球的面孔》一书中想象了太空访客看到的地球的样子，“推开遮蔽我们大气层的红褐色云带，凝视地球表面一整天，而下面的地球在旋转”。[39] 理查德·福尔泰评论说，随着海底地震测绘的进行，“有可能第一次看到完整的地球”。1967年10月，第一张完整地球的彩色卫星照片出现，《国家地理》杂志开始出版一系列制作精良的彩色洋底地图，以显示裂缝和山脉、大陆架和大洋中脊。这种地图在中小学校和大学中被广泛使用，传达了一种将地球作为单一地质实体的感觉。[40] 在1970年代初，当细胞生物学家刘易斯·托马斯写下他对第一张完整地球照片的反应时，他一定想到了板块构造学：“如果你一直在寻找一段超长地质时间，你可能看到大陆本身在运动，在各自的地壳板块上漂移，地火将板块托举起来。它呈现出活生生的生物的样子，井井有条，自给自足，充满信息量，在利用太阳方面有令人惊叹的技巧。”[41]

大气研究甚至比大陆板块和海洋研究更需要建立起全球模型。1940年代末，美国气象局局长哈里·韦克斯勒与洛厄尔天文台签订了一份合同，以研究火星和金星大气的总体循环情况，但天文学家却无法看得很清楚。[42] 沃尔特·沙利文写道，1957—1958年的国际地球物理年使人们意识到，地球被单一的“空气海洋所包围”，“一个巨大的、流动的水库，覆盖了全球三分之二的地区，在其深而缓慢的洋流中，蕴藏着潜在的气候变化的种子，可能摧毁现有文明，并使新文明成为可能”。现在看来，这个评论是预言性的，但在当时，对大气层研究的主要驱动力来自气象学和对更准确的天气预报的渴望。气象学家花了一些时间才认识到，卫星不仅仅是观察现有天气系统的更好方法，尽管从外部看地球大气层的卫星视角确实带来了新的分类和见解。[43]

联合国于1947年开始酝酿世界气象组织，并于1951年正式成立。自成立起，该组织旨在将地球大气作为单一物理系统进行研究。计算方面的进展促成了1950年代中期第一个大气环流模型的诞生，1960年以来TIROS系列卫星的可视化监测和1964年Nimbus（一种卫星型号）的第一批卫星电视天气图片使模型得到了完善。从1967年开始，世界气象组织联合其他机构，进行了一系列大规模的实验，即全球大气研究计划（GARP）。然而，全球大气研究计划的结果表明，地球仍然处于不透明状态，这一点让人感到奇怪。起初，人们希望从轨道上看到的天气系统可以带来更长时间的预报，但即使在1970年代建立了由七颗卫星组成的全球网络，也无法提高已实现的五天预报范围。这促进

图8.3　美国国家航空航天局的地球科普读物，1973年

图片来源：美国国家航空航天局

了复杂系统数学的发展，而复杂系统数学的发展催生了混沌理论。这里的关键见解是，虽然大气层一个部分的小变化可能会引起另一部分的大变化，但其变化路径并不一致：理论上可以模拟的东西在实践中无法预测。正如保罗·爱德华兹所解释的："将天气和气候视为全球现象有助于我们将地球理解为单一物理系统。"虽然气象学家的工作涉及一些最早的真实全球数据集，但他们的目光总是聚焦细节：他们起初无法透过云层看到地球。[44]然而，随着时间的推移，这促进了对整个地球气候长期动态的思考。

在1960年代中期，NASA开始强调地球观测的科学效益，从而为其庞大的预算辩护，以应对国会越来越大的压力，更不要说来自其他学科的压力，这些学科的发展资源已经让位给了太空计划。早在1965年，NASA就出版了一本面向大众的科普书《太空探索：原因和路径》，这本书把第一批双子座载人航天任务中拍摄的令人惊叹的轨道照片放在了最重要的位置。在这个阶段，NASA仍然认为地球资源卫星需要由宇航员操作；直到1966年，NASA才接受了卫星可以是无人自动轨道实验室的事实。[45]有了双子座任务拍摄的照片，以及气象卫星的成功，NASA开启了地球资源观测卫星计划。当阿波罗8号携带拍摄的完整地球的照片返回地球时，该计划得到了进一步推动。美国国家海洋科学委员会选择了这个时机，再次提出了一个先前的建议，即组建"水上NASA"来研究海洋。这一次，获得了空间科学委员会主席、参议员约瑟夫·卡思的支持，NASA决定将业务扩展到后来的陆地卫星计划。[46]

陆地卫星计划赢得了著名的海洋学家和海底探险家雅克·库斯托的青睐，他长期以来一直批评将资源用于太空事业。1975年圣诞节，他邀请美国国家航空航天局的副局长乔治·洛与他一起在加勒比海地区潜水一周。洛欣然接受了。库斯托坦言，他一直认为太空旅行和深海潜水有很多共同之处。（另一位积极的支持者是太空倡导者阿瑟·克拉克，他喜欢失重的感觉。）这次会面的结果是陆地卫星被用于在全球范围内观察和测量洋流和海洋深度。[47]1972年至1984年间，NASA发射了五颗卫星，用于资源管理、水文学、农业、地质学和地理学，这使NASA与大量的更关注地球的企业、机构、高校和政府建立了合作伙伴关系。

最后一颗Nimbus气候观测卫星（运行周期为1978—1984年）被改造为大气污染探测卫星，产生了第一批用于绘制全球生物圈地图的数据。1980年，NASA汇集了Nimbus-7卫星收集的关于海洋浮游植物分布的长周期可视化数据和美国国家海洋和大气局的NOAA-7卫星对陆地表面植被的长周期观测数据，并生成了所谓的“全球生物圈的第一幅综合图像”。[48]同时，世界气象组织在1979年召开了第一次全球气候会议，启动了世界气候计划，这又促成了联合国在1988年成立了政府间气候变化专门委员会，并使得随后开展的大量科学和政治活动成为可能。[49]由此可见，最初为研究气象而开发的理想化的地球模型促进了对行星气候和整个地球环境的跨学科理解。这个扩展的活动领域将定义NASA在1990年代的主题：飞往地球的卫星任务。

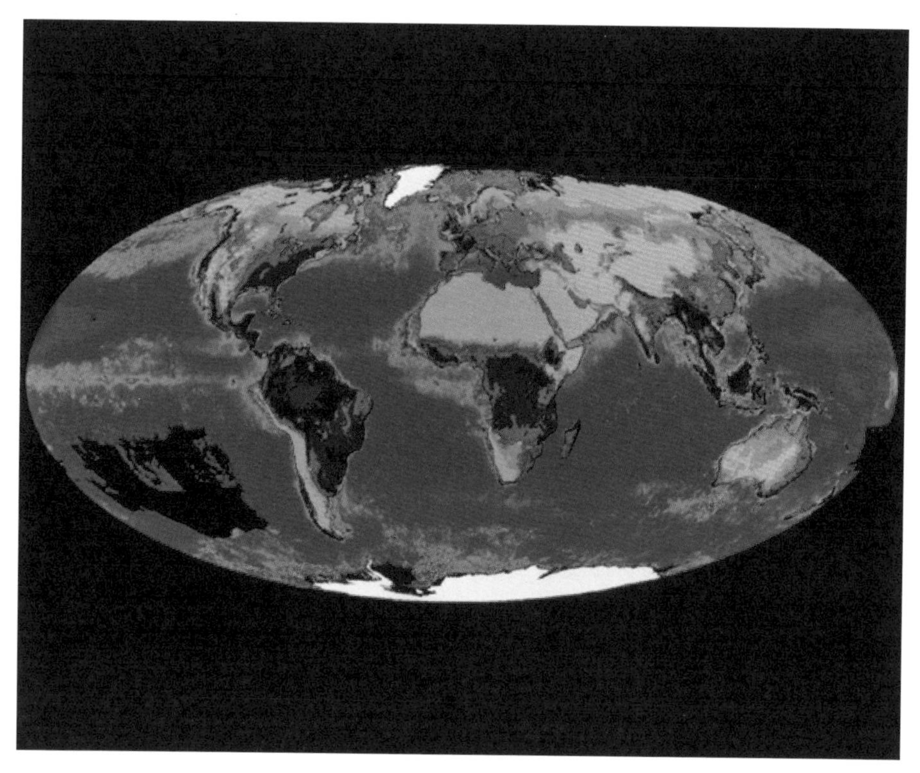

图8.4　由Nimbus-7卫星绘制的全球生物圈，1980年

图片来源：美国国家航空航天局

8.4 系统和生态系统

从月球拍摄的地出照片登上了尤金·奥德姆于1971年出版的基础性教科书《生态学基础》的封面。照片标题将其描述为一张“生物圈层面”的地球照片。奥德姆是现代生态系统生态学的奠基人，他喜欢把地球比作一个太空舱，里面的居民是一个封闭生态系统的一部分，他们相互依赖，也依赖环境，以持续生存下去。1970年第一个地球日活动期间，发生了阿波罗13号事故，三名宇航员俯视渐行渐远的家园地球的同时，也在努力求得生存，这让奥德姆想到了这种类似的关系。当宇航员们急切地努力理解太空舱究竟出了什么问题，以拯救飞船于水火时，奥德姆想，地球号太空船上的情况并没有什么不同：“为我们提供空气、水、食物和电力的全球生命支持系统正承受污染、糟糕的管理和人口的压力。”他在书房的墙上贴了一张阿波罗8号拍摄的地出的海报。[50]在序言中，奥德姆认为“整体方法和生态系统理论……现在是全世界关注的问题”，这是一个事关科学和生存的问题。[51]他指的是系统论和生态系统生态学，这两个科学领域以不同的方式处理生物系统和非生物系统的互动。这两个领域都形成于1940年代中期，并且都源于战争和冷战初期的军事问题，只是形成的方式不同。

系统论的奠基之作是诺伯特·威纳的《控制论，或动物和机器的控制与通讯》(1948)。正如其书名所示，威纳跨越了不同的学科，通过对防空火力、心脏生理学和计算机等明显不同问题的研究，发展了他的学科原则，最终形成了与控制相关的一般性科学。威纳的关键概念是“反馈”，即一个变量的运动引发其他变量，甚至其他关联系统的补偿行为的手段。威纳的理论适用于任何类型的系统，如机械系统、生物系统或社会系统。这本书的护封上写着“对心理学家、生理学家、电气工程师、无线电工程师、社会学家、哲学家、数学家、人类学家、精神病学家和物理学家都具有重要意义的研究”，事实证明也是如此。[52]该书是1946年至1951年期间在纽约举行的关于该主题的十个系列会议最重要的产出，吸引了许多自然科学和社会科学的主要思想家的参与，他们渴望参与被公认为“思想史上的重大转变或变革之一”的活动。这些参与者包括兰德公司的合伙人，他们在系统论中寻求“完整的战争科学”，例如约翰·冯·诺伊曼，他正忙着将博弈论转变为末日决战的数学。人类学家格雷戈里·贝特森也是参与者，他正在寻求整合社会科学，形成社会科学里的曼哈顿计划，以发现冲突的深层原因，从而避免核战争。[53]信号的处理和传输是控制论关注的问题，也是冷战时期监控网络发展的基础。

在1960年代末和1970年代初，通过世界模型（或世界动力学）的发展，对系统科学的关注首次被提升到全球层面。第七章中提到了一些例子：巴克明斯特·富勒的“世界游戏”，肯尼斯·博尔丁的“地球号太空船”经济模型，以及1972年的《增长的极限》报告。该报告的主要作者是麻省理工学院的系统科学专家杰伊·福里斯特。他回忆说，报告发端于一次谈话，在搭乘飞机从瑞士的国际经济会议返回时，他对一位同事说：“我们还没有解决最难解决的问题。”“那是什么？”“世界。”福里斯特勾画了一张地球上力量的示意图，其中还标有反馈回路，而反馈回路每次都给出相同的结果：人口过快增长，人口和生活水平断崖式下降，以及缓慢地恢复。[54]最终形成的示意图试图用一百多个气泡和几乎同样多的箭头来模拟“整个世界系统”。按照后来的标准，这些技巧现在看起来很简单，环境只是经济活动的一个资源制约因素。然而，这些项目把世界模型介绍给了广大公众，展示了科学技术与政治、社会、经济和环境的互动。它们与地球科学中类似的思维模式的发展并行不悖，而且从太空拍摄的地球图像也表明，地球确实既完整又有限，这是任何模型都无法做到的。

对生态学家来说，系统论也是一种资源，因为生态学科已经陷入困境。生态学在1920年代、1930年代和1940年代发展起来，由芝加哥动物生态学派领导，该学派主张共存和合作在进化中的作用。对生态学家来说，只有在群体或（使用1935年创造的一个术语）“生态系统”层面上，自然界才是完全可以理解的。这种自然和谐的看法具有强大的吸引力，并与人类社会的有机模式相似。然而，这种“有机主义”思想已经因为与纳粹主义的意识形态的联系和与生机说的科学联系而沾染了污点——它认为自然过程是由无形的内在力量驱动的。系统论承诺用一种新的整体方法来理解世界，不是基于无形的力量，而是基于无数个体的可测量的相互作用。它为生态学指出了一条前进道路，这条道路与1940年代形成的基于进化的“现代综合”相一致（尽管后来理查德·道金斯将对这一切重新发起挑战）。[55]

生态学家G.伊夫林·哈钦森是早期的控制论推崇者之一，他在1946年发表的论文《生态学中的循环因果系统》指出，生物群凭借反馈回路来维持它们的状态（例如，随着时间的推移，种群倾向于在其环境中保持一种可行的平衡），我们可以认为这是自我调节系统。在西方世界，他是俄罗斯人弗拉基米尔·弗纳德斯基的研究工作的支持者，弗纳德斯基在1926年出版了《生物圈》一书。哈钦森也是弗纳德斯基的“生物地球化学”综合学科的早期实践者。哈钦森是最早提出大气中的碳平衡可能受到生物调节的学者之一，这个建议后来在詹姆斯·洛夫洛克的盖亚假说中得到了充分的体现。[56] 尤金的弟弟霍华德·奥德姆是哈钦森的学生，他在1950年写成的一篇博士论文中较早地采用了控制论，该论文认为“能量流”使海洋的化学平衡在数百万年中保持不变。霍华德·奥德姆开发了一种独特的技术路线研究生态学，他后来写到了“生态工程”，这吸引了环境学家以外的政策分析家，甚至是经济学家。[57]

在1950年代，尤金和霍华德·奥德姆建立了系统生态学学科。这一学科最初被称为“辐射生态学”，像其他地球科学领域一样，它依靠军事和原子能计划取得可以理解全球生态的研究成果。尤金·奥德姆获得了原子能委员会的资助，在核基地进行生态研究，起初是在乔治亚州的萨凡纳河核工厂，随后在位于太平洋艾尼威托克环礁的氢弹试验基地，和位于内华达州的核试验基地。他与霍华德·奥德姆合作，通过食物链和环境追踪辐射浓度，并成立了辐射生态学研究所。在艾尼威托克，他们成功地证明，珊瑚礁的稳定得益于珊瑚和藻类的相互关系。在1955年的和平利用原子能国际会议上，奥德姆警告应谨慎实施所有类型的核计划，直到搞清楚辐射对生态系统的全部影响。他们还率先研究了生态系统中的能量流动，证明了艾尼威托克的珊瑚生态系统不仅能够自我维持，而且实际上产生了能量。[58]

1969年8月15日《时代》杂志宣布了“生态年”，1970年1月26日《新闻周刊》宣布了“生态时代”，这两期杂志的封面上是尤金·奥德姆和他的名言“大自然都是相互联系的”。他于1953年出版的教科书《生态学基础》，以及1959年出版的第二版和1971年出版的第三版（该版本封面配有地出照片），让几代生态学家和环境学家认识到自然界是一个相互联系的系统网络，并让他们准备好用类似的术语解释完整地球图片带来的视觉启示。[59] 1970年9月，《科

图8.5 “悬挂在太空中，显然充满生机”：阿波罗8号遥望地球

图片来源：美国国家航空航天局

学美国人》出了一期《生物圈》特刊，以彰显这种新思维。这期特刊以“地球的照片显示了蓝绿色”的观察开篇。G.伊夫林·哈钦森的一篇综述性文章指出维尔纳茨基是生物圈概念之父，并从这个角度介绍了地球上的生命简史。后来的文章解释了在全球范围内运行的各种循环：地球和生物圈的能量循环；水、碳、氧、氮和矿物循环，以及人类的食物、能源和金属制造循环，每个循环都被认定为“生物圈的循环”。每一章中的类似示意图表明，所有这些循环都可以从系统的角度来理解。生物圈宏观示意图显示了物理、生物和人类循环的相互作用。这表明在第一个地球日的那一年，甚至在阿波罗17号蓝色弹珠出现之前，对地球的整体思考已经达到了何种程度。[60]

1960年代，受到格雷戈里·贝特森的启发，一些生物学哲学家建议把生物体理解为系统，而不是物理实体，其根本核心特征是自组织，这反过来又成为高阶生态系统的元素。[61]因此，细胞生物学家雷内·杜博斯写道：“地球和人类就是一个系统的两个互补的组成部分，这可以被称为控制论，因为每个部分都在持续创造中塑造另一个部分。”[62]1968年至1972年出版的《全球概览》的迭代版本都印有阿波罗8号的地出照片，最后一张图注是：“一个系统的能量流起到组织该系统的作用。”[63]当刘易斯·托马斯反思从太空拍摄的地球照片时，他也采用了系统的语言：

在我的一生中，我在照片中看到的最美的东西，是从遥远的月球拍摄的地球，它悬挂在太空中，显然充满生机。虽然乍一看，地球似乎是由无数独立的生物物种组成的，但仔细一看，它的每一个有机组成部分，包括我们，都与其他有机组成部分相互依存。可以这样说，它是我们所知的、唯一真正闭环的生态系统。换句话说，它是一个有机体。[64]

所有这些观察都来自生物学家。然而，物理学家詹姆斯·洛夫洛克将这些真知灼见汇集到了著名的盖亚假说中，这是下一章的主题。

第九章

盖　　亚

“从遥远的月球观察，地球的惊人之处就在于它是充满生机的”，生物学家刘易斯·托马斯在1970年代初写道。詹姆斯·洛夫洛克把雷内·杜博斯的话写进了一本书的序言，这本书是洛夫洛克有影响力的盖亚假说系列专著之一。他在1979年引介其中第一本专著《盖亚：地球生命的新视角》时写道：“太空研究的突出附带成果不是新技术。”“真正的好处是，我们第一次有机会从太空中观察地球，从外面看到我们这颗蔚蓝星球的全球美景所带来的信息，产生了一系列全新的问题和答案。”洛夫洛克认为，这一启示让人类重新回到古老的地球母亲的概念中：“古代的信仰和现代的知识在情感上融合在一起，宇航员们用自己的眼睛，而我们通过照片间接看到了地球在深邃黑暗的太空中所展现的耀眼的美。”[1]

盖亚假说被称为“生态时代最广泛讨论的科学隐喻”。按照最初的表述，它提出“地球上的生物、空气、海洋和陆地表面形成了一个复杂的系统，这个系统可以被视为单一有机体，使我们的星球有能力承载生命，成为一个适合生命诞生的地方”。更简单地说，“地球……由于生命本身的存在，而主动适应，变得舒适”。[2]甚至更简单地说，地球是有生命的。尽管最初受到科学界部分学者的抵制，但盖亚的概念一直在进步，从假说发展到科学理论，并成为科学界整体思维的典范。“本世纪还有什么比从太空拍摄的地球图像更鼓舞人心呢?”洛夫洛克回顾说，“我们第一次看到了我们生活的星球就像一颗宝石。从阿波罗8号上看到整个地球的宇航员们成了我们的偶像。”——像所有的宗教象征一样有强大的力量。[3]

9.1 脉动地球

“我们对生物的认识，包括动物和植物，是即时和自动的。”詹姆斯·洛夫洛克说。1969年，微生物学家杜博斯看到了阿波罗8号拍摄的地球照片，意识到“地球是一个活生生的有机体”。他认为，地球的自然系统能够自我修复，而且地球具有适应性和韧性。人类是地球的一部分，而不是独立于地球：“地球和人类就是一个系统的两个互补的组成部分，这可以被称为控制论，因为每个部分都在持续创造中塑造另一个部分。”杜博斯继续发展他所谓的“地球神学”，认为“真正的生态世界观具有宗教色彩”。洛夫洛克欣赏杜博斯的思维方式，特别是他所称的如下概念，即“人类是地球上各种生命的管家，与地球共生，就像全世界的总园丁”。[4]

关于脉动地球的科学理念的历史可以追溯到19世纪初。首次提出这一理念的是亚历山大·洪堡（1769—1859），这位普鲁士博学家和探险家甚至在世时就被称为“大洪水以来最伟大的人”。在达尔文之前数十年，洪堡就曾到美洲和其他地区旅行，记录、测量、绘图、收集和分析地球上的一切：岩石、河流、山脉、大气、植物、动物和居民。他显然不知疲倦，韧性十足，他积累了几代人才能完成的观察结果，并在几十年里把这些结果写成了多卷本的《宇宙》。洪堡将其他人进行剖析和辨别的地方联系起来，并放到环境中去考察。像达尔文一样，他可以在一个生物体中发现所有生命的演进，或者在他的脑海中看到山脉和森林在漫长岁月中的成长。他把地球描述为“一个被内在力量激活和驱动的自然整体”。他感觉到，自然界是“被一口气激活的，从南极到北极，一种生命被注入岩石、植物、动物，甚至注入人类膨胀的胸膛”。他的传记作者安德里亚·伍尔夫写道，在《宇宙》中，“洪堡带领他的读者进行了一次从外太空到地球，从地球表面到其内部核心的旅行”。他感叹人类活动对环境和自然界的自我修复能力造成了不可逆转的损害，他担心（像一个世纪后的刘易斯一样）人类有可能将其恶习和暴力输出到其他星球上。然而，他的最终愿景是实现一个“有机生命的美妙网络”。劳拉·达索·威尔德评论说：“在他的脑海中，洪堡看到的地球就像萨根这一代人所学到的那样：一颗孤独的蓝色星球悬浮在上面，是太空黑色深渊中的一个令人惊奇的存在。”他考虑将他的作品命名为“盖亚”，而不是“宇宙”。[5]

洪堡为19世纪初的有机自然界的浪漫思想注入了巨大的科学可信度，并通过对后来的自然学家和进化论者的影响，将有机自然界的思想推进到了20世纪。本来并不浪漫的达尔文被他的建议所吸引，即物种是可变异的，物种的变化可以通过化石追踪。19世纪后期，所有北美自然主义大咖作家都喜欢阅读他的书，并钦佩他。亨利·大卫·梭罗在他自己的瓦尔登湖中看到了大自然的缩影，他写道，地球是“活的诗歌……不是一颗化石地球，而是一个活的标本”。自然保护主义先锋乔治·帕金斯·马什注意到了洪堡的观察，即“大群人的过度活动逐渐破坏了地球的面貌”。在《人与自然》（1864）中，他将此与文明的兴衰联系起来。他写道，“地球家园正在迅速变成一个不适合最高尚的居民居住的地方”，他甚至担心“（人类）物种的灭绝”。德国进化论者恩斯特·海克尔受到洪堡的启发，创造了Oecologie一词，即生态学，他称之为“研究有机体与环境关系的科学”。在拜访达尔文之后，他理解自然是“一个统一的整体，一个完全相互联系的‘生命王国’”。洪堡的工作也对北美环境保护主义者约翰·缪尔产生了根本性影响，缪尔成功地在优胜美地建立了国家公园，并成立了美国最大的基层环保组织西拉俱乐部。[6]

在20世纪，康奈尔大学的生物学家利伯蒂·海德·贝利写道：“地球是神圣的……我们在这里，是创世的一部分。”他甚至写到了地球“母舰”，尽管他指的是母性而不是宇宙飞船。[7]唐纳德·沃斯特发现了一个历史悠久的传统，即“将地球视为单一的有机体”，并指出：“地球生病了，而且这种病是我们造成的，这是第二次世界大战后传播的一种观念。”[8]1950年代，古生物学家和哲学家洛伦·艾斯利思考了世界上渐进式的自然过程：“像动物的身体一样，世界……的一部分被破坏，但在另一个部分被更新。”

在1920年代相对开放的俄罗斯，生物学家弗拉基米尔・维尔纳茨基提出了生物圈的概念。维尔纳茨基是一位视觉想象丰富的思考者，在《生物圈》一书的开篇，他写下这样一段话：“从其他天体观察地球的正面，地球呈现出一种独特的外观，与所有其他天体不同。将地球与宇宙介质分开的正是地球表面的生物圈。”他将生物圈定义为“连接行星地球与宇宙环境的生命圈层”，并写道：“在行星地球，生物圈发挥着非凡的作用……地球的结构是各部分的和谐统一，这些部分必须作为不可分割的机制来研究。”詹姆斯・洛夫洛克那时还不了解维尔纳茨基的工作；《生物圈》完整的英译本直到1998年才出版，当时维尔纳茨基被誉为“历史上第一个认识到地球自给自足这一事实真正含义的人”。生物圈这个词可以追溯到更久之前，奥地利地质学家爱德华・苏斯在19世纪末就已经使用。他想象一位来自外太空的观察者“推开遮蔽我们大气层的红褐色云带，凝视地球表面一整天，而下面的地球在旋转”。以这些话开篇的书被命名为“地球的面孔”。[9]

詹姆斯・洛夫洛克似乎也是一个视觉想象丰富的思考者。他回忆起盖亚假说的起源时写道：“当我第一次在脑海中与盖亚相见时，我的感觉就像一个宇航员站在月球上，凝视着我们的家园地球一样。”[10]在那个时候，仍然没有人看到过完整地球，但太空计划以另一种方式激活了盖亚假说：通过寻找地外生命。1964年底或1965年初，洛夫洛克供职于NASA，他应邀为位于帕萨迪纳的喷气推进实验室的一个团队提供咨询，该团队正在为搭载在火星着陆器上的生命探测实验做相关研究。[11]生物学家们讨论如何直接探测火星土壤中类地生命形式，在听了他们几个小时的讨论之后，洛夫洛克把问题倒转。他认为，NASA与其寻找特定类型的生命，不如通过“一般实验……寻找熵减”以寻找火星大气中生命的共性特征效应。他的言论“似乎惹恼了在场的许多人”，于是他们向管理层抱怨。他被要求在几天内想出一个实验来验证他的想法，他转向了欧文・施勒丁格1944年出版的《生命是什么？》一书，该书从物理科学家的角度讨论了这个问题，利用了熵减的概念。洛夫洛克推断，孕育生命的星球的大气会表现出“生物过程无法解释的效果”，例如氧气或其他可燃气体的大量存在，处于不平衡状态的复杂结构，或其他

图9.1　稳定，但没有生机：水手10号拍摄的金星（1974）

图片来源：美国国家航空航天局

反常的有序特征——也许甚至是有规律的声音。[12]NASA很感兴趣，并在1965年3月任命他为生命探测计划的代理首席科学家，但不到六个月，旅行者号火星登陆器计划被取消了，这一定程度上是由于愤怒的生物学家们的游说。

水手号航天器拍摄的图像显示火星“全是岩石或沙漠”。1965年9月，洛夫洛克再次访问了喷气推进实验室。当来自地面射电望远镜的火星大气和金星大气的红外光谱分析结果出来时，他也在场，结果显示两者都是以二氧化碳为主。“我立刻明白火星上没有生命，”洛夫洛克回忆说，“这是一种平衡的大气层。”对这两颗行星的医学诊断是：稳定，但没有生机。他立即转换了观点，并反问了自己一个问题，即地球的复杂大气层如何能保持稳定。“我突然想到，就像灵光一现，要坚持和保持稳定，一定有什么东西在调节大气，从而使其成分始终恒定。此外，如果大部分气体来自活的有机体，那么地表的生命一定起到了调节作用。”之后，卡尔·萨根告诉他，在地球生命的早期，太阳的亮度比现在要低百分之三十左右。洛夫洛克知道，地球的温度没有相应的长期上升，而火星和金星的温度却达到了极端值，一个非常冷，另一个非常热。他写道：“突然间，地球作为一个活的有机体的形象出现在我的脑海中，它能够在舒适的稳定状态下调节自身温度和化学成分。”[13]

大气层受生命活动制约的观点颠覆了传统的认知，遇到了强大的阻力。大约在同一时间，萨根在编写《宇宙，生命，心灵》一书的美国版本，该书作者是苏联天体物理学家约瑟夫·什克洛夫斯基，出版于1962年。萨根的书于1966年出版，名为《宇宙中的智慧生命》，该书一出版就成为标准文本，尽管篇幅过长。什克洛夫斯基肯定知道维尔纳茨基早先关于生物圈的论述，他写道：“只有广泛的生物活动才能解释地球大气中存在如此大量的氧气。”萨根对此表示怀疑，但还是保留了这一段，并提出了免责声明：“我想知道一个聪明的厌氧有机体，如果发现氧气是一种有毒气体，是否会很容易地得出结论，即富含氧气的大气只能是生物活动的产物。”[14]洛夫洛克继续参加了1968年5月在普林斯顿举行的第二届“生命的起源”会议。他试图提出地球的大气有一部分源于生物活动，却遭到了直白的冷遇；自然科学家认为他是物理学家，而物理学家却把他当成生物学家，都斥之为外行。[15]他未来的合著者林恩·马古利斯也作为会议论文集的编辑出席了会议，后来他大声问洛夫洛克为什么他们没有见面。他说，“因为我一开口，普雷斯顿·克劳德就对我大吼大叫，而且非常吓人，非常粗鲁，以至于我在剩下的会议时间里都没有发表言论”。[16]

在与马古利斯的合作中，洛夫洛克的思想进一步充实。马古利斯的研究表明，地球上所有生命形式都是从最原始的单细胞有机体进化而来的。她的伟大论点是，地球上复杂的生命形式不是仅仅通过竞争发展起来的，而是通过不同的原始生命形式之间的关联发展起来的，她称之为“共生进化”。她的研究工作还为洛夫洛克提供了解释地球大气中存在甲烷的生物机制。在威尔特郡布罗德查克村的家中，洛夫洛克与他的邻居、小说家威廉·戈尔丁聊起了他提出的一个概念，即地球是“一个具有同构倾向的控制论系统”。他还没想好怎么给这个概念命名。他打趣道，“我需要一个好的四个字母的词”。戈尔丁建议用“盖亚”，这是希腊地球女神的名字。[17] 在1972年至1974年的一系列文章中，洛夫洛克和马古利斯讨论了对地球大气“异常性质”的解释，并提出了盖亚假

图9.2 《盖亚：地球生命的新视角》(1979)

说，即“地球大气是由地球表面的生命——生物圈——积极维持和调节的概念”。他们解释说：“我们写这篇论文是为了让广大科学读者能够理解，认识到对地球大气的理解只能来自众多科学家的合作：行星天文学家、地质学家、气象学家、化学家、物理学家和生物学家。”[18]

盖亚假说最初不是发表在主流科学媒体上，而是发表在卡尔·萨根的太空杂志《伊卡洛斯》和斯图尔特·布兰德的《共同进化季刊》上。[19]这是一个合适的归宿，因为盖亚假说确实联系起了对系统论感兴趣的读者和反主流文化的读者。洛夫洛克主要与前者保持一致。他解释说：“我们从太空中首次看到盖亚，所用的论据来自热力学。”“地球是一个自我组织和自我调节的系统，我发现从这个意义上说，地球是有生命的说法是合理的。”他将地球类比为一个由恒温器控制的烤箱。正如埃里克·康韦所指出的，它提供了“一个系统工程师可以理解的地球观”。[20]然而，洛夫洛克明确拒绝了机械式的比喻，即（如霍华德·奥德姆所说）“生物圈实际上是一个体量过大的太空舱”。他认为这是“令人沮丧的观点，即我们的星球是一艘疯狂的宇宙飞船，永远在绕着太阳的内圈飞行，没有驾驶员，也没有目的”。他认为，只有当人口增加到一百亿以上时，人类才会沦为“地球号太空船监狱中的无期囚徒”。[21]

尽管如此，洛夫洛克还是愿意使用具有反主流文化表现力的语言。洛夫洛克在书的结尾写道：“智人的进化，有了人的技术发明能力和日益精细的通信网络的加持，极大地增加了盖亚女神的感知范围。”“通过我们，盖亚女神现在清醒地意识到了自己。通过宇航员的眼睛和轨道上航天器的TV摄像机，盖亚女神已经间接地看到了自己的美丽面容。”也许洛夫洛克想到了罗素·施韦卡特，他在地球轨道上将自己描述为“人类的感应器官”。在1980年代，洛夫洛克成为林迪斯法恩协会的成员，该组织致力于提高人们的“行星意识”，出版并推广了施韦卡特的文章。洛夫洛克赞颂了他在协会中找到的“灵感和温暖的人性”，并向协会创始人威廉·欧文·汤普森和詹姆斯·莫顿的工作致敬。像施韦卡特一样，洛夫洛克不喜欢“部落主义和民族主义”，他问道：“我们作为一个物种，是否拥有盖亚女神的神经系统和大脑，可以有意识地预测环境变化？无论我们喜欢与否，我们已经开始以这种方式运作了。”[22]

洛夫洛克与环境运动有着复杂的关系。他在1957年设计的电子捕获装置能够检测到整个环境中的人造化学物质的细微痕迹，从而使雷切尔·卡森《寂静的春天》中的大部分研究成为可能，并为臭氧消耗问题的发现提供了帮助。这也恰恰为洛夫洛克赢得了1997年的蓝色星球奖。他在调查壳牌公司化石燃料燃烧造成的全球空气污染时，完善了盖亚假设。在一些环保主义者看来，洛夫洛克对地球自我修复能力的强调是自满的借口，尽管洛夫洛克申明，盖亚的恢复方式可能对人类不利。洛夫洛克还批评了一些环境运动人士的反科学立场，这些人反过来发现很难接受他的观点，即核电，甚至核战争对盖亚的长期影响将远远低于气候变化的影响。[23]然而，总体而言，1980年代的环境运动接受了盖亚的概念，特别是生态女权主义人士。林恩·马古利斯对这一切有着明显的复杂感受。“地球在照顾我们，而不是我们照顾它。我们需要引导固执的地球或治愈我们生病的行星地球，我们这种自我膨胀的道德感恰恰证明了我们强大的自我欺骗能力。相反，我们需要保护自己不受自己活动的影响。”盖亚远不是一个需要救援的女性形象，“盖亚是一个坚强的‘狗妈妈’，根本没有受到人类的威胁。我们固执地幻想我们有特殊的权力，但这掩盖了我们作为直立哺乳动物的真实身份”。[24]

盖亚理论于1979年以专著的形式出版，起初在正统的科学界遇到了洛夫洛克所说的“几乎是宗教式的不宽容气氛”。行星实体能够自我控制的概念——可以说地球自有其目的——遭到了生物学家大佬的嘲笑，尤其是理查德·道金斯。约翰·梅纳德·史密斯说：“给一个理论起这么一个名字可真糟糕。”[25]进化是一个过程，不是一种机制；进化没有目标，没有任务说明，更没有任何主观意识。如果盖亚已经进化了，那么竞争从哪里来？从这个角度来看，盖亚给人的感觉就像拉马克主义、创造论，甚至是神秘主义。在1960年代和1970年代，类似的攻击扰乱了正在发展的系统生态学领域。洛夫洛克修改了他最初的表述，以避免盖亚是一个有目的的有机体的解读，而是把盖亚说成是一套环环相扣的系统，而生命是其中一环。然而，他坚持使用富有想象力的语言，并认为这有助于对概念的理解。盖亚的概念保留了下来，她是女性，她进化了。他写道，“就像壳是蜗牛的一部分一样，岩石、空气和海洋也是盖亚的一部分”，不自觉地呼应了汉娜·阿伦特关于从太空中看到生命的紧张预测，即生命和环境变得无法区分，就像蜗牛和壳一样无法区分。“物种的进化和岩石的进化……作为单一的、不可分割的过程紧密地联系在一起”。[26]就像虫子加工了表层土一样，生命加工了生物圈。

从长远来看，盖亚假说正赶上了科学整合的趋势，自从生态学和空间科学几乎同时诞生，这种趋势一直在积聚力量。新的学科分支开始出现：洛夫洛克的“地球生理学”，NASA的“地球系统科学”和“天体生物学”。2001年，来自四个国际组织的一千多名代表在阿姆斯特丹集会，考虑如何构建“一个全球管理的伦理框架 ”和“一个全球环境科学新系统”。他们签署的宣言被洛夫洛克视为一种澄清：“地球系统表现为一个由物理、化学、生物和人类因素组成的单一的、自我调节的系统。”[27]

第一本《盖亚》专著出版后不久，林迪斯法恩协会的联合创始人詹姆斯·莫顿联系了洛夫洛克，莫顿还是纽约圣约翰大教堂的院长，这所教堂也是位于摩天大楼之间的著名尖塔。他说服了洛夫洛克做了一次布道，效仿其他地球思想家，如威廉·欧文·汤普森和雷内·杜博斯；莫顿回忆道，“这是一次感性的体验”。伴随着会众《清晨破晓》的歌声，洛夫洛克身穿长袍登上讲台，谈论新出版的盖亚假说。

伯明翰主教休·蒙蒂菲奥里被这本书所吸引，并写信问洛夫洛克：“上帝和盖亚谁更早？”蒙蒂菲奥里的书《上帝的可能性》在基督徒中传播了对盖亚的认识。洛夫洛克的第二本专著《盖亚时代》中有一整章是关于“上帝和盖亚”的，这对新形成的盖亚风格的基督教分支是一种鼓励。[28]当然，福音派人士将上帝视为创造者，将自然视为人类私有的、不可摧毁的农庄，他们无法接受地球在人类诞生之前可以照顾自己的想法。加尔各答的特蕾莎修女就是其中一位反对者：“我们的职责是照顾我们中的穷人和病人，为什么要照顾地球？上帝会照顾好地球的。”[29]

从太空中仍然可以看到盖亚。有些人曾经在1960年代进入过轨道，并且担任1980年代航天飞机宇航员，他们认为地球的颜色似乎不再那么丰富。理查德·安德伍德说：“完美清晰的地球照片要数1960年代中期的双子座计划拍摄的照片。”“那时的空气污染要少得多，这表明……我只是希望我们能把从双子座计划照片中了解到的东西派上用场——在过去的三十年里，人们本来应该一直照顾好地球。”[30] 1972年的蓝色弹珠照片显示了相对未开发的南半球，照片突出了冬天的南极；冰层已经明显退去，天气模式正在发生变化。此后再也没能实施载人飞行任务，也没有类似的照片了。我们为当时的盖亚拍摄的第一张全脸肖像已经成为一件历史文物了。

9.2 气候变化

到1980年代末，西方世界的大多数人隐约意识到，地球正在遇到麻烦。自1957—1958年国际地球物理年以来，通过卫星监测、大气研究和南极勘察的共同努力，人们发现南极上空的臭氧层出现了一个面积巨大，且不断扩大的空洞。这威胁到了地球屏蔽紫外线辐射的防御体系的完整性。1985年，在维也纳举行的一个国际会议认识到了这个问题，随后于1987年在蒙特利尔举行了第二次会议。NASA的Nimbus卫星在1986年秋天拍摄的臭氧空洞的惊人照片吸引了所有参会代表的目光。会议的成果是达成了一系列协议，对造成这一问题的氯氟碳化合物、气溶胶和制冷气体进行监管，并最终予以禁止。这一次，从太空拍摄的地球照片促成了全球层面的环境行动。这为处理更难解决的全球变暖问题提供了一个充满希望的先例。

正如埃里克·康韦所揭示的，从太空拍摄的照片以不同的方式提供了助力。1960年代和1970年代的行星探测器，如水手号、维京号、先锋号和旅行者号，都致力于在太阳系其他地方寻找动态变化和生命的证据，这些项目都聘用了大量的科学家。这些科学家习惯于把对其他行星的物理、化学、地质、大气和生物研究结合起来，就像自由职业者洛夫洛克试图为地球做的那样。1970年代末和1980年代初，当行星科学受困于预算削减时，很多NASA的行星科学家转而研究地球，当时地球科学正从其冷战扩张中积累了长期的全球数据集。将这些技术应用于地球，迅速引发了人们对臭氧消耗和气候变化的广泛关注。NASA选择了“地球系统科学”作为这个新的综合领域的名称。[31]

大约在同一时间，即1987—1988年，出现了三本引人注目的书，把从太空拍摄地球的图像再次坚定地摆在公众面前。弗兰克·怀特的《总观效应》一书包含了令人信服的宇航员访谈。第二本书是一本制作精良的美国宇航员摄影

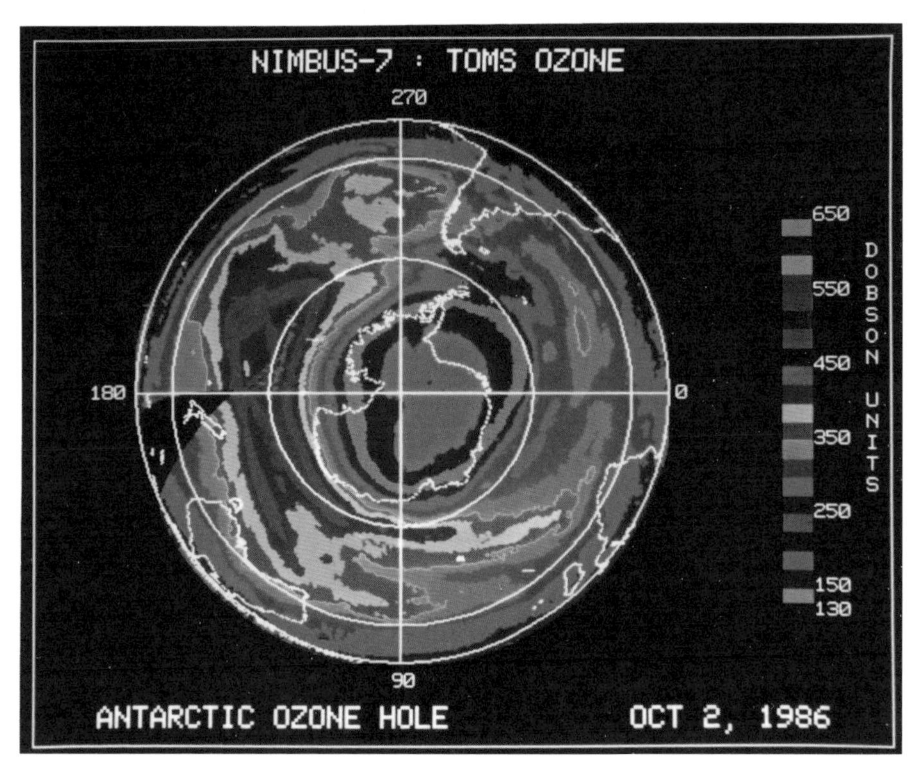

图9.3　地球上的空洞：1986年10月Nimbus卫星拍摄的南极图像

图片来源：美国国家航空航天局

选集《从太空拍摄的风景》。在人们对人类在太空中存在的价值产生严重怀疑的时候，这本书第一次真正展现了宇航员自己的摄影技巧。[32]罗素・施韦卡特参加了"超越战争"运动，并共同创立了太空探索者协会。之后，他于1988年与宇航员亚历山大・亚历山德罗夫一起在美国进行了巡回宣传，以推广太空探索者协会出版的一本关于地球的图书《家园行星》。一年后，当东欧人开始冲破铁幕，人群聚集在柏林墙时，ASE召开了第二次关于地球的会议，这次的会议地点在沙特阿拉伯。"我们……从远处看到了可能危及我们星球的危险。"参会代表们宣布。他们呼吁建立一个国际环境监测站网络，利用全球通信来"拉近国家和人民的距离"，并在航天方面进行更多的国际合作。[33]那年秋天，随着铁幕意外地解体，跨越政治边界的民族交融再次兴起，这些政治边界从太空视角看毫无意义。

随着冷战让位于全球变暖，1990年迎来了第一个地球日的二十周年纪念。这次地球日重大活动比第一次更加主流，一项民意调查显示，百分之七十六的美国人现在认为自己是环保主义者。NASA选择这个机会，宣布其“行星地球观测”计划，这是一个为期十五年、耗资二百多亿美元的地球观测系统，包括两颗极地轨道的卫星。从1999年起，陆地卫星7号能够每十六天拍摄世界表面的四分之一。[34]联合国环境委员会在1987年的报告《我们共同的未来》中宣布：“从太空中，我们看到一个渺小而脆弱的星球，主导它的不是人类活动和建筑，而是由云、海洋、绿色植物和土壤组成的模式。人类无法将自己的行为融入这种模式，这正从根本上改变行星系统。从太空中，我们可以把地球看成一个有机体来研究，其整体健康取决于各个部分的健康。”[35]在此之后，1988年成立了政府间气候变化专门委员会。在斯德哥尔摩举行第一次地球峰会二十年后，即1992年，联合国在巴西里约热内卢举行了第二次峰会，来自一百七十二个国家的代表参加了会议。

一支前往里约的代表团乘坐一艘名为盖亚的维京船，从挪威出发，并经过佛罗里达州的卡纳维拉尔港。在那里，一群人聚集在一起，向船上的人挥手致意，欢送它进入旅程的第二阶段。人群就处在曾经送阿波罗宇航员进入太空的巨大发射塔的不远处。演讲者有两位：科学家詹姆斯·洛夫洛克和宇航员詹姆斯·洛弗尔。洛夫洛克解释了盖亚假说是如何根植于太空计划的。洛弗尔解释了他是如何理解“家就是地球”的，并展示了如何从月球上伸展手臂就可以用拇指指甲挡住整个地球。洛夫洛克回忆说，在他们交谈时，“那艘小船正启程前往里约，释放了地球是有生命的信息”。[36]经过几天的辩论，出于对整个行星地球的通盘考虑，地球峰会发布了关于环境和发展的《里约宣言》。它宣称，“各国应本着全球合作的精神，养护、保护和恢复地球生态系统的健康和完整性”。会议还制订了一个面向下个世纪的行动方案，即“21世纪议程”，涵盖了从温室气体到濒危物种的大量全球环境问题。这又促进了两年后关于气候变化的《京都议定书》的签署，这个协议对解决问题本身没有什么可量化的影响，但却具有开创性的政治意义。参加里约地球峰会的代表们认识到，有必要让各国公民参与当地的环境保护行动，以此作为各国政府行动的有益补充（或者说促进政府流程的简化）。在接下来的几年里，21世纪议程项目成为世界各国地方政府和公民论坛会议的常规内容。对环境运动的发展来说，这是顺势而为；从太空看地球，边界消失了，受此启发，环境运动首次和地球日结合在一起，并以一面印有完整地球图像的旗帜作为象征。

9.3 暗淡蓝点

与此同时，人类探测器正在拍摄新的更远距离的地球照片。拍摄这些照片的方法已经成熟，具体体现在旅行者号深空探测器上，该探测器于1977年发射，对太阳系开展探测。同年，宇宙学家史蒂文·温伯格出版了一本关于宇宙起源的科普书《最初三分钟》。他的结束语引起了轰动。他写道，“人类几乎确凿无疑地相信我们与宇宙存在某种特殊的关系”；“人类的生命不仅仅是从最初的三分钟开始的一连串意外的结果，这种结果多少有点匪夷所思，而是我们一开始就以某种方式置身事内”。尽管从太空中看地球会令人印象深刻，但这是一种幻觉，“让人很难意识到所有这一切只是满是敌意的宇宙中微不足道的一部分……（它）面临的末日是无尽的冰火两重天。宇宙越是看似可以理解，就越是显得毫无意义”。[37]

这种前景暗淡的观点让其他宇宙学家感到担忧，包括旅行者号团队成员卡尔·萨根。萨根一生致力于向最广泛的公众介绍宇宙惊喜和神奇，他的讲解被誉为“对科学神话般的理解”。1980年，萨根的《宇宙》一书被搬上电视荧幕，成为广受欢迎的系列电视科普节目；在书中，他对温伯格提出的问题做出了含蓄的回答。“我们是一个发展到了具有自我意识的宇宙在本地化的体现。我们已经开始思考我们的起源……我们的忠诚是对物种和地球的忠诚。我们为地球代言。”他后来写道：“我们不可避免地认识到地球的统一性和脆弱性。”“这是……阿波罗计划给我们的意想不到的最后礼物。”但他也觉得，一张更远距离拍摄的照片将帮助人类从真正的天文角度来审视地球：“古典时代的科学家和哲学家们已经很清楚地认识到，地球只是浩瀚的宇宙中的一个点，但从来没有人亲眼看到过这个点。”[38]

萨根自己留给人类的礼物是一张从太阳系外围拍摄的地球照片。事实上，旅行者号在距离地球1 100万公里的地方已经拍摄了一张鲜为人知的地月

图9.4　旅行者号从1 100万公里外拍到的地球和月球同框的照片（1977）

图片来源：美国国家航空航天局

球合影。1981年旅行者号飞越土星时，萨根首次提出了建议，但由于将相机对准太阳有烧坏相机的风险，这项建议一直推迟到探测器飞越天王星时才得到落实。即使在那时，旅行者号项目组内部也有争论；一些人认为这样的照片并“不科学”。由于预算被削减，关键的技术人员即将被解雇，美国国家航空航天局局长不得不出面解决争端，以免事情晚到不可挽回。他支持了萨根的意见。到1990年2月，探测器正在通过海王星的轨道，这是太阳系里最远的行星。经过对角度和曝光时间的仔细计算，旅行者号拍下了八颗行星中的六颗。萨根解释说："这就是外星飞船在经过漫长的星际航行接近太阳系时，所看到的行星的样子。”地球呈现出漂亮的蓝色，但天王星和海王星也是如此。从64亿公里外观察，地球看起来很渺小，并不安全，也没有什么特别的。用萨根的话说，透过一条发光的行星际尘埃带，我们看到的地球是一个暗淡蓝点。

“再看看那个点，”他如此呼吁，呼应了罗素·施韦卡特的话，“这就是我们的家，就是我们。在这个小点上，每个你爱的人，每个你认识的人，每个你曾经听过的人，以及每个曾经存在的人，都在那里过完一生……一粒悬浮在阳光下的微尘。”从另一种意义上来说，旅行者号也带走了地球。这颗飞离太阳系的太空探测器上搭载了图像和声音，来代表地球上生命的本质：音乐、人类的声音、风景、婴儿的啼哭、鲸鱼的叫声、各民族人民的肖像、一张双子座计划宇航员在蓝色海洋上的太空进行太空行走的照片，以及另一张从太空拍摄的地球照片。萨根和他的同事们想象，有一天，在银河系的某个地方，聪明的外星人可能会拦截旅行者号，打开它的音像包，并凝视着完整地球的照片。[39]

1992年是地球峰会之年。这一年，诞生了另一幅引人注目的深空照片，这张照片更容易识别，所以更让人震惊。伽利略卫星项目是在1977年旅行者号发射后酝酿实施的。1989年，卫星由入轨的航天飞机发射。卫星在前往木星的途中两次飞掠地球，以增加速度。1992年12月，卫星第二次飞掠地球，从640万公里外拍下了地球和月球同框的照片。这张照片甚至比其他完整地球的图片更能传达出一种行星地球飘浮在太空中的立体感觉，这与宇航员的真实体验相似。这是一块卵石，而不是一个圆盘。这也是一张家庭照片，而不是一张肖像画，只是月球看起来像死寂一片，而地球则生机勃发。

图9.5　暗淡蓝点：旅行者号在64亿公里外拍摄的地球，1990年2月

图片来源：美国国家航空航天局

随着暗淡蓝点照片的出现，卡尔·萨根领导了一个由著名人文主义科学家组成的联盟，起草了“致宗教界的公开信”。三十二位签名者包括弗里曼·戴森、斯蒂芬·杰伊·古尔德和林恩·马古利斯。这封信警告说：“我们接近于犯下——许多人认为我们已经在犯下——宗教语言中所称的‘反对创生罪’。”这个问题“必须被视为包含宗教和科学维度……保护和珍惜环境的努力需要注入神圣的愿景”。众多的宗教领袖积极迎接这一挑战，最终签署了由萨根本人和纽约的“绿色院长”詹姆斯·帕克斯·莫顿牵头的“宗教和科学保护环境联合倡议”。全国环境宗教伙伴关系成立了，团结了新教徒、天主教徒、犹太人和怀有其他信仰的人，以促进“宗教信仰的绿色化”。在看到阿波罗计划拍摄的地球和月球图像时，莫顿经历了精神上的转变，随后在与雷内·杜博斯的交谈中，他将环境主义提升到了神学的核心地位。在1970年代初，他与林迪斯法恩协会建立了联系，并参加了詹姆斯·洛夫洛克的《盖亚》首发仪式。[40]

莫顿的纽约大教堂开始了一个定期举办的盖亚宗教仪式。在阿西西的圣弗朗西斯节，活动鼓励人们带着他们的宠物参加年度“地球弥撒”。“绿色院长”迈出实质性一步，请科学家参与到仪式中。（有人无奈地说，“既然上帝已死，我们就做生物学家吧”。）莫顿将诵读一份由生物学家撰写的洗礼祈祷书，谈到“生命从水中诞生，在地球的每一次转动中，生命获得重生”。然后，一支由动植物组成的队伍被引导着穿过安静的教堂，庄严而肃穆，包括一株植物、一条蟒蛇、一只鹰、一只骆驼，甚至一头大象，而且一个装满蓝绿色藻类的玻璃球一如既往地代表地球。环境科学家康妮·巴洛写道，“院长……谈到了那个玻璃碗里承载的数万亿生命，以及它们是这个星球上诞生的第一批有机体”。我听到孩子们在嘘声中低声说：“水藻来了！水藻来了！”巴洛加入了环境科学家非正式网络，这些科学家对盖亚非常感兴趣。她为自己的教堂起草的一份地球日演讲稿里有一句她的信条：“进化史诗是我的创生故事，这个自我更新的脉动行星是最大的创生成就。”[41]

参加“绿色院长”对话的还有民主党参议员阿尔·戈尔，他深度参与了联合国新成立的政府间气候变化专门委员会。他的书《平衡中的地球》于1992年出版，以阿波罗17号拍摄的地球照片为例进行说明。该书呼吁制订“全球

图9.6 伽利略卫星拍摄的地月系统，1992年12月

图片来源：美国国家航空航天局

马歇尔计划”以拯救环境。几个月后，戈尔成为美国副总统。在他任职期间宣布的举措中，包括制作一个“完整地球，完整时间”的视频，作为NASA“地球使命”计划的一部分。他引用了罗素·施韦卡特的“在那个小点上”的演讲，延续了施韦卡特、布兰德和加州州长杰里·布朗在1970年代开始的环境/空间融合的传统。[42]2000年，戈尔竞选总统，但最终输给了乔治·W.布什，这是美国历史上得票最接近的总统竞选。我们现在已经知道，美国的支持本可以及时促成关于气候变化问题的有效全球共识；鉴于此，佛罗里达州（阿波罗计划任务的发射地）的异常投票结果所产生的影响比当时看起来要重要得多。

美国失去了一位环保总统，但世界收获了一位环保倡导者。戈尔带着关于气候变化的让人警醒的系列图片进行了广泛的巡回演讲，2006年这些成为《难以忽视的真相》电影和同名书的素材。开篇就是阿波罗8号和地出照片、“创世记”广播和“地球乘客”，然后是蓝色弹珠照片。中间穿插了一张又一张从地面和太空拍摄的地球照片，显示了污染雾霾、燃烧的雨林和油井、土壤侵蚀、臭氧耗竭和冰架坍塌。尾声是卡尔·萨根的“暗淡蓝点”。民意调查显示，在对全球变暖的认识上，美国公民甚至比其他国家的公民更领先于自己的政府。一年后，戈尔和政府间气候变化专门委员会共同获得了诺贝尔和平奖。

9.4 稀有地球

在20世纪末，地球独特性更有力的证据来自一个意想不到的学科：天体生物学，该学科致力于对其他行星生命的研究。

几乎在第一个太空时代开始的时候，弗兰克·德雷克于1959—1960年在弗吉尼亚州绿岸的美国国家射电天文台进行的奥兹玛项目就开始了对太阳系以外智慧生命的首次技术性搜索。随后的一次会议上诞生了著名的德雷克方程，方程表明仅在我们的银河系中就可能有一千万个可以通信的文明。这是一种富有想象力的方式，克服了从一个样本中推断的基本不可能性。此后十年，德雷克的观点被视为正统，然而，其迅速普及至少归功于1968年的电影《2001：太空奥德赛》。[43]其部分基础源于对16和17世纪哥白尼革命原则的迎合。人类是唯一智慧生命形式的信念被认为是前哥白尼时期的遗产，当时人类将地球视为宇宙的中心。另一方面，后来人们意识到地球不再是任何事物的中心，而接受地外智慧的可能性被认为是这种意识的自然高潮。天文学家弗雷德·霍伊尔在1980年写道："如今，生命起源于地球的旧偏见已被写在墙上。"[44]

然而，奥兹玛项目一无所获，其他一系列巡天计划的尝试也是如此，这些尝试统称为寻找地外智慧生命计划。到1970年代中期，即使是支持者们也开始大声提出了恩里克·费米的尖锐问题："如果地外生物存在，他们在哪里？"理论家们对宇宙的"大沉默"也无计可施，一些人失去了信心，这包括萨根的合著者俄罗斯人约瑟夫·什克洛夫斯基（他曾认为银河系中宜居行星的数量高达十亿颗）。寻找地外智慧生命计划继续进行，但随着其搜索能力的成倍增长，结果计数器仍然停留在零的位置。这与人们的预期背道而驰，地球开始再次显得特别。[45]

与此同时，来自不同学科的地球科学家们发现，地球的历史比以前设想的要曲折丰富得多。虽然阿波罗号带回的月球岩石样本并没有立即解决关于地球和月球起源的争论，但到1980年代中期，已经出现了强有力的证据，表明在太阳系形成的早期阶段，一个巨大的天体撞击原始地球而形成了现在的地球和月球。一颗陨石撞击地球导致了恐龙灭绝，并促使哺乳动物走上了进化道路，这是地球历史上最近的故事；其他几次大规模灭绝事件也被确认了。突然间，地球看起来不那么普通了，而进化的过程也远非可预测。2000年1月，地质学家彼得·沃德和天文学家唐纳德·布朗利合著了一本名为《稀有地球》的书，据一位评论家说，"（这本书）像一颗致命的小行星一样冲击着天体生物学家的世界"。[46]

沃德和布朗利认为微生物级别的生命很可能广泛分布于宇宙中，可能起源于大约四十亿年前的地球，当时大撞击时期已经结束。但是复杂生命完全是另一回事了，作者们列举了地球生命诞生所需的特殊条件："不位于星系的中心，不位于金属贫乏的星系中，不属于球状星团，不靠近活跃的伽马射线源，不处于多星系统中，甚至不能位于双星系统中，不靠近脉冲星，其附近恒星不太小，也不太大，或不会很快迎来超新星爆炸。"在银河系的其他地方，也需要一个完整的恒星生命周期来创造生命诞生所需的稀有重元素，并且需要在一秒钟内将重元素分配给行星。至少在地球上，细菌生命很快就酝酿出来了，但复杂的动物生命还需要三十到四十亿年的时间，这期间地球相对稳定，围绕着一颗温暖且不狂躁的恒星运行，地球上的水量和其他生命所需基本材料充足，有足够的热量让板块构造发挥作用，还有一个大小适中的月球作为“引力牧羊人”。改变这些因素中的任何一个，人类可能就不会在这里讲述这个故事了。作者解释说：“如果像我们猜测的那样，动物在宇宙中是罕见的，那么这给我们提供了物种灭绝的全新的视角。我们不仅正在灭绝我们地球行星上的物种，而且也在灭绝整个银河系一个象限内的物种，情况是这样吗？”[47]宇航员们的启示是，地球是无垠黑色太空中唯一的生命点和色彩点；现在看来，这种启示比以往任何时候都更有意义。

似乎，人类现在既是我们未来能遇到的宇宙中唯一的智慧生命岛的产物，也是它的监护人。我们很快就会知道，这一观念是否足够及时和强大，使智人——这个所有入侵物种中最成功的物种——能够扭转自己对地球的破坏性影响。也许，我们已经知道了。

第十章

发现地球

尼尔·阿姆斯特朗曾说过，从月球上看地球，地球是如此之小，以至于他可以伸出拇指挡住地球。有人问他，这是否让他觉得自己很伟大？他回答说：“不，这让我感到自己非常非常渺小。”[1]提问者认为，阿姆斯特朗会发现月球上的景色，但阿姆斯特朗却发现了地球。简而言之，这就是地出的故事。只有二十四个人[1]曾经亲眼见过完整的地球，他们都是在1968年12月至1972年12月的四年间飞往太空的。这些太空旅行者似乎并没有变得虚荣或傲慢。很多阿波罗宇航员出现在了2007年上映的电影《月之阴影》中，他们不是以某种新宇宙意识的使徒示人，而是作为普通的地球人出镜；在回顾他们年轻时的非凡

1 离开地球轨道、进入到月球轨道的载人航天任务共计九次，共计二十七人次，包括阿波罗8号（第一次载人环月任务，此次不携带登月舱）、阿波罗10号（第二次载人环月任务，此次携带登月舱）、阿波罗11号（第一次载人登月任务）、阿波罗12号任务、阿波罗13号任务（原计划登月任务，由于服务舱爆炸被迫绕月后返回），以及阿波罗14、15、16、17号任务。其中，三人执行过两次环月/登月任务，包括詹姆斯·洛弗尔（阿波罗8号、13号），约翰·杨（阿波罗10号、16号）和吉恩·塞尔南（阿波罗10号、17号），因此离开过地球轨道、看到地球全景的宇航员共计二十四人。

成就时，展现了成熟和洞察力。他们通常对生活在地球上更加心怀感激。

这与先前的预测大不相同。著名的天文学家帕特里克·摩尔在庆祝阿波罗11号登陆成功时写道："我们已经进入了一个新时代。地球上的孤立主义终止于1969年7月21日尼尔·阿姆斯特朗和巴兹·奥尔德林踏上月球静海的那一刻。"这与他的朋友阿瑟·克拉克的文字高度呼应。拍摄蓝色弹珠照片的宇航员哈里森·施密特写道："我们只有在准备离开地球时才能真正看到地球，这一点就像离开我们儿时的家一样……我们寻求的不仅仅是升起的地球上所展示的美丽和舒适。矛盾的是，我们更加意识到它的珍贵，并珍惜我们主动留在地球上的事物。"完成阿波罗11号月球之旅的迈克尔·柯林斯在向国会发表讲话时打趣说："当我们转身时，地球和月球交替出现在我们飞船的舷窗中。我们有自己的选择。我们可以看向月球，看向火星，看向我们在太空中的未来，看向新世界，我们也可以回头看向我们的地球家园，看到人类在一千多年的时间里在地球上制造的问题。我们既向前看，也向后看。我们两者都看到了，我认为这是我们国家必须做的。"[2]但是，正如这些大费周章的悖论所表明的那样，同时将目光投向两个方向并不那么容易。

温·瓦乔斯特在天体未来主义的挽歌《太空飞行之梦》中表达了自己的担心：地球的景色已经把人类的目光向内聚焦。他把"看到我们脆弱、孤独的地球"比作"当一个人意识到父母是凡人时所获得的新自我意识"。这是迈向成熟的一个阶段，是离开家、变得独立这个过程的一部分。弗兰克·怀特在《总观效应》中，试图调和向内和向外两种愿景。他为那些没有进入太空，就获得了类似宇航员意识的人创造了一个词："地航员"；并且他认为一旦一定比例的人口（通过其他方式）实现了这种意识改变，这种意识将迅速蔓延至其他人。总观效应将成为"一系列新文明在地球和太空中演化"的基础，这是他以宗教方式追求的目标。[3]

作为天体未来主义者和环保主义者，卡尔·萨根深刻地感受到了地球和太空之间的困境。在他的最后一本畅销书《暗淡蓝点》中，他声称蓝色弹珠照片"向许多人传达了天文学家所熟知的东西：在地球尺度上，人类是无足轻重的——更不用说恒星和星系尺度了；人类只是在一块不起眼的、由岩石和金属组成的孤独球体上的一层生命薄膜"。[4]人们期望第一张地球照片能使哥白尼式意识深入人心，即地球不是上帝造物的中心，而只是无数星球中的一颗普通星球。然而，出现在太空舷窗中的地球，甚至摄影镜头框选的地球，显得比以往任何时候都更加摄人心魄和意义非凡。对于天文学家萨根来说，旅行者号拍摄的照片应该传递出了地出照片和蓝色弹珠照片无法传递的宇宙启示。这一次，萨根的话恰如其分：

> 我们的姿态，我们想象中的了不起的自我，以及我们拥有某种特权地位的错觉，都受到了这暗淡蓝点的挑战。我们的星球是巨大的宇宙黑暗中的一个孤独的斑点……没有任何迹象表明，来自他处的援手，将把我们从自己手中拯救出来。

环保主义者萨根通过将太空殖民化归入遥远的未来，并以保护现在的地球为实现未来的先决条件，解决了向哪看的难题。他总结说，最终，人类将踏上星际之旅，并战胜“大灾难的刺痛”，但在那之前，“远距离拍摄的我们小小地球的图像……凸显了我们有责任更友好地相处，保护并珍惜这个暗淡蓝点，这是我们唯一的家园”。[5]

在文学领域，我们也能看到类似的故事。在阿波罗计划之后，航天工业协会赞助了一项关于太空探索文化影响的科学研究项目，并失望地发现，太空探索对“文学，尤其是诗歌的影响微乎其微”；诗人的反应只是“多年的沉默”。罗纳德·韦伯在调查文献时发现，“文学工作者满脑子想的都是从太空回望地球的景象和那些普普通通的担忧，而不是望向深空的景象”。美国国家航空航天博物馆的瓦莱丽·尼尔总结道：“因为这张回望地球的图像，文学想象力就向内转向回望家园的方向。”描写死的月球和活的地球之间的对比，以及与太空旅行相关的人类空虚，是少数触及太空计划的诗人们一以贯之的主题。对于罗伯特·菲利普斯来说，月球意味着“无数的岩石……大量的灰尘……但绝不像一个家”。在《月球之旅》中，阿奇博尔德·麦克利什描写的月球探险者茫然地站在海滩上，只有通过回望地球才能找到生命的意义。俄罗斯诗人安德烈·沃兹涅先斯基写了一首关于火星的诗，并把这首诗命名为“地球”。[6]

一位来自地球的旅者

在火星上的一隅

手捧一把温暖的褐土

深情地凝视着蓝绿相间的星球

从不遥不可及

始终比邻如故

那些搜索文学名言来拔高作品的航天作家们最后往往引用艾略特的《小吉丁》中的句子，即所有探索的终点是第一次认识自己的家园。斯科特·蒙哥马利在考察描写月球的西方文学时，发现有一条贯穿始终的线索："从某种意义上说，哥白尼最终是错的：地球从来都是宇宙的中心。"沃德赫斯特伤感地总结了阿波罗计划的影响："神话中的月亮……被踩到了脚下，而地球则被放在了天上，并被命名为盖亚。"[7]

历史学家杰伊·温特在《和平与自由之梦》一书中指出，20世纪的特点是反复出现的乌托邦时刻，那时的国际事务充满了对未来的乐观主义和信心。其中三个乌托邦时刻出现在第二次世界大战之后：1948年，对新国际秩序的渴望在《世界人权宣言》中达到顶峰；1968年，青年反叛和解放之年；1992年，全球公民权之年，其倡议活动包括里约地球峰会所引发的环境公民权运动。[8]无独有偶，这三个乌托邦时刻也都与地球的新形象和相关的文化演化联系在一起。在1948—1950年，柏林空运事件[1]催生了第一批展现了地球部分曲线的照片，以及第一份广为流传的太空旅行宣言。1968—1972年出现了阿波罗登月计划、地出照片、蓝色弹珠照片、地球日和第一次地球峰会。1989—1992年见证了冷战结束、暗淡蓝点照片和地球日的恢复，以及第二次地球峰会。这三个乌托邦时刻的空当是冷战的两个时期，1970年代是十年缓和期。无论如何，对地

1 第二次世界大战后，德国首都柏林被苏、美、英、法四国分区占领。后柏林分为苏联占领的东柏林和西方占领的西柏林，而西柏林坐落在民主德国境内，是一块名副其实的飞地。1948年为了排斥西方盟军在西柏林的地位，苏联利用地理位置之便，全面封锁了盟军出入西柏林的在东德领土的必经之路，包括公路、水路和地下铁路。作为应对，美英两国决定联合行动，以空中运输的方式，从外部向西柏林输送食物、衣物、燃料以及一切所需的生活物资。

球的新看法似乎都与理想主义时期有关。

在太空时代之前，人们只能猜测地球会是什么样子。陆地明亮，海洋暗淡，还是陆地暗淡，海洋明亮，这存在着争议。直到1950年，尽管预计到被海面反射的阳光会耀眼夺目，弗雷德·霍伊尔还是和此前的其他人一样，选择了海洋会呈现暗淡的颜色。[9]在预计地球会呈现出生机活力这方面，维尔纳茨基似乎是独一份。直到1960年代，那些常常描绘地球的艺术家都以几乎相同的方式来想象地球：一个地理球体，正如林登·约翰逊所说，“像彩色地图一样，各大洲分布于球体的侧面”，几乎看不到一抹云彩。[10]第一张被大量印刷的V-2导弹拍摄的照片史无前例地展示了地球弯曲的地平线，但评论家们仍然专注于地形特征：这里是加利福尼亚湾，那里是格兰德河，等等。而发射火箭的这帮人总是习惯于在新墨西哥州有好天气时才发射，这种做法鼓励了评论家们对地形特征的专注，同时也让气象学家们恼火。使用带有红外线滤镜的黑白胶片来穿透雾霭，赋予了图像一种不真实的感觉。早期的卫星照片并没有特别大的区别，水星计划早期的照片也是如此，这些隔着驾驶舱加固玻璃拍摄的彩色快照是模糊的。然后，1965年春天，双子座4号带回了一批我们这颗蓝色星球令人惊叹的照片，其中一些是从航天器外拍摄的。终于拍到了真正的地球；与传统的地球仪和地图比较起来，政治边界消失了，这引发了评论。《星期六评论》的一篇社论建议联合国秘书长每年发表一次“人类咨文”演讲，让人们看到“地球是一个整体，就像宇航员绕着地球飞行时看到地球是一个整体一样”。[11]

从地球轨道上看，这是一个世界；从更远的高度看，这是整个地球。高轨卫星拍摄的地球盘状照片引起的兴趣不如双子座任务拍摄的照片，其原因也许是这些高轨照片没有那么吸引人；这些照片呈现了地球均匀的、盘状外观和人工着色，而且这些照片往往被作为行星级的天气图。月球轨道器任务拍摄的第一张地出照片又是不同的，因为它展示了从月球上看到的地球。但照片是黑白的，分辨率很差，效果也不是人们熟悉的那样。NASA从天文的视角来呈现照片：月球的月平线是垂直的，地球出现在月球的一侧；但它最终印刷时还是按水平方向印的。让太空爱好者们兴奋不已的正是它呈现出的景色不像家园。然而，几年后，当真正的照片出现时，地球似乎又成了他们关注的重点，所有的思考都集中在地球上，没有偏离，而宇航员自己的描述强化了这种观点。

阿波罗8号任务在去程时拍摄的地球黑白照片让人的头脑为之一振，而在荒凉的月球表面升起的如彩色卵石一般的地球却打动了人心。这张地球升起的照片中，地球周围大量留白，这正表明了取景很重要。我们看到的地球处于深邃的时间和深邃的空间之中，就像创世之时拍摄的一张快照。由人类的手来取景，由人类的眼睛来观察，而发射台就是家园。正如有人观察到的那样，月球已“干枯如朽木”，而地球是“宇宙中唯一生机勃发的存在”。[12]《流浪恒星》是1969年最流行的歌曲之一，是一首旧时代边疆开拓者生活的挽歌，它也可以用来歌颂太空边疆的开拓者：“家园是你出发的地方，是你魂牵梦绕的地方……回首望故乡，外面再好的风景也比不上。”地出的照片完美地诠释了流浪和思乡这两种一体两面的情愫。四年后，即1972年，迄今最后一批离开地球轨道的人类拍摄到了第一张地球盖亚的完整图像。对于即将离开自己的家园和家人，踏上太空之旅的父亲来说，他无限深情地回望地球，似乎在说：“看，这是你的孩子。”

任何地球照片的影响力都受限于照片本身：它周围的世界仍然没有改变。但正如迈克尔·柯林斯所阐释的那样，“真正在10万英里之外，从四个舷窗向外看，除了无垠的黑暗，什么都没有发现，最后透过第五个舷窗看到了蓝白相间的高尔夫球大小的地球……人必须飞到10万英里外，才能对自己生活在地

图10.1　日本月亮女神号于2008年4月6日拍摄的地出

图片来源：日本宇宙航空研究开发机构/日本广播协会

球上的那份幸运打心底里感激"，这种体验是非同寻常的。[13]宇航员们感受到了一个飘浮在三维空间中的鹅卵石般的行星，这种感觉只有地球上那些有幸在一个晴朗的夜晚目睹月全食的人才能体验到。最接近这一点的是旅行者号和伽利略号拍摄的照片，显示了地球和月球飘浮在一起，从远处看，就像悬浮在太空中的一对鹅卵石。这些照片对公众意识的影响远远小于暗淡蓝点的照片。但即便如此，这也只是一种猜测的工具，而不是灵感的来源，就像古代哲学家所想象的地球一样。

日本宇宙航空研究开发机构（JAXA）的月亮女神号月球探测器精心制订了拍摄计划，以持续显示地出照片的迷人之处，月亮女神号在2007年秋季慢慢抵达月球轨道。探测器搭载了两部高清TV摄像机，其中一个广角，一个长焦，并指向相反的方向。阿波罗飞船都采用了近似赤道轨道（从地球上看，是水平方向），这意味着地球在月球的一侧升起。在月球表面开展探测活动需要光照和阴影，这意味着从月球上永远看不到完整的地球。相比之下，月亮女神号采用的是极地（垂直）轨道，因此地球在月球两极升起和落下。当太阳、月亮和地球连线时，在月球两极，地球会呈现出一个完整的圆盘，这种情况每月会有一次。月亮女神号到达的时间稍晚，未能在2007年秋季拍摄到完整地球的地出照片，但发回了两张几乎完整的地球落下（长焦）和地球升起（广角）的照片。来自月球深层阴影的强烈对比创造了一种与阿波罗照片完全不同的感觉。2008年4月，月亮女神号向右翻转，将长焦镜头对准了拍摄地出的位置，4月6日，完整的地球在月球极地升起。就像日语中的俳句，这是完美时刻，这是完美画面，这既是一项技术成就，也是一项文化成就。同时，它似乎（至少在西方人的感觉中）有一种冷峻的、数字化的完美。这也说明了因为摄影机后面有一双宇航员的眼睛，阿波罗8号的地出照片得到了那么多的关注。[14]

可以说，地球的边界已经被扩展到低地球轨道，这是地球第一次如此示人。直到第一个太空时代到来之前，人类都生活在大气层内；进入轨道及更远处，被视为向宇宙迈出的第一步，那时人类还充满了偶遇神明和外星人的幻想。然而，不久之后，地球轨道似乎变成了航空飞行范围的延伸。时间来到21世纪，多了成群的小卫星、积少成多的太空垃圾，以及太空碎片，这些碎片源于被疯狂的武器试验炸毁的轨道飞行器。暗夜本身也受到了光污染的威胁。

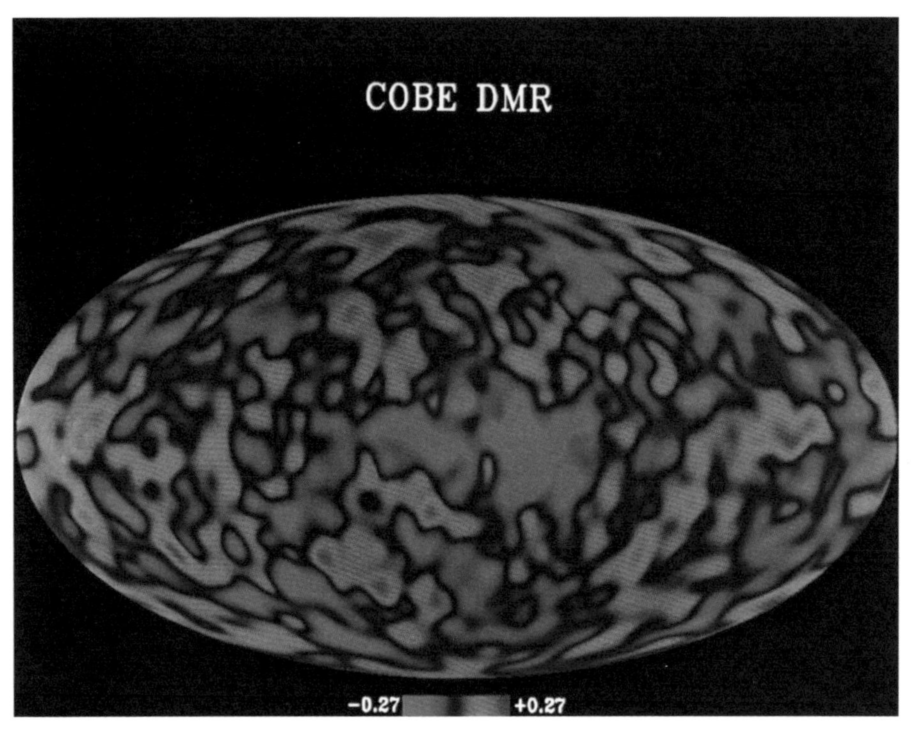

图10.2　完整宇宙：宇宙微波背景辐射，1992年由COBE探测器绘制

图片来源：美国国家航空航天局

地球的边界向外扩张，并囊括了轨道空间。与此同时，宇宙已经完成的扩张也超出了所有想象。在第一个太空时代，脉冲星、类星体和宇宙背景辐射的发现将宇宙的物理边界扩展到约一百三十亿光年。哈勃太空望远镜仔细观察了一小块深空，并传回了数千个星系的照片，这些星系的光线被引力透镜效应扭曲，还是宇宙年轻时的样子；哈勃望远镜的继任者詹姆斯·韦伯望远镜旨在进一步触及宇宙起源的起点。宇宙的每一次扩张都使地球看起来更加重要，而不是变得更加无足轻重——与周围四面八方、横亘亿万年的宇宙相比，地球变得越发与众不同。

1992年，NASA发射的宇宙背景探索者探测器绘制了一幅宇宙微波背景辐射图，而宇宙微波背景辐射正是宇宙大爆炸的回声。这是一个从内部看球体宇宙的视角，宇宙内部外翻，并被想象成球体。我们现在不仅拥有整个地球的照片，而且还坐拥整个宇宙的图像——整个天球的三维全景图，宇宙被变成了一个小球体。这张图的大小合适，可以投到电脑屏幕上。这张图匪夷所思，然而图中并没有像回望地球一样的视角。

NASA定期迭代原有的蓝色弹珠照片。1996年，地球静止轨道卫星四个月的观测数据经过编辑后，生成了一张数字地球全景照片，显示了所有的陆地区域和大部分海洋，并且没有云层遮挡。最近，偶尔发布主题为“下一代的大型蓝色弹珠”的合成图像，这些图像往往是在较短的时间内（通常是一周）收集上来的图像的综合。这些图像可能在数字化上令人印象深刻，但它们本质上是特效的产物，而不是“自然光线下的肖像画”。2015年，NASA的深空气候观测卫星（DSCOVR）被发射到日地系统引力平衡点拉格朗日L1点，距离地球约160万公里。卫星搭载了一台名为地球多色成像仪（EPIC）的望远镜；通过这台望远镜，现在蓝色弹珠照片可以做到每日更新。[15]

在阿波罗8号飞天之旅结束近四十年后，宇航员詹姆斯·洛弗尔在接受采访时，对这次任务的长久影响持悲观态度。“直到我们返回地球，我们才知道这次飞行对世界人民的影响……但人们很容易忘记，不久之后，人们又回到了以前的生活——战争、混乱和人类的残酷无情。人们在离开之前，并没有意识到他们曾经拥有的东西的价值，而只有少数人意识到了。”这种观点很难反驳；不断加剧的夏季火灾和洪水，似乎让人意识到了气候变化的现实，而不是从太空看到的地球表面的变化。不管怎样，战争仍在继续，甚至可能是作为一种结果而存在。但是，如果我们考虑到“完整地球”观点的影响，也许有更多的变化，这尤其体现在近年来体量不断扩大的相关文献中。[16]

看到完整的地球，那么小，那么有生命力，那么孤独，这引发了科学和哲学思考，原来的预设是地球的环境是固定的，专门服务人类的，这种预设转变了：地球环境是不断发展的模型，其环境取决于地球生命，地球环境不仅仅对人类活动敏感，而且会对人类活动做出反应。盖亚理论清晰无误地表达了这一观点，这项理论本身就是第一个太空时代的产物，不仅存在于深空，也存在于深邃的时间：正如唐纳德·沃斯特所说，“宇宙之眼看待事物就是这样”。2020年代，随着有史以来最全面的科学研究计划更好地理解了气候变化的机制，科学上已经普遍接受了这样的观点，即生命系统的活动改变了地球上的生命条件。完整地球的图像让全人类的思考有了可以依托的画面。[17]

在托马斯·库恩的模型中，科学革命是一种“世界观的改变”，随之而来的是一段智力斗争期，这种斗争发生在已存在的、与观测数据已经无法匹配的模型中。[18] 如果说有什么因素促成了世界观的改变，那肯定是从太空中看到了地球。这在多大程度上改变了精神世界观？就环境运动而言，阿波罗计划拍摄的地球照片是一项技术上的意外收获，这是最初没有想到的，但很快人们就认识到了。[19] 不过，整个地球科学的形成发生在冷战期间。1950年代和1960年代，各个学科对全球系统进行的持续研究得到了整合，帮助生态学家们和让人无法超越的詹姆斯·洛夫洛克形成了科学依据扎实的对世界的理解，即世界上的生物和非生物系统是相互依存和相互影响的。当阿波罗计划——冷战的产物——将人类带到远离地球的深空，并使他们有机会回望地球时，一张真正的地球照片诞生了。就像人们看待牛顿的苹果一样，太空时代完整地球的图像时机成熟，在准备好拥抱它的公众的瞩目下，从轨道上飘落。随着时间的推移，真切地看到地球可能比其他任何东西都更有助于人们理解地球的有限性和独特性，在可预见的未来，地球仍然是所有已知生命的家园。

这些完整地球的图像，是太空计划最大的战利品，也是太空计划最大的责任，因为这些图像向公众传达了一个隐含的信息，即人类备受推崇的“在太空中寻找未来”实际上是对地球家园的重新发现。天体未来主义者们忘记了一件关键的事情：地球上的每个人都可以目光向外，但只有宇航员可以目光向内，回望地球。人们离地球家园越远，地球周围的宇宙扩展得越大，地球就越显得珍贵和独特。在太空计划的所有矛盾中，出现了一种无价的情境：从月球上，人类第一次看到了地球。阿波罗8号的环月之旅是现代化的高潮；仍然没有人比他们飞得更远、更快。短短四年，载人登月计划就结束了——未来已经回到家园。五十年后，阿波罗计划最大的遗产仍然是那两张非凡的照片：地出和蓝色弹珠。太空计划旨在向人类证明地球家园只是人类的摇篮，而最终却证明了摇篮是人类唯一的家园。这是20世纪的标志性时刻。

那是标志性的，但不是决定性的。在本书付梓之际，2022年11月18日，NASA的DSCOVR探测器的EPIC相机拍摄到了一张新的蓝色弹珠图像，角度与1972年的蓝色弹珠相似，而时间几乎正好是五十年后。从155万公里外拍摄的这张蓝色弹珠的细节没有从4.5万公里外拍摄的那么清楚，相机镜头的蓝光饱和度也较低，但两张图像比较起来，还是相当接近的。南极的冰层变得更少了，东非和马达加斯加的绿色变得更少了，展示天气模式的细节当然也不同——究竟有多大的不同，气候专家无疑能指出。目前，联合国已经宣布地球人口已经超过八十亿。现在的全球人口总数是1957年全球人口的一倍还多，那时太空时代开启，夏威夷开始进行二氧化碳监测。大气中的二氧化碳水平比工业化前的水平高出百分之五十，而且还在上升。在过去的五十年里，虽然人类活动的每一项量化指标都在急剧攀升——这些指标以前都代表着“进步”，但野生动物的数量整体上下降了三分之二以上。地球历史上的第六次大规模物种灭绝正在上演，而且比其他任何一次物种灭绝都要快。[20]在一个人的一生这个时间框架里（比如作者的一生），一个入侵的物种——智人——已经改变了地球上的生命条件。这一切能走多远，取决于我们，取决于这十年，取决于现在。拍摄到地球全景照片后的第六个十年，地球盖亚也进入到了中年，人类活动留下的伤痕在她的脸上清晰可见。

图10.3　蓝色弹珠五十周年。DSCOVR探测器搭载的EPIC望远镜从155万公里外拍摄的地球图像，2022年11月18日

来源：美国国家航空航天局

参考文献 *

Apollo materials consulted at the Johnson Space(JSC), Houston have since been transferred to Rice University. Much other material is in thematic files in the historical reference collection at the NASA History Office (NHO), Washington D.C. This also houses the JSC Oral History Archive (OHA), also available online at http://www.jsc.nasa.gov/history/.

Chapter 1: Earthrise, Seen for the First Time by Human Eyes

1 United Nations Treaty on principles governing the activities of states in the exploration and use of outer space, including the moon and other celestial bodies (1967), quotation from Article 5.

2 Apollo 8 on-board voice recorder transcript, JSC, at 75 h 47 m. Andrew Chaikin, working with NASA technical experts and consulting both Anders and Borman, has shown that the naming of the speakers on the transcript is wrong, and that Borman's claim to have taken the first black and white photo was a case of mis-remembering. I have corrected the names here and amended the more detailed account in chapter 4 accordingly. Andrew Chaikin, 'Who took the legendary Earthrise photo?', Smithsonian Magazine, Jan.-Feb, 2018; NASA video reconstruction, 2013, at https://svs.gsfc.nasa.gov/4593 See also Emmanuel Vaughan-Lee, 'Earthrise', *New York Times* video, 2 Oct. 2018, https://www.nytimes.com/2018/10/02/opinion/earthrise-moon-space-nasa.html.

3 Frank Borman, Countdown (1988), 212.

4 Frank Borman interview, JSC Oral History Archive, 1999; Life 17 Jan. 1969.

5 Bill Anders interview, NOVA TV; Tony Reichardt, 'Leaving Home', Final Frontier December 1988.

6 Fred Hoyle, The Nature of the Universe (1950), on pp. iii, 9–10.

7 Entry for Peter Laslett, Oxford Dictionary of National Biography; Gregory, Fred Hoyle's Universe, 46–49; BBC Written Archives Centre RCONT 1 (Fred Hoyle talks 1947–1962), LR/50/217, 427 and 1636 (1950). The original script is identical to the published version, except that the words 'through a blue filter' are added before the description of Earth. Hoyle acknowledged that 'many of the most graphic remarks and phrases were suggested to me by Mr Peter Laslett', a BBC talks producer but also an up-and-coming historian. Laslett's notes indicate particular interest in the point about space travel raising human awareness, and scepticism about the suggestion that the sight of Earth will expose the futility of nationalistic strife.

8 Hoyle, quoted in Donald D. Clayton, The Dark Night Sky (1975).

9 Fred Hoyle, Energy or Extinction? (1977); Jane Gregory, Fred Hoyle's Universe (2005), 289. Hoyle was forced to withdraw the allegation.

* 参考文献引自原版，未做改动。

10 Asif Siddiqi has pointed out that in the original Russian, this phrase translates as: 'the Earth is the cradle of reason, but one cannot live in a cradle forever.' But the version almost universally quoted in the west is the one that is relevant for our purpose. Asif A. Siddiqi, 'American space history', in Critical Issues in the History of Spaceflight ed. Roger Launius & Steven Dick, NASA SP 2006–4702 (2006), 435n.

11 De Witt Douglas Kilgore, Astrofuturism (2003).

12 William E. Burrows, This New Ocean (1998), 143 & ch. 2; Dennis Piskiewicz, Wernher von Braun; Howard McCurdy, Space and the American Imagination (1997), chs 2–3; Roger Launius, 'Perceptions of Apollo: myth, nostalgia, memory, or all of the above?', Space Policy, 21 (2005); Bruce Mazlish (ed.), The Railroad and the Space programme (1965).

13 Roger Launius & Howard McCurdy, Imagining Space (2001), 2, 5.

14 Roger Launius, 'Perceptions of Apollo: myth, nostalgia, memory, or all of the above?', Space Policy, 21 (2005); Mazlish, The Railroad and the Space Programme.

15 McCurdy, Space and the American Imagination, 29, 58 and chs 2–3; R.Liebermann, 'The Collier's and Disney Series', in F. W. Ordway & R. Liebermann(eds), Blueprint for Space (1992); McCurdy & Launius, Imagining Space.

16 Ronald Reagan, address to National Space Club luncheon, 29 March 1985, quoted in John Logsdon, 'Outer space and international policy: the rapidly changing issues', 31, in International Space Policy ed. D. S. Papp & J. R. McIntyre (1987).

17 Arthur C. Clarke, 'The Challenge of the Spaceship', Journal of the British Interplanetary Society, Dec. 1946; 'Space Flight and the Spirit of Man', Astronautics, Oct 1961, and reprinted in his Voices from the Sky (1966), 3–11; R. Poole, 'The challenge of the spaceship: Arthur C. Clarke and the history of the future, 1945–1975', *History and Technology* 28, 3 (Autumn 2012).

18 Clarke papers 2/2, National Air and Space Museum (NASM), Bova, 25 January 1962; George E. Mueller, Library of Congress (LOC): 67/3 Memorandum 29 June 1963; 67/4 Memorandum 23 June 1965.

19 Robert Poole, 'The myth of progress: *2001: A Space Odyssey*', in Limiting Outer Space ed. Alexander C. T. Geppert (2018).
'*2001: A Space Odyssey* and the dawn of man', in Stanley Kubrick: New Perspectives ed. P. Kramer, T. Ljujic & R. Daniels (2015); Christopher Frayling, The 2001 File (2015).

20 Daniel C. Noel, 'Re-Entry: Earth Images in Post-Apollo Culture', Michigan Quarterly Review xvii (1979), 173–174; Rene Dubos, 'A Theology of the Earth' in A God Within (1972; London, 1976), 29–39; John Noble Wilford, 'The Spinoff from Space', New York Times magazine, 29 Jan. 1978. Dubos' lecture was first given at the Smithsonian on 2 Oct. 1969.

21 John Caffrey, quoted in Oran W. Nicks, This Island Earth, 3–4; Donald Worster, Nature's Economy (1977; Cambridge, 1994), 358–359; Galen Rowell, in Sierra, Sept. 1995, 73, quoted in Robert Zimmerman, Genesis: the Story of Apollo 8 (New York, 1998), 284.

22 Andrew Smith, Moondust (2005), 283–287. Smith's book goes some way in this direction, as does Frank White, The Overview Effect (1987; 2nd edn, Reston, Virginia, 1998). Both are based on astronaut interviews but neither looks specifically at the perspective of the whole Earth. White treats orbital and distant views of the Earth together, while Smith interviews the nine surviving astronauts who had walked on the Moon but not the twelve who went there but didn't land.

23 Michael Light, Full Moon (1999 & 2002). See also Oliver Morton, The Moon (2019).

24 Walter McDougall, The Heavens and the Earth (1985); McCurdy, Space and the American Imagination; DeWitt Douglas Kilgore, Astrofuturism (2003); Margaret A. Weitekamp, Right Stuff, Wrong Sex (2004); Michael J. Neufeld, Von Braun: Dreamer of Space, Engineer of War (2007); Kendrick Oliver, To Touch the Face of God (2013); Margot Lee Shetterly, Hidden Figures (2016); Roger Launius, Reaching for the Moon (2019), and Daniel Deudney, Dark Skies (2020). There are also three collections of essays in the NASA History Series, Critical Issues in the History of Spaceflight (2006), The Societal Impact of Spaceflight (2007), and Remembering the Space Age (2008), available at https://history.nasa.gov/series95.html, and the 'European Astroculture' trilogy, ed. Alexander Geppert et. al., Imagining Outer Space (London, 2012), Limiting Outer Space (2018), and Militarizing Outer Space (2021).

25 Donald Worster, The Ends of the Earth (1988), 20.

Chapter 2: A Short History of the Whole Earth

1 Universe (National Film Board of Canada, 1960). There is a copy in NASM.

2 Arthur C. Clarke, 2001: a Space Odyssey (1968), ch. 47; Zimmerman, Genesis, 57–58; New York Times, 28 Dec. 1968. 'An interesting movie, but did not have much effect on me', recalled Lovell nearly forty years later (personal communication).

3 Cosgrove, Apollo's Eye, ix, xii, 3.

4 Willie Ley & Chesley Bonestell, Conquest of Space (1949), 74.

5 On the films, see Frederick Ordway's 1982 essay on 'Space Fiction in Film' in Ordway & Robert Godwin, 2001: the Heritage and Legacy of the Space Odyssey (2015).

6 Fred Hoyle, The Nature of the Universe (1950), pp. iii, 9–10.

7 Arthur C. Clarke, 'If I Forget thee O Earth', in Expedition to Earth (1954); Robert Heinlein, The Green Hills of Earth (1951), originally published 1947; David Scott & Alexei Leonov, Two Sides of the Moon (2004), 314.

8 Clarke, "Maelstrom II" (1962), in The Wind from the Sun (1974), 18–19.

9 Clarke, The Exploration of Space (1951; Penguin, 1958), 182; Clarke to C. S. Lewis, Dec. 1943. Bodl. Eng. Lett. c220/4 item 8.

10 Archibald MacLeish, 'The Image of Victory' in Hans W. Weigert & Vilhjalmur Stefansson (eds), Compass of the World, 1–11 (1946). MacLeish's essay was first published in Atlantic Monthly, July 1942.

11 Weigert & Stefansson, Compass of the World; Robert Wohl, The Spectacle of Flight: Aviation and the Western Imagination 1920–1950 (2005).

12 Richard E. Harrison & Hans W. Weigert, 'World View and Strategy', in Compass of the World, 74–88; MacLeish, 'The Image of Victory', 5–7.

13 Jay Winter, Dreams of Peace and Freedom (2006), Introduction.

14 Quoted in William Sims Bainbridge, The Spaceflight Revolution (1976), 150.

15 US Dept of State press release, 9 July 1965.

16 Yuri Melvill, 'Man in the Space Age', Soviet Life May 1966.

17 Kilgore, Astrofuturism, 41, ch.1.

18 Arthur C. Clarke, 'Memoirs of an Armchair Astronaut (Retired)' (1963); reprinted in Journal of the British Interplanetary Society, 46 (1993), 411–414; Robert Crossley, Olaf Stapledon (1994), 364–365.

19 Olaf Stapledon, Star Maker (1937; Penguin edn, 1972), 16–18, 257–262; Stapledon, The Opening of the Eyes (1954), e.g. 43–45 ('On the threshold of the Church I am spending my life in doubt. . . The heavens declare-nothing.')

20 Konstantin Tsiolkovsky, Beyond the Planet Earth, trans. Kenneth Syers (1916: London, 1960), ch. 9 and passim.

21 Cosgrove, Apollo's Eye, 205.

22 Alexander Geppert, Fleeting Cities (2010), ch. 3; Winter, Dreams of Peace and Freedom 12, 26–27, 226, and ch. 1.

23 H. G. Wells, The First Men in the Moon (1901), ch. 5; Polyp, Paine: Being a Fantastical Visual Biography (2022).

24 Jules Verne, Autour de la Lune (1865; Paris, Livre de Poche edn), 38–40; Borman, Countdown, 225; JSC Oral History Archive interview with James Lovell.

25 Edgar Allan Poe, 'Hans Phaall: a Tale' (1835), in The Man in the Moone and Other Lunar Fantasies ed. F. K. Pizor & T. A. Comp (1971), 174–175; 'The Landscape Garden', in Complete Tales and Poems, 609; Peter Nicholls (ed.), The Encyclopedia of Science Fiction (London, 1979), entry under 'Poe'.

26 Cosgrove, Apollo's Eye, 205.

27 C. F. Volney, Ruins, or Meditations on the Revolutions of Empires (1890), 14–15.

28 Steven J. Dick, The Biological Universe (1996), 515–516.

29 Here I paraphrase from Cosgrove, Apollo's Eye, chs 6–7.

30 David Cressy, 'Early Modern Space Travel and the English Man in the Moon', American Historical Review, 111, 5, Dec. 2006; Francis Godwin, The Man in the Moone (1638), in Pizor & Comp, The Man in the Moone, 21–22; Scott L. Montgomery, The Moon and the Western Imagination (1999), 145–146. Godwin died in 1633 so this was written some years before publication and can have owed nothing to Kepler.

31 John Wilkins, The Discovery of a World in the Moon (1638; Amsterdam, 1972), 148–150 and propositions 8 and 11 generally. This curious idea suggests that Wilkins had not yet properly absorbed Copernican astronomy.

32 Johannes Kepler, The Dream [Somnium] ([1634] 1965), 104–106, 139–141; Dick, Biological Universe, 515.

33 'Monsieur Auzout's Speculations of the Changes, likely to be discovered in the Earth and the Moon, by their respective inhabitants', Royal Society Philosophical Transactions I (1665), 120–122.

34 Cosgrove, 120.

35 Peter Whitfield, The Image of the World (1994), 52–53; R. W. Shirley, The Mapping of the World (1984; Riverside, Ct 2001), 45.

36 Cosgrove, Apollo's Eye, 106–110. It is not known whether Ptolemy made a globe and none of his maps survive.

37 Francisco D'Ollanda, *De Aetatibus Mundi Imagines* (Edicao Fac–similada com Estudo de Jorge Segurado, Lisbon, 1983), plate 5 and p. 279.

38 Jeffrey Burton Russell, Inventing the Flat Earth (1991); Edward Grant, Planets, Stars and Orbs: the Medieval Cosmos 1200–1687 (1994), 619–622, 626; Peter Whitfield, The Image of the World (1994), vii; David Wootton, 'No Words for World', *TLS,* 12 Oct. 2012; Jerry Brotton, A History of the World in Twelve Maps (2012).

39 Cosgrove, Apollo's Eye, 50–52, 267, quoting Cicero, De Republica (Loeb edn 1928, p. 269).

40 Lucian trans. A. M. Harmon (1960), vol. 2, 287–288, 299–300; Cosgrove, Apollo's Eye, 3.
41 George Basalla, Civilized Life on the Universe (2006), 7; Cosgrove, Apollo's Eye, 31–325.
42 'Who First Flew in a Rocket?', Journal of the British Interplanetary Society July 1992, quoted in Burrows, This New Ocean, 22; C. S. Lewis, 'Will we lose God in Outer Space?', Christian Herald April 1958, reprinted as 'Rockets and religion' in The World's Last Night (1987). On Lewis, see Poole, 'Challenge of the Spaceship' & Michael Ward, Planet Narnia (2008).
43 Martin J. Heinecken, God in the Space Age (1959), 10–12, 190–203 & ch. 4. The definitive work on all this is now Kendrick Oliver, To Touch the Face of God (2013).
44 Wikipedia, 'Pope Pius XII', accessed 25 January 2008, citing a speech of 1939; Los Angeles Mirror, 20 Sept 1956; New York Times, 21 Sept. 1956; C. L. Sulzberger,'The Theology of Race and Space', New York Times, 15 Oct. 1962. On the theological status of extraterrestrials, see Wilkins, Discovery of a World in the Moon, 185–186; David Cressy, 'Early Modern Space Travel and the English Man in the Moon', American Historical Review, 111, 5 Dec. 2006; Stephen Dick, Plurality of Worlds (1982) and The Biological Universe (1996); Dick, ed., Many Worlds (2000); Heinecken, God in the Space Age, 115–146; David Abulafia, The Discovery of Mankind (2008), ch. 1.
45 Herald Tribune, 11 Jan. 1965; James Webb to Pope, 27 Jan. 1965, NHO file 006774; New York Times, 2 May, 7 June, 11 June, 17 July 1965; Evening Bulletin (Philadelphia), 9 June 1965.
46 Thomas Paine to Revd Luigi Raimondi, 16 Dec. 1968, Paine Papers Box 22; Philadelphia Sunday Bulletin, 16 Feb 1969; NHO file 006774; NASA Space Quotes, June 1969; Liturgical Arts, November 1967.
47 George M. Young, The Russian Cosmists (2013), 46–51, 148.
48 Young, The Russian Cosmists chs 7 & 9; Michael Hagemeister, 'Russian Cosmism in the 1920s and today', in The Occult in Russian and Soviet Culture ed. B. G Rosenthal (1997); John Gray, The Immortalization Commission (2011).
49 New York Times, 24 Aug. 1962, in NHO file 006774, Impact of space: religion.
50 Washington Post, 7 May 1962; Washington Evening Star, 6 July 1963; undated cutting in NASA Current News file, c. 29 Dec. 1968.
51 Heinecken, God in the Space Age, 7; Scott & Leonov, Two Sides to the Moon, 209–210.
52 Moscow Domestic Service in Russian, 12 May 1962, reported in the bulletin USSR International Affairs; Congressional Record, 24 May 1961; NHO file 006774.
53 Fallaci, If the Sun Dies, 384–385; Wolfe, The Right Stuff.
54 De Groot, Dark Side of the Moon, 107–108; Catholic Standard, 9 March 1962; Boston American Record, 26 July 1962; NHO file 006774. Cooper's prayer seemed to lose its way slightly, concluding, 'Help us in our future space endeavours that we may show the world that a democracy really can compete, and is still able to do things in a big way, and still is able to conduct various scientific, very technical programmes in a completely peaceful environment.' The reality was sometimes less clean-cut. The Italian journalist Oriana Fallaci, whose memoir describes a flirtation with the astronaut Pete Conrad, later sent him her grandmother's seventeenth-century silver cross to take up in his Mercury capsule, but he sent it back with an excuse: it would have to be disinfected first. Fallaci, If the Sun Dies, 394.
55 Houston Post, 17 Oct. 1967.

56 Wernher von Braun, "Space travel and our technical revolution", paper at American Rocket Society, New York, 4 April 1957, and Evangelical Academy, Locum, Germany, 28 Feb 1958, quoted in Heinecken, God in the Space Age, 7; Fallaci, If the Sun Dies, ch. 20. Von Braun, NHO file 006774 Oct.-Dec. 1971.

57 Vladimir Brljak, 'When did space turn dark?' Unpublished paper to New York University Spacetalks, 2021. I am grateful to Vladimir Brljak for letting me see a draft of this paper.

Chapter 3: From landscape to Planet

1 Beaumont Newhall, Airborne Camera (1969); N. A. Rynin, Interplanetary Flight and Communication, vol. II no. 4, Rockets (1929; translation Jerusalem 1971), 49.

2 Simon Baker, 'The Hitherto Impossible in Photography is Our Speciality', Air and Space, Oct./Nov. 1968.

3 Robert Wohl, The Spectacle of Flight (2005).

4 Albert Stevens, 'Exploring the Stratosphere', National Geographic, Oct 1934; William E. Kepner, 'The Saga of Explorer I', Aerospace Historian, Sept. 1971; David Devorkin, Race to the Stratosphere (1989).

5 Albert Stevens, 'Man's Farthest Aloft', National Geographic, lxix, 1, Jan 1936, 59,80; Stevens, 'The Scientific Results of the World Record Stratospheric Flight', National Geographic, lxix, 5, May 1936. The photograph was issued in a supplement to the May issue: see https://flatearthinsanity.blogspot.com/2017/10/quick-post- explorer-ii-1935-high.html. On another flight, Capt. Stevens had taken a photograph looking out over California to Mount Shasta, 331 miles away. The flight was much lower than the 1935 one but the curve of the Earth was revealed by the way that just the top of the mountain was visible below the horizon (NASM image 2005–35123).

6 Kubrick Archive, University of the Arts, London, SK12/2/2/6–8; The Astronauts: Pioneers in Space (Life Magazine, 1961).

7 The First Forty Years: a Pictorial Account of the Johns Hopkins Applied Physics Laboratory (1983), 13.

8 T. Bergstralh, 'Photography from a V–2 Rocket', NRL Progress Report, Washington DC, August 1947; David Devorkin, Science with a Vengeance (1992), chs 1–2.

9 Homer Newell, High-Altitude Rocket Research (1953), 89–103; Clyde Holliday, 'Preliminary Report on High-altitude Photography', Photographic Engineering, I, 1, Jan 1950; Clyde Holliday, 'Seeing the Earth from 50 Miles Up', National Geographic, 98, 4, Oct. 1950.

10 The view from the V–2 was captured in the 1956 APL film High altitude research(NASM).

11 Devorkin, Science with a Vengeance 144–146; Homer E. Newell, High-Altitude Rocket Research (1953), 283–284.

12 Bergstralh, 'Photography from a V–2 Rocket'; Devorkin, Science with a Vengeance, 145; Newell, High-Altitude Rocket Research, 283–288; The First Forty Years, ch. 2; 'So Columbus was Right!' APL souvenir booklet, October 1948. On the Columbus myth, see Jeffrey Burton Russell, Inventing the Flat Earth (New York, 1991). Columbus knew the Earth was round and expected to land in Asia; he rejected the idea that he had found a new continent.

13 In May 1954 the US Navy's Viking rocket took clear photographs of much of Mexico from

a height of 158 miles (254 km). R. C. Baumann & L. Winkler, Photography from the Viking Rocket at Altitudes Ranging up to 158 Miles, NRL report 4489 (Washington DC, 1955).

14 Harry Wexler, 'Observing the Weather from a Satellite Vehicle', Journal of the British Interplanetary Society, 13:5 (1954): 269–276; James R. Fleming, 'A 1954 Colour Painting of Weather Systems as Viewed from a Future Satellite', Journal of the American Meteorological Society, 88 (2007): 1525–1527.

15 Films from Space (General Electric Company, 1959).

16 NASM X–15 file; X–15: Research at the Edge of Space, NASA EP–9 (nd).

17 Newhall, Airborne Camera, 113.

18 Devorkin, Science with a Vengeance, 146.

19 William R. Corliss, Scientific Satellites (NASA SP–133 1967), 717 et. seq.; Washington Evening Star, 28 Sept. 1959; Washington Post, 29 Sept. 1959; Explorer VI press conference transcript 28 Sept. 1959, NHO Explorer VI file 005819.

20 Henry G. Plaster, 'Snooping on Space Pictures', NHO (from a declassified CIA journal, Fall 1964).

21 Burrows, This New Ocean, 303–304.

22 John Logsdon (ed.), Exploring the Unknown, NASA SP–4407 (1995), 156–161; Devorkin, Science with a Vengeance, 145; H. Wexler, 'Observing the Weather from a satellite vehicle' (1954), in Logsdon, Exploring the Unknown.

23 TIROS files, NHO 00647–00648; interview with William Stroud, Sept 1973, NHO 002239. During the U–2 spy plane crisis, NASA released a photograph of Lake Baikal in the Soviet Union taken by TIROS on 4 April 1960, to sending a message to the Russians: 'calm down — look what else we can do'. NASA photo release H 410 36–16.

24 NASA SP–53, A Quasi-Global Presentation of Tiros III Radiation Data, 1964, 11.

25 TIROS I press conf 22 April 1960, NHO TIROS files 00647–00648.

26 Letter from Homer E. Newell 12 Aug. 1958, NHO file 005463.

27 Underwood's official title during the Apollo years was 'Manager, Operational Applications Office, Photographic Technology Division'. The following account is drawn from NHO Biographical Data Sheet; JSC Oral History Archive interview with Richard Underwood by Chick Bergen, October 2000, NHO; Billy Watkins, Apollo Moon Missions: the Unsung Heroes (2006); telephone interview and correspondence with the author, June-September 2007; 'Lessons of the Lenses', unattributed article in NHO file 006579; Richard Underwood, 'Aerial Cameras, Aerial Films, and Film Processing', in Earth Resources Survey Systems (NASA SP–283, 1972); Ron Schick & Julia van Haften, The View from Space (1988).

28 'Project Mercury', Industrial Photography, June 1961; JSC–11710, 'A table and reference list documenting observations of the Earth' (NASA Johnson Space Centre, 1976).

29 Newhall, Airborne Camera, 120–121.

30 Tom Wolfe, The Right Stuff (1980), 320–326; Burrows, This New Ocean, 284–292; Schick & van Haften, The View from Space, 11.

31 Results of the Third US Manned Orbital Space Flight October 3 1962 (NASA SP–12); MA-8 Post-launch Memo Report 1: Mission analysis, and Report 3: Air-ground voice & debriefing; White Overview Effect, 27–30, 181–182, quoting from the Mercury team's We Seven (New York, 1962); Smith, Moondust, 282–284; JSC Underwood interview, 5–7.

32 Shick, View from Space, 11–12; Mack, Viewing the Earth, 39–40.

33 H. J. P. Arnold, 'The Camera in Space', Spaceflight Dec. 1974, 442–453; P. D. Lowman, 'The Earth from Orbit', National Geographic, Nov, 1966, 669, quoted in Margaret Dreikhausen, Aerial Perception (1985), 44.

34 H. J. P. Arnold, 'Gemini: the EVA Photography', Journal of the British Interplanetary Society, 37 (1984), 207–212; Francis French and Colin Burgess, In the Shadow of the Moon (2007), 29–33.

35 'Lessons of the Lenses', illustrated article (source ns) in NHO file 006579, 'Impacts: photography'; Richard Underwood, NASA Oral History Interview 17 Oct.2000, p. 6.

36 Watkins, Apollo Moon Missions, ch. 3. My own experience of (literally) blowing the dust off old NASA technical publications in a deserted cul-de-sac of Manchester University Library bears out Underwood's prophecy.

37 H. J. P. Arnold, 'Lunar Surface Photography: a Study of Apollo 11'. Paper at 38th IAF Congress, Oct. 1987 (American Institute of Aeronautics & Astronautics).

38 H. J. P. Arnold, 'The camera in space: photography's role in the US space programme', Spaceflight, Dec. 1974; Shick, View from Space, 11–12.

39 Underwood NASA interview 17 Oct. 2000, 11

40 Shick & van Haften, View from Space, 12; Underwood NASA interview 17 Oct. 2000, 1–19.

41 Bruce K. Byers, Destination Moon (NASA TM X–3487, 1977), 67–70; NHO Lunar Orbiter file 005 158; General Thomas S. Moorman, 'The Ultimate High Ground: Space and Our National Security', 1998 Wernher von Braun memorial lecture, NASM website.

42 Robert J. Helberg, Lunar Orbiter Programme (Boeing Company, 1966), NHO file 005156; NASA news release 28 July 1966, NHO file 005158; Lunar Orbiter Press Kit 29 July 1966, NHO file 005159; Oran Nicks to Edgar Cortright, 13 June 1966, NHO file 005154.

43 Personal communication.

44 'Transcript of Discussion between Oran W. Nicks, Benjamin Milwitzky, and Lee R. Scherer of NASA and members of the National Academy of Public Administration, Washington, D.C. 12 Sept 1968', NHO 001580, 106–109;Byers, Destination Moon, 225–227, 241–243.

45 Transcript of Discussion, 12 Sept 1968, 110–112.

46 NHO Lunar Orbiter file 005155; Lunar Orbiter I Photographic Mission Summary. NASA CR–782, Washington, D.C., April 1967.

47 Edgar Cortright (ed.), Apollo Expeditions to the Moon (NASA SP–350), 78.

48 NASA press photo 66–H–1146, as released 14 Sept. 1966.

49 Photo 67–H–218, re-enhanced October 1966, released 2 March 1967, and reproduced in NASA SP–197, Lunar Orbiter I Preliminary results, p. 88

50 Arthur C. Clarke, The Promise of Space (1968), p. 149 & plate 31.

51 Cortright, Exploring Space with a Camera, NASA SP–168, 84–85; Newhall, Airborne Camera, 118.

52 Joseph Karth biographical file, NHO file 001159; and see for example Karth, 'Technology of social progress', speech to 6th Goddard Memorial symposium, March 1968, NASM file OS–505368–01, and see Chapter 8 below.

53 NASA Release 66–228, 23 Aug 1966, 'Lunar Orbiter Earth-from-Moon Photo Attempted', NHO Lunar Orbiter file 005155; Oran W. Nicks, circulars to Lunar Orbiter progam staff, Sept. 1966 & 22 Aug. 1967, NHO Lunar Orbiter file 005158; The Lunar Orbiter: a radio-controlled camera. NASA Langley Research Centre pamphlet n.d. [c.1969], inside back cover; NASA Press release 68–23, 31 Jan. 1968, NHO Lunar Orbiter file 005158; L. J.

Kosofsky & F. El-Baz, The Moon as Viewed by Lunar Orbiter, NASA SP–200,1970; David E. Bowker & J. K. Hughes (eds), Lunar Orbiter Photographic Atlas of the Moon (NASA SP–206, 1971); NASA leaflet 'The eyes of Lunar Orbiter', NHO Lunar Orbiter file 005158; Edgar Cortright, Exploring Space with a Camera, NASA SP–168, 84–85.

54 Memo, 7 Nov 1966, 'Earth photography from Lunar Orbiter missions', NHO Lunar Orbiter file 005156.

55 Transcript of Discussion between Oran W. Nicks, Benjamin Milwitzky, and Lee R. Scherer of NASA and members of the National Academy of Public Administration, Washington, D.C. 12 Sept 1968, 115. NHO Lunar Orbiter file 001580. Lunar Orbiter Post Launch Reports 3 & 5, 7 & 9 August 1967.

56 NASA release 67–14, 27 Jan 1967, NHO Lunar Orbiter file 005158.

57 Richard Underwood, in Watkins, Apollo Moon Missions, 32; NASA SP–184 Surveyor Programme Results (1969), 119–124.

58 Evening Star (Washington DC), 11 Jan. 1968.

59 Surveyor Programme Results, 116–119; NHO Surveyor VII files 5443–5445, including Surveyor VII Press Kit 4 Jan 1968, Surveyor VII Mission status reports, Surveyor VII news conference 25 Feb 1968, and press cuttings.

60 Martin Collins (ed.), After Sputnik: Fifty Years of the Space Age (2007), 140–141. Surveyor III's camera is now in the National Air and Space Museum, Washington DC.

61 NASA release 66–251,14 Sept 1966, 'Lunar Orbiter circles Moon, snaps pictures'.

Chapter 4: Apollo 8: from the Moon to the Earth

1 Michael Collins, Carrying the Fire: an Astronaut's Journey (1975), 475; JSC Oral History Archive, Michael Collins interview, 1997.

2 Asif A. Siddiqi, Challenge to Apollo: the Soviet Union and the Space Race, 1945–1974 (NASA SP–2000 4408, 2000); Gene Krantz, Failure is not an Option (New York, 2000), 226.

3 Krantz, Failure is not an Option, 226–227. This first use of the overworked phrase '101%' was in fact correct: Apollo 7 had fulfilled every target, and one extra added at the last minute.

4 Slayton, Deke!, 216–217; Siddiqi, Challenge to Apollo, 662; Phillips, 'The Shakedown Cruises'. Hard evidence for this is elusive. W. H. Lambright, in Powering Apollo: James E. Webb of NASA (1995), 196–200, writes of a 'strong feeling, based on intelligence information, that the revitalized Soviet programme might at this very moment be preparing for such a flight'. The inconsistency in the story is that Webb, who would have had the highest access to intelligence, was the least enthusiastic about the decision; his resignation on 15 September for other reasons may have cleared the way.

5 Paine memo to James R. Jones 30 Oct. 1968, LOC Paine Papers box 52, folder 7; Paine to Helms, 4 Dec. 1968 & to Mueller, Maugle and Beggs, 31 Jan 1969, NHO file 011085.

6 See Chapter 5 below. As late as July 1969 Apollo 11 was shadowed to the Moon by a Soviet craft, Luna 15, believed to be capable of carrying crew, which passed as close as ten miles (16 km) to the Moon and (it later turned out) crashed while attempting to get a surface sample. The excitement caused to television viewers by the suggestion that Soviet cosmonauts were secretly aloft is still remembered. David Scott & Leonov, Two Sides of the Moon, 225–227; Reginald Turnill, The Moonlandings: an Eye Witness Account (2003), 132–

134; Siddiqi, Challenge to Apollo, 653–668, 694–696.
7 Turnill, The Moonlandings, 151.
8 Samuel Phillips, 'Apollo 8 Decision' transcript, 12 Nov, 1968 (NASA). Unless stated, information and quotations about the course of the Apollo 8 mission are from NASA's transcripts of the mission at JSC 078–11, particularly the Flight Plan of 22 November 1968, the Press Kit of 15 December, the Apollo 8 Mission Commentary, the On- board Voice Recorder transcript, and the Summary Log. Many of these are now available at the NASA History Office website, http://history.nasa.gov.
9 Samuel Phillips, 'The Shakedown Cruises', in Apollo Expeditions to the Moon ed. Edgar Cortright (NASA SP–350, 197), ch. 9; Deke Slayton, Deke! (1994), 212–217; C. G. Brooks, J. M. Grimwood & L. S. Swenson, Chariots for Apollo: A History of Manned Lunar Spacecraft (NASA SP– 4205, 1979).
10 Frank Borman, Countdown: an Autobiography (New York, 1988), 188. He gave the same account to other interviewers and the JSC Oral History Archive. Lovell has also written that 'the CIA told us the Russians were aiming to circumnavigate the Moon'. The Observer 20 Jan. 2008 (Review section p.3).
11 Slayton, Deke!, 212–217.
12 Anders interview for the 1999 PBS NOVA documentary To the Moon.
13 Krantz, Failure is not an Option, 238–240; Collins, Carrying the Fire, 304.
14 Anne Morrow Lindbergh, 'The Heron and the Astronaut', Life 28 Feb. 1969; Baltimore Sun, 10 Nov. 1967, commenting on an earlier Saturn V launch; Susan Borman, interviewed for 'The Astronauts' Wives Story', BBC Radio 4, November 2007; Norman Mailer, A Fire on the Moon (1970), 82. Mailer was commenting on the similar Apollo 11 launch.
15 JSC Michael Collins interview; Michael Collins, Carrying the Fire (1974), 304–305; Krantz, Failure is not an Option, 242.
16 Piers Bizony, The Man Who Ran the Moon (2007), 215–216; Life, 17 Jan. 1969, 27; Borman, Countdown, 204.
17 Krantz, Failure is not an Option, 215, 228. The Apollo 8 onboard computer had a memory of some forty thousand words — half the length of this book, of which only 2,000 words was erasable.
18 Apollo 8 Onboard Voice Transcription, JSC 078–13; Life, 17 Jan. 1969, 29.
19 Personal communication, June 2007.
20 Bill Anders interview, NOVA TV; The Listener (London), 20 Feb. 1969, 232–233.
21 French and Burgess, In the Shadow of the Moon, 310–312.
22 Zimmerman, Genesis; NOVA TV documentary, To the Moon (WGBH for PBS, 1999); Richard Underwood to Glenn Swanson, JSC History Office, 23 Dec. 1968; JSC 077–65 Apollo 8 Photographic TV and Operations Plan 18 Nov 1968.
23 Billy Watkins, Apollo Moon Missions: the Unsung Heroes (2006), 30–31.
24 Frank Borman, personal communication, June 2007; French & Burgess, In the Shadow of the Moon, 310–312; Chaikin, 'Who took the legendary Earthrise photo?' NASA Earthrise video reconstruction, https://svs.gsfc.nasa.gov/4593.
25 Krantz, Failure is not an Option, 245.
26 William Styron, Foreword to Ron Schick & Julia van Haften, The View from Space: American Astronaut Photography 1962-1972 (New York, 1988).
27 When a San Francisco Baptist minister wrote to suggest sending a Christian representative

into space, NASA politely deflected the enquiry by sending a copy of the criteria for astronaut recruits, 'without regard to sex, religion, race, or national origin'. NHO file 006774, Office of Public Affairs to Revd Belton C. Currington, Good Shepherd Baptist Church, San Francisco. NASA did however make encouraging responses in 1969 to a proposal from congressmen for a 'Chapel of the Astronauts' at the Manned Spaceflight Centre: Thomas Paine to Joseph Karth, 16 May 1969, NHO file 001159, Joseph Karth biographical file.

28 Aldrin, Return to Earth, 45; Borman, Countdown, 194–195; JSC Oral History Archive Borman interview, and see Chapter 2 above.

29 Washington Post, 22 Dec. 1968.

30 Apollo 8 Crew Briefing, 7 Dec 68 & Apollo 8 Postflight Press Conference, JSC 078–11; Apollo 8 Group Conference 1998, 26.

31 Paine to Staffan Wennberg 12 Aug. 1968, Paine Papers Box 22; C. P. Snow, in Look, 4 Feb. 1969.

32 Borman, Countdown, 194–195. The story is pieced together from interviews by Robert Zimmerman in Genesis, ch. 10 and filled out Bourgin's notes in NASM file 1995–025, Apollo 8 and 11 notes and letters.

33 JSC interviews with Glynn Lunney, 1999 & James Lovell, 1997; Apollo 8 group conference, 1998; Turnill, The Moonlandings, 168–171.

34 Collins, Carrying the Fire, 59–61.

35 New York Times, 28 Dec. 1968; Honolulu Advertiser, 28 Dec. 1968. The pilot of the inbound flight, which had come from Australia via Fiji, had been given the co-ordinates before leaving and changed course to give the passengers a better view. 'All of us pilots see quite a bit of space garbage . . . but I have never seen anything like this', said the pilot. The first sight of the returning Apollo 8 however was picked up as early as 26 December through a telescope by pupils at Austin Friars Grammar School, Carlisle, Cumbria. 'We picked up Apollo very clearly as the moon darkened slightly at 7:25 p.m. There is no doubt at all about it being Apollo. We have been waiting since the launch to spot it,' said their teacher. The Times, 27 Dec. 1968.

36 Collins, Carrying the Fire, 312; New York Times, 28 Dec. 1968; Krantz, Failure is not an Option, 246.

37 Richard Underwood interview, 17 October 2000, pp. 22–24, NASA Oral History Archive, at http://history.nasa.gov. Underwood's role in preparing the astronauts to photograph the Earth, including those of Apollo 8, is discussed in chapters 4–5 below.

38 Watkins, Apollo Moon Missions, 30–31.

39 The wording is copied from an original PAO released photo preserved by Bill Larsen at the JSC astronaut office.

40 Copy in NHO.

41 John Catchpole, 'A Question of Viewpoint', Spaceflight, vol. 40 (June 1998), pp.221–223, and subsequent correspondence, p.286 (August 1998); Apollo 8: Photography and Visual Observations, NASA SP–201, 124–125, 188–189; JSC Underwood interview, 6–7.

42 Chaikin, 'Who took the legendary Earthrise photo?' corrects Robert Zimmerman's accounts in *Genesis* and in 'Photo Finish', The Sciences, Nov/Dec. 1998, pp. 16–18. See also H. J. P. Arnold, 'Apollo 8 Earthrise Images', Spaceflight, June 1999. For the restored and recoloured image, see https://apod.nasa.gov/apod/ap181224.html and https://jw9c.blogspot.

com/2018/01/earthrise-1.html.

43 Paine to James Jones, Special Asst to President, 26 Dec. 1968, Paine Papers box 22, Library of Congress (LOC).

44 Apollo 8 Post-recovery press conference 27.12.68, JSC 078/11.

45 Paine Papers, box 52, folder 7, Oct. 1968.

46 Paine Papers, box 43.

47 Associated Press bulletin, 24 Dec. 1968; Miami News, 24 Dec. 1968; Washington Evening Star, 26 Dec. 1968.

48 Look, 4 Feb. 1969.

49 Washington Evening Star, 23 Dec. 1968; Los Angeles Times, 29 Dec. 1968; Time, 3 Jan. 1969; New York Times, 28 Dec. 1968;

50 Paine to Charles H. Townes, University of California, 20 Jan. 1969, Paine Papers Box 23; Tom Morrow (of Chrysler) to Paine, Jan. 1969, Paine papers Box 43.

51 New York Times, 25 Dec. 1968; Washington, Evening Star, 30 Dec. 1968; Washington, Sunday Star, 29 Dec. 1968. The Star was making a comparison with the atomic bombing of Hiroshima, which was not directly seen at the time.

52 Washington Post 28 Dec. 1968; Chicago Daily News, 28 Dec. 1968; New York Times, 28 Dec. 1968; The Evening Bulletin (Philadelphia), 26 Dec. 1968; St Louis Globe-Democrat, 28–29 Dec. 1968.

53 Christian Science Monitor, 27 Dec. 1968.

54 Houston Chronicle, 28 Dec. 1968.

55 Time, 3 Jan. 1969; Life, 17 Jan. 1969; National Geographic, May 1969; Washington Post, 30 Dec. 1968; Houston Chronicle, 27 Jan. 1969.

56 New York Times, 25 Dec. 1968; Washington Post, 4 Jan. 1969; Christine Garwood, Flat Earth (2007), 246–248 & ch. 7.

57 Archibald MacLeish, 'Riders on the Earth', New York Times, 25 Dec. 1968.

58 Life, 17 Jan. 1969; Russell Schweickart, "No Frames, No Boundaries", in Michael Katz, Earth's Answer (1977), 2–13.

59 Life, 10 Jan. 1969. The poem is Dickey's 'For the First Manned Moon Orbit', part of a suite of space poetry: James Dickey, The Central Motion: Poems 1968–1979 (Middletown, Connecticut, 1983), 22–26.

60 The Times, 31 Dec. 1968, 6 Jan. 1969; Victoria Broackes & Geoff Marsh, David Bowie Is (2013), 42.

61 Congressional Record, 9 Jan. 1969.

62 NASA, Daily News bulletins, January 1969; The Times, 21 Jan. 1969; Borman, Countdown, 223–225; NHO files on Borman and on Apollo 8.

63 Frank Borman, This Week, 6 April 1969; The Times, 2 Feb. 1969 onwards; Washington Post, 12 Feb. 1969; The Listener (London), 20 Feb. 1969, 232–233. Two years later, Borman was presented in Paris with copies of the Tintin stories 'Destination Moon' & 'Explorers on the Moon': The Sun (Baltimore), 11 Aug. 1971.

64 Philadelphia, Sunday Bulletin, 16 Feb 1969; New York Times, 25 Dec. 1968; Borman, Countdown, 231.

65 Frank Borman, This Week, 6 April 1969; NHO Frank Borman biographical file 000212.

66 The Times, 27 Dec. 1968; Washington Post, 9 Feb. 1969; Paine Papers, LOC, Box 43.

67 Washington Evening Star, 2–6 July 1969; Current Digest of the Soviet Press, 30 July 1969.

Borman did not visit the Baikonur launch pad where an N–1 Moon rocket had blown up in a colossal explosion on the eve of his visit: Siddiqi, Challenge to Apollo, 688–693.

68 Kansas City Star, 26 Dec, 1968; Washington Post, 26 Dec. 1968; Washington Evening Star, 1 Jan 1969; Miami Herald, 29 Dec. 1968; George Basalla, Civilized Life on the Universe (2006), 13.

69 Washington Post, 28 Dec. 1968; Frank Borman biographical file, NHO 000212.

70 Memorandum by R. G. Rose, 29 Jan. 1969, in Apollo 8 archives, JSC 078–11. The prayer was that for 'Vision, Faith and Work' by G. F. Weld.

71 Frank Borman, 'Message to Earth', Guideposts magazine (New York), April 1969, 1–7; Paine Papers, Box 43; Detroit News, 27 April 1972; NHO file 006774; Chicago Tribune, 8 Dec. 1969.

72 New York Times, 25 & 28 Dec. 1968; Parade, 23 Jan. 1969; Los Angeles Times, 29 Dec. 1968.

73 Bill Anders NOVA TV interview; Julian Scheer obituary at www.space.com/news 4 Sept. 2001; JSC file 078–11.

74 Aldrin, Return to Earth, 232–233;Daniel M. Harland, The First Men on the Moon (2007), 252; James R. Hansen, First Man: the Life of Neil Armstrong (2005), 487–488. Tom Stoppard's 1972 play *Jumpers* picked up this theme.

75 Los Angeles Times, 29 Dec. 1968.

76 William Irwin Thompson, 'The deeper meaning of Apollo 17', New York Times, 1 Jan. 1973. Cousins repeated his thought in a symposium at CalTech in July 1976, called to mark both the American bicentennial and the success of NASA's Viking Mars Lander: Why Man Explores (NASA EP–125, 1976).

Chapter 5: Blue marble

1 Applied Physics Laboratory DODGE press information, 1 July 1967, in NASM; Washington Post, 14 Oct. 1967; Kenneth F. Weaver, 'Historic Colour Portrait of Earth from Space', National Geographic, November 1967.

2 Missiles and Rockets, 7 March 1966, 22.

3 NHO ATS files 005630–3; NASM ATS files 10639–667. The individual items listed below are from these files, mostly NHO.

4 Washington Evening Star, 14 Dec. 66.

5 Aviation Week & Space Technology, 19 Dec. 1966; NASA News, 2 Dec 1976; NHO ATS–3 files 005637–9 & Werner Suomi biographical file. ATS–3's colour camera used electronic rather than mechanical scanning, but at 4.5 miles its resolution of the Earth was less than half that of ATS-I.

6 NHO biographical file 002248.

7 Washington Post, 11 Dec. 1966.

8 North American Aviation magazine Apollo 4 preview, NHO file 007233; Baltimore Sun, 10 Nov. 1967; New York Times, 10 Nov. 1967; NHO file 007233.

9 Evening Star (Washington), 12 Nov. 1967; Life, 24 Nov. 1967; The Last Whole Earth Catalog (1971).

10 British sources mention tortoises, American turtles. Siddiqi, Challenge to Apollo, 653–656; Turnill, The Moonlandings, 132–134; Scott & Leonov, Two Sides of the Moon, 227; www.astronautix.com.

11 Scott & Leonov, Two Sides of the Moon, 225. Technically this and the other Zond photographs, like those of Lunar Orbiter, showed Earth setting rather than rising.
12 JSC Underwood interview; Siddiqi, Challenge to Apollo, ch. 15. Good information on the Soviet space programme can be found on the Encyclopedia Astronautica website at http://www.astronautix.com/, and a collection of Soviet Moon Images at Don P. Mitchell's website http://www.mentallandscape.com/C_CatalogMoon.htm.
13 Michael Collins, at an MSC Press conference, quoted in Arnold, 'Lunar Surface Photography', 7; Richard Underwood to JSC History Office, 23 Dec. 1998 (JSC collection).
14 Edwin E. Aldrin, Return to Earth (1973), 180; Apollo 11 Mission Report, Nov 1969, including extracts from mission plan 79–80, in NHO file 005463.
15 Michael Collins, Carrying the Fire (1974), 349; Aldrin, Return to Earth, 236.
16 Arnold, 'Lunar Surface Photography', 1–2; Underwood interview, JSC, 20; Apollo Mission Report, Nov. 1969, NHO file 005463.
17 JSC Underwood interview, 36–38; Martin Collins (ed.), After Sputnik: Fifty Years of the Space Age (2007),151.
18 George Low, Deputy Administrator, to Dale Myers, Associate Administrator for Manned Space Flight, 28 Jan. 1972, and Myers' reply, 18 Feb. 1972, NHO 'Photography' file.
19 Watkins, Apollo Moon Missions, 31; Underwood to JSC, 23 Dec. 1998; JSC Underwood interview, 51–52.
20 Profile of Harrison Schmitt, Washington Post magazine, 30 Sept. 1982; Gene Cernan, Last Man on the Moon (1999), 324.
21 JSC Underwood interview, 51–52; Aviation Week and Space Technology, 15 Jan. 1973; Apollo 17 Mission Report (NASA, 1973), 11–15.
22 Congressional Record, 22 Jan 1973; Miami Herald, 1 Dec. 1972; Kansas City Star, 7 Dec. 1972.
23 Chicago Sun-Times, 21 Dec. 1972; New Yorker, 30 Dec. 1972; Wall Street Journal, 6 Dec. 1972 (editorial).
24 Jerry Brotton, A History of the World in Twelve Maps (2012), ch. 11.
25 Aerospace Perspectives, March 1973.

Chapter 6: An astronaut's view of Earth

1 The comment is widely quoted by Soviet cosmonauts and writers, but I have not been able to identify the original source for it.
2 Stanley G. Rosen, 'Space consciousness: the astronauts' testimony', Michigan Quarterly Review, xviii, 2 (Spring 1979), 279–299, at 288–291. For other important collections of astronaut testimonies, see: Ronald Weber, Literary Responses to Space Exploration (Athens, Ohio & London, 1985); Frank White, The Overview Effect (1987; 2nd edn, Reston, Virginia, 1998); Kevin W. Kelley, ed. for Association of Space Explorers Home Planet (Reading, Mass., c. 1988); Colin Fries, 'The Green Hills of Earth: Views of Earth as Described by Astronauts and Cosmonauts', Quest 10:3 (2003); Francis and Colin Burgess, In the Shadow of the Moon (2007).
3 Rosen, 'Space consciousness', 288, 291; White, Overview Effect, 15–23.
4 Winter, Dreams of Peace and Freedom, 5; Gene Cernan interviewed for the film In the Shadow of the Moon (2007); Aldrin, Return to Earth, 140; Smith, Moondust, 66–67.

5 James Irwin & William Emerson, To Rule the Night (1973), 18–19; Schweickart, interviewed in Brand, Space Colonies, 34.
6 White, Overview Effect, 20; Oleg Makarov, Preface to Kelley, Home Planet.
7 Collins, Carrying the Fire, 471; Michael Collins, 'Our planet: fragile gem in the universe', Birmingham Post-Herald, 1 March 1972.
8 Gene Cernan, Last Man on the Moon (New York, 1999), 206–207; Irwin, To Rule the Night, 17; Aldrin, Return to Earth, 222.
9 Irwin, To Rule the Night, 60; Aldrin, Return to Earth, 236.
10 White, Overview Effect, 182–187, 187–190; Cernan, Last Man on the Moon, 208–209; Kelley, Home Planet, caption 53; Irwin, To Rule the Night, 17; Noel, 'Re-entry', 170–171; ALdrin, Return to Earth, 239.
11 White, Overview Effect, 15–23, 33; Weber, Literary Responses, 47–48, 52, 56–58.
12 Schweickart, 'No Frames, No Boundaries', 5–6.
13 Henry S. F. Cooper, A House in Space (1976; London, 1977), 166–167; Irwin, To Rule the Night, 17–19.
14 William E. Honan of Esquire, July 1969, quoted in Weber, Literary Responses, 59; Collins, Carrying the Fire (page reference to follow *C); David Scott & Alexei Leonov, Two Sides of the Moon (London, 2004), 289.
15 Gene Cernan, Last Man on the Moon (New York, 1999), 347; White, Overview Effect, 128; Irwin, To Rule the Night, 17; Collins, Carrying the Fire, 473–474, 408–409.
16 Scott & Leonov, Two Sides to the Moon, 230–238; Schweickart quoted in Philadelphia Enquirer, 26 June 1980.
17 Russell Schweickart, "No Frames, No Boundaries", in Michael Katz, Earth's Answer (New York, 1977), 2–13. An edited version of about half of this can be found in Rediscovering The North American Vision (In Context #3), Summer 1983, on the web.
18 Scott & Leonov, Two Sides to the Moon, 236–238. The information about the music was supplied by Schweickart in an e-mail to NASM in 2002: see NHO file 001952.
19 White, Overview Effect, 43, 250–256; Kelley, Home Planet, at picture 82, and Preface by Oleg Makarov; Scott & Leonov, Two Sides to the Moon, 310; Frank Borman in Life, 17 Jan. 1969;
20 Collins, Carrying the Fire, 470; White, Overview Effect, 47.
21 Irwin, To Rule the Night, 60, 17–19; Smith, Moondust, 331.
22 Cernan, Last Man on the Moon, 208–209, 322–324, 336–339.
23 White, Overview Effect, 20; Smith, Moondust, 197.
24 Rosen, 'Space consciousness', 288–291. See also Smith, Moondust, ch. 2 & 69–70; Kelley, Home Planet, at pictures 138–139, and see below, ch. 8.
25 Rosen, 'Space consciousness', 294–295; Harold Masursky et. al., eds, Apollo Over the Moon, NASA SP–362 (19), 254–255. See also Alfred Worden, Hello Earth (1974).
26 Irwin, To Rule the Night,18–19; Schweickart, 'No Frames, No Boundaries', 12.
27 Washington Post, 19 July 1966.
28 Cernan Last Man on the Moon (New York, 1999), 284–285, 339, 347; Michael Collins, 'Our planet: fragile gem in the universe', Birmingham Post-Herald, 1 March 1972. AL Bean talks about his paintings, including 'Mother Earth', in the extras to the DVD 'Apollo 8: Leaving the Cradle' (Fox, 2003).
29 Smith, Moondust, 256, 331; Scott & Leonov, Two Sides to the Moon, 307–309. The episode

is explored fictionally in Julian Barnes, A History of the World in 10½ Chapters (London, 1989), part 9.

30 White, Overview Effect, 38–39; Rosen, Space Consciousness, 288–291. After leaving NASA, Mitchell persuaded his former colleague Charles Duke to agree to do similar experiments on Apollo 16, but (apologised Duke) he was always too tired: Smith, Moondust, 64, 264.

31 Henry S. F. Cooper, A House in Space (1976; London, 1977), 166–167; Collins, Carrying the Fire, 470, 472; White, Overview Effect, 46.

32 Mitchell, quoted in Rosen; Russell, Global Brain, 32.

33 Russell Schweickart, 'Earth: Planet 3A of Sol', Bell Rendezvous, Spring 1970.

34 Apollo 8 Post-Flight Press Conference, JSC 078–11. Before the mission Borman had anticipated seeing the Earth from the Moon, but said that what he most looked forward to was 'Stepping out on to the carrier after a successful mission'. See Chapters 1 and 2 above.

35 James Lovell, interview for 1999 NOVA TV documentary To the Moon (transcript in JSC).

36 Congressional Record 22 Jan 1973; Harrison Schmitt, 'The new ocean of space', Sky and Telescope, Oct. 1982, 327–329; Rosen, 'Space consciousness', 292–294; Smith, Moondust, 282.

37 Washington Post, 30 Sept. 1982.

38 Kelley, Home Planet, at picture 80; Collins, Carrying the Fire, 473–474; Oriana Fallaci, If the Sun Dies (1965; London, 1967), 160; White, Overview Effect, 23–24.

39 Scott & Leonov, Two Sides to the Moon, 379; Smith, Moondust, 331; Irwin, To Rule the Night, 20. Gene Krantz found that the same principle held true on the ground: as flight controller for Apollo 11 he was too busy to savour the Moon landing, but as observer on Apollo 8 he was able to take in the enormity of what was happening and was overtaken by waves of emotion: Krantz, Failure is not an Option, 242, 293–294.

40 Washington Post, 13 Dec. 1994 (reporting on Roosa's death).

41 Cernan, Last Man on the Moon, 208–209; Aldrin, Return to Earth, 258, 300, 306, 338; Kelley, Home Planet, at pictures 138–139.

42 Weber, Literary Responses, 56–58; Schweickart, 'No Frames, No Boundaries', 4; Cernan, Last Man on the Moon , 347.

43 Cooper, A House in Space, 144, 148–151, 164–168.

44 Cooper, A House in Space, 135–137, 148–149, 166.

45 Cooper, A House in Space, 167–168; Wall St Journal, 25 April 1983, Weber, Literary Responses, 117.

46 Alexei Leonov, press release for Association of Space Explorers Congress, 1985, Association of Space Explorers website at www.space-explorers.org.

47 Kevin W. Kelley (ed.), Home Planet (1988; London, 1991). See also the ASE website, at http://www.space-explorers.org/.

48 NBC News 13 Oct. 2021; R. Poole, 'Fifty years ago, humans took the first full photo of Earth from space', The Conversation online, https://theconversation.com ; The Guardian, 11 Oct. 2022, https://www.theguardian.com/culture/2022/oct/11/it-felt-like-a-funeral-william-shatner-reflects-on-voyage-to-space.

Chapter 7: From Spaceship Earth to Mother Earth

1 Hannah Arendt, The Human Condition (1958; Chicago,1963), prologue 1–6; Arendt, 'Man's Conquest of Space', American Scholar, vol. 32 (Autumn, 1963), in Patrick Gleeson (ed.),

America, Changing (1968), 418–429; Benjamin Lazier, 'Earthrise, or, the Globalization of the World Picture', American Historical Review, June 2011.

2 William F. Buckley, 'Flat-Earth Liberals', National Review, 29 July 1969; McLuhan, quoted in Yakov Gaarb, 'The Use and Abuse of the Whole Earth Image', Whole Earth Review, 45 March 1985, 19–20; Anthony Lewis, New York Times, 20 July 1969, and Kurt Vonnegut, New York Times Magazine, 13 July 1969, both quoted in Smith,'Selling the Moon', in The Culture of Consumption, ed. R. W. Fox & T. J. J. Lears (1983), 207; Amitai Etzioni, The Moon-Doggle (1964), 197–198.

3 William Irwin Thompson, The Edge of History (1971; New York, 1990 edn), 142–143.

4 Quoted in Denis Cosgrove, 'Contested Global Visions: One-World, Whole-Earth, and the Apollo Space Photographs', Annals of the Association of American Geographers, 84 (2) (1994), 280–281.

5 Wells' story was well known to the quantum physicist Weiner Heisenberg, who took it as a cautionary tale and was prompted by it to assign the patent on the nuclear chain reaction to the British Admiralty for safe keeping. Lovat Dickinson, H. G. Wells and his Turbulent Times (1972), 269, quoted in William Irwin Thompson, Passages about Earth: Explorations of the New Planetary Culture (1973; London, 1975), 56–57.

6 W. W. Wagar, H.G. Wells and the World State (1961), 58–66; Denis Livingston, 'Science fiction models of future world order systems", International Organisation, xxv, 2, 1971; J. D. Bernal, 'The World, the Flesh and the Devil', at http://www.marxists.org/archive/.

7 Tsiolkovsky, Beyond the Planet Earth, chs 11–12; Arthur C. Clarke, quoted in William Sims Bainbridge, The Spaceflight Revolution (1976), 150.

8 Fallaci, If the Sun Dies. The preface explains that the book is a subjective diary of her encounters rather than an exact record. At the time Bradbury rode a bicycle and didn't have a TV. After the interview, Bradbury's wife confided in her that in twenty years of marriage she had never heard her husband say such things: 'It kind of shocked me.' But she agreed with him.

9 Louis J. Halle, 'Why I'm for Space Exploration', New Republic, 6 April 1968, quoted in Smith, 'Selling the Moon', 207; Stewart Brand (ed.), Space Colonies (San Francisco, 1977; Penguin edn), 22–31 and passim; Gerald O'Neill, The High Frontier (London, 1977), chs 2–3; Jesco von Puttkamer, 'Space: a matter of ethics — towards a new humanism', in Eugene M. Emme (ed.), Science Fiction and Space Futures (American Astronautical Association, 1982), 209.

10 Walter M. McDougall, The Heavens and the Earth: a Political History of the Space Age (1985), ch. 21; Piers Bizony, The Man Who Ran the Moon (2006). The extension of systems theory to the natural world is examined in chapter 8 below.

11 Marshall McLuhan, Understanding Media (1964), 3, 343.

12 Karth, 'Potential of oceanography', speech to National Space Club, 18 Jan 1966.

13 Garrett Hardin, Exploring New Ethics for Survival: the Voyage of the Spaceship Beagle (1972), 22; Fred Turner, From Counterculture to Cyberculture (2006), 50–58; Andrew Kirk, Counterculture Green (2007), 56–62.

14 Buckminster Fuller, 'Vertical is to Live — Horizontal is to Die', American Scholar, 39 (Winter 1969); Fuller, Operating Manual for Spaceship Earth (1969); Newhall, Airborne Camera, 118; Brand, Space Colonies, 55.

15 Fuller, 'Vertical is to Live', 47; Hal Aigner, 'Buckminster Fuller's World Game', Mother

Earth News, Dec. 1970, 62–68.

16 Donald Clayton, The Dark Night Sky (1975), 123–129.

17 Turner, Counter-Culture to Cyber-Culture, ch. 2; Mother Earth News, Dec. 1970.

18 Steve Jobs, Stanford University commencement speech, 12 June 2005.

19 A close relative was Mother Earth News ('it tells you how'), an underground magazine published in Ohio. It didn't share the Whole Earth Catalog's fascination with space but still regarded Brand as 'a giant'. Mother Earth News, Jan. 1970, May 1970; Kirk, Counterculture Green, 85–86.

20 Kirk, Counterculture Green, 1–2.

21 John Markoff, Whole Earth (2022), 105–106; Stewart Brand, 'The First Whole Earth Photograph', in Michael Katz (ed.), Earth's Answer (New York, 1977), 184–188, and 'Whole Earth origin', in The Rolling Stone History of The Sixties (1977).

22 San Francisco Chronicle, 22 March 1966.

23 Personal communication, December 2007.

24 John Markoff, Whole Earth (2022).

25 The film is NASM FA 00840, ATS III. The First Colour Movie of Planet Earth (Nov. 1967).

26 'Washington goes to the Moon', transcript of a NASA film, comments by Howard McCurdy and Roger Launius, JSC.

27 John McConnell, 'The History of the Earth Flag', The Flag Bulletin, March/April 1982 and at www.themesh.com/jc5.html. There was one glitch however: 'in the rush to make the first flags the colours in the screening of Earth were reversed . . . the ocean is white and the clouds are blue.'

28 Copies of the Earth Day badges and flags are in the collection of the Smithsonian National Museum of American History (NMAH) at 1997.0355.

29 National Museum of American Life 1992.3134.

30 Thos R. Huffman, 'Defining the Origins of Environmentalism in Wisconsin', Environmental History Review, Fall 1992; Marc Mowrey, Not in Our Backyard (1993).

31 Gaylord Nelson, 'History of Earth Day', in the 'Earth Day' file, NMAH; Donald Worster, Nature's Economy (1977; 2nd edn Cambridge1994), 356–358.

32 Marcy Darnovsky, 'Stories Less Told', Socialist Review, Oct. 1992; New York Times, 23 April 1970; Life, 24 April 1970.

33 US Dept of State press release, 9 July 1965.

34 Markoff, Whole Earth, 106; Barbara Ward, Spaceship Earth (1966), 17–18; Use and Conservation of the Biosphere (Unesco, 1970); Peder Anker, 'The ecological colonisation of space', Environmental History, 10, 2 (April 2005), 6–8; Worster, Nature's Economy, 369–370; Joel B. Hagen, The Entangled Bank, (1992), 189–197.

35 Barbara Ward & Rene Dubos, Only One Earth: The Care and Maintenance of a Small Planet (1972), 9, 261, xvii; Rene Dubos, 'A Theology of the Earth', Smithsonian Institution lecture 2 Oct. 1969, revised in A God Within (1972).

36 R. C. Mitchell et. al., 'Twenty Years of Environmental Mobilisation', in American Environmentalism, ed. R. Dunlap & A. Mertig (1992), 11–26.

37 Charles T. Rubin, The Green Crusade (1994), 6–7; Anne Chisholm, Philosophers of the Earth (1972).

38 Kenneth Boulding, 'The Economics of the Coming Spaceship Earth' (1966) reprinted in his Beyond Economics (1968).

39 Donna Meadows (ed.), The Limits to Growth (1972); Mankind at the Turning Point (1974), quoting A. Gregg, 'A medical aspect of the population problem', Science, 121 (1955), 681.
40 James Cornell & John Surowiecki, The Pulse of the Planet (1972), ix–xi.
41 William Irwin Thompson, 'The deeper meaning of Apollo 17', New York Times, 1 Jan. 1973, revised in his Passages about Earth (1973; London, 1975).
42 Thompson, Passages about Earth, 187–193, 144–145; William Irwin Thompson, 'Sixteen Years of the New Age', in W. Thompson & D. Springler, Reimagination of the World (1991), 5–6. Thompson acknowledged the inspiration of the mystic Teilhard de Chardin, the astronaut Edgar Mitchell and the novelist Doris Lessing.
43 Turner, Counterculture to Cyberculture, 122–124; Kirk, Counterculture Green, 164–165 & ch. 5.
44 Brand, Space Colonies, 98–103. Schweickart then introduced Brand to Jesco von Puttkamer, an astrofuturist former member of Wernher von Braun's circle now in charge of coming up with long-range ideas for NASA.
45 Schweickart, 'No Frames No Boundaries'; Brand, Space Colonies, 110–114, 138–145.
46 Turner, Counterculture to Cyberculture, 126–128; Kilgore, Astrofuturism, ch. 5.
47 Brand, Space Colonies, 44, 51, 53.
48 Brand, Space Colonies, 146–148; San Francisco Chronicle, 11 & 14 Aug. 1977.
49 Kirk, Counterculture Green, 176–181.
50 UPI report, 15 April 1979, Russell Schweickart biographical file, NHO; Washington Post, 11 July 1980; Washington Post, 30 Sept 1982; White, Overview Effect, 190–191.
51 No Frames No Boundaries (1982), LOC; White, Overview Effect, 69–70.
52 Jonathan Schell, The Fate of the Earth (1982), 153–154.
53 Carl Sagan et. al., 'Global Atmospheric Consequences of Nuclear War' (1983) at http://ntrs.nasa.gov/archive/nasa/casi.ntrs.nasa.gov/19900067303_1990067303.pdf; Paul Erlich et al., The Cold and the Dark (1984); Lawrence Badash, A Nuclear Winter's Tale (2009).
54 Payne, quoted in Boyer, By the Bomb's Early Light, 249; E. P. Thompson, The Sykaos Papers (1988), 454.
55 Donald Worster, Nature's Economy (1977; 2nd edn 1994), 387.
56 Donna Haraway, 'The Promises of Monsters', in L. Grossberg et al. (eds), Cultural Studies (1992), 317–319. The action itself never happened, but it remained a subject for cultural studies.
57 Yakov Gaarb, "The Use and Abuse of the Whole Earth Image", Whole Earth Review, 45 (March 1985), and "Perspective or Escape? Ecofeminist musings on contemporary Earth imagery", in Reweaving the World ed. Irene Diamond & Gloria Bernstein (1990), 264–278, 305–308.
58 Haraway, 'Promises of Monsters', 317–319; Ann Oakley, Gender on Planet Earth (2002), 135.

Chapter 8: Cold War, Blue Planet

1 Chunglin Kwa, 'Radiation Ecology, Systems Ecology and the Management of the Environment', in Michael Shortland (ed.), Science and Nature (1993), 213–251; Joachim Radkau, Nature and Power: a Global History of the Environment (2008),250–260; James Fleming, Fixing the Sky (2010); Jacob Hamblin, Arming Mother Nature (2013).
2 Hamblin, Arming Mother Nature, 121–128; Walter Sullivan, Assault on the Unknown (1961;

London, 1962), 136—137, 163.

3 Ronald E. Doel, 'Constituting the Postwar Earth Sciences', 656–656, and Michael Aaron Dennis, 'Earthly Matters', 817, both in Social Studies of Science, 33:5 (2003); Hamblin, Arming Mother Nature.

4 Joseph Masco, 'Bad Weather: On Planetary Crisis', Social Studies of Science, 40:1 (2010), 9.

5 NSC 5520, in Logsdon, Exploring the Unknown, 308–314;Dwayne A. Day, 'Cover stories and hidden agendas', 167–173, in R. Launius et al., Reconsidering Sputnik (2000); Burrows, 166–170.

6 Rip Bulkeley, 'The Sputniks and the IGY', in Launius, Reconsidering Sputnik.

7 John Logsdon, The Decision to Go to the Moon (1970), 17; R. Cargill Hall, 'Origins of U. S. Space Policy', in Logsdon, Exploring the Unknown, 228; UN General Assembly Resolution 13489(xiii), 13 Dec. 1958, 'Question of the Peaceful Use of Outer Space'.

8 McCurdy, Space and the American Imagination, 74–75; NASC, 'U.S. policy on Outer Space', 26 Jan. 1960, in Logsdon, Exploring the Unknown, 362.

9 Moorman, 'The Ultimate High Ground'.

10 Logsdon, Decision to Go to the Moon, ch. 1, 22–26 and 37–38; DeGroot, Dark Side of the Moon, ch.8, 160–162; Anne M. Platoff, 'Where No Flag Has Gone Before', NASA Contractor Report 188251 (1993).

11 R. Poole, 'The Myth of Progress: *2001: A Space Odyssey*', in Geppert, Limiting Outer Space.

12 Myers S. McDougal, Harold D. Lasswell & Ivan A. Vlasic, Law and Public Order in Space (1963), 1103. This massive treatise pleaded with statesmen to avoid repeating the 'tragic destiny of a divided Earth' in space, and instead to build 'a commonwealth of dignity for all advanced forms of life' (1025–1026).

13 McDougall, Heavens and the Earth, ch. 21.

14 Hamblin, Arming Mother Nature, ch. 5; George Dyson, Project Orion (2001); UN Resolutions 1884 (xviii), 17 Oct. 1963, and final resolution 1962 (xviii), 13 Dec. 1963; Carl Q. Christol, The Modern International Law of Outer Space (1982), 20–25.

15 J. E. S. Fawcett, Outer Space: New Challenges to Law and Policy (1984), 3–6.

16 Christol, Modern International Law, ch. 2; Fawcett, Outer Space, 1–21. The treaty represented a slight step back from the 1962 Declaration of Principles, which proposed demilitarising all of outer space without distinction. There was a problem of definition. The X–15 rocket planes clinging to the last vestiges of atmosphere could reach up to 67 miles (108 km), not far from the lowest usable orbits of about 75 miles. Pilots flying above 50 miles were given astronaut's wings. The first Mercury 'space' flight reached 116 miles without going into orbit.

17 New York Times, 22 Dec. 1968; Boston Globe, 28 Dec. 1968; Bill Anders NOVA TV interview; Christian Science Monitor, 7 Jan. 1969.

18 Paine Papers Box 43 (Apollo 8), 28 May 1969; newscuttings, 10 January 1969. The reports vary as to which treaty or treaties presented, but this makes the most sense.

19 Sullivan, Assault on the Unknown, 48; Fae L. Korsmo, 'The birth of the International Geophysical Year', The Leading Edge, 26, 10 (Oct. 2007); M.I. Glassner, 'The Frontiers of Earth — and of Political Geography', Political Geography Quarterly, 10 (1991), 218–219; Michael Aaron Dennis, 'A Polar Perspective', in R. Launius, J. Fleming and D. Devorkin, Globalising Polar Science (2010).

20 J. McCannon, 'To storm the Arctic', Ecumene, 2 (1995).

21 Edwards, A Vast Machine, 207–215, 226–227.

22 Klaus Dodds, 'To photograph the Antarctic', Ecumene, 3, 1 (1996); Glassner, 'Frontiers of Earth'; Dian Olson Belanger, Deep Freeze (2006), 32–33, 275–276.

23 Congressional Record, 9 Jan. 1968; Borman, Countdown, 223–225; Washington Evening Star, 2–6 July 1969; NASM file 1995–0025, Apollo 8 and 11 notes and letters; NHO file on Simon Bourgin, LEK1/3/1. Bourgin went on to cover international environmental conferences, including the first UN Conference on the Human Environment in Stockholm, 1972.

24 Dennis, 'A Polar Perspective'; Simone Turchetti et al., 'On Thick Ice: Scientific Internationalism in Antarctic Affairs, 1957–1980', History and Technology, 24:4 (2008); Miller and Edwards, 'Introduction', in Changing the Atmosphere, 1; Paul Edwards, A Vast Machine (2010), 226–227.

25 Belanger, Deep Freeze; Launius et al., Globalising Polar Science.

26 Jacob Hamblin, Oceanographers and the Cold War (2005), 66 and ch. 3.

27 The booklet is available at the NAS website http://www7.nationalacademies.org/archives/IGYPlanetEarthPosters.html.

28 Life, 7 Nov 1960.

29 John Cloud, 'Imagining the World in a Barrel', Social Studies of Science, 31:2 (2001), 240, 244–246; Cloud, 'Crossing the Olentangy River', Studies in the History and Philosophy of Modern Physics, 31:3 (2000), 371–404; Doel, 'Constituting the Post-war Earth sciences', 638–641.

30 Sullivan, Assault on the Unknown, 392–399; Steven J. Dick, 'Geodesy, Time, and the Markowitz Moon Camera Programme' in Launius, Fleming, and Devorkin (eds), Globalizing Polar Science, 307–326.

31 Cloud, 'Crossing the Olentangy River', 376–379; Conway, 'The IGY and Planetary Science', in Launius, Globalizing Polar Science, 331–342.

32 Cloud, 'Imagining the World in a Barrel', 244–246.

33 Charles Darwin, Voyage of the Beagle (1839); Penguin edn, 1989, 356.

34 James Lawrence Powell, Mysteries of Terra Firma: the Age and Evolution of the Earth (2001); Richard Fortey, The Earth (2004), 26.

35 Hamblin, Oceanographers and the Cold War, 77–78, 41 & ch. 2.

36 Turchetti, 'In God we trust; all others, we monitor', in The Surveillance Imperative.

37 J. Tuzo Wilson in 1968, cited in Hamblin, Oceanographers and the Cold War, 198.

38 Naomi Oreskes, 'A Context of Motivation', Social Studies of Science, 33:5 (2003), 697–742.

39 Quoted in Lyn Margulis et al., 'Foreword' to Vernadsky, The Biosphere, 14–19.

40 Fortey, The Earth, 84–87; Cathy Barton, 'Marie Tharp, Oceanographic Cartographer' (Geological Society of London, 2002), 215–228.

41 Thomas, Lives of a Cell, 147–148.

42 James R. Fleming, 'A 1954 Colour Painting of Weather Systems as Viewed from a Future Satellite,' 1525–1527.

43 Sebastian Grevsmühl, 'Serendipitous outcomes in space history', in Turchetti, Surveillance Imperative.

44 Edwards, A Vast Machine, 204, xix; Conway, Atmospheric Science at NASA, 41–44, 62–63, 70–77.

45 Edgar Cortright, Space Exploration: Why and How (NASA, 1965); Pamela Mack, Viewing the Earth, ch. 1, 52–55.
46 Cortright, Space Exploration; Logsdon, Exploring the Unknown II: Using Space (NASA SP–4407, 1998), 226–250; Washington Post, 11 Jan. 1969; Andrew K. Johnston, 'Exploring Planet Earth' in R. Launius (ed.), Exploring the Solar System (2013).
47 Brand, Space Colonies, 138–145, 98–103; and see below, ch. 8.
48 Available at the Internet Archive https://archive.org/details/GPN-2003-00027.
49 Conway, Atmospheric Science at NASA, 62–93; Paul Edwards, 'Representing the Global Atmosphere' in Miller and Edwards, Changing the Atmosphere, 31–65.
50 Eugene P. Odum, Fundamentals of Ecology (1971); Worster, Nature's Economy, 369–370; E. P. Odum, Ecology and Our Endangered Life-Support Systems (1989), 1–7; Joel B. Hagen, The Entangled Bank (1992), 189–197.
51 Odum, Fundamentals of Ecology, 271–272.
52 Norbert Wiener, Cybernetics, or Control and Communication in the Animal and the Machine (1948); Jon Agar, Science in the Twentieth Century and Beyond (2012), 373–375; David Hounshell, 'The Cold War, RAND and the Generation of Knowledge 1946–1962', Historical Studies in the Physical Sciences, 27:2 (1997), 237–267, 244.
53 See also Agatha C. Hughes and Thomas P. Hughes (eds.), Systems, Experts, and Computers (2000); Gregory Bateson, 'Physical Thinking and Social Problems,' Science, 103 (1946), 717–718.
54 Richard K. Ashley, 'The Eye of Power', International Organization 37:3 (1983), 495–535; Edwards, A Vast Machine, 366–374; video interview with Jay Forrester in The Whole Earth exhibition, Berlin, June 2013.
55 Peter Bowler, The Fontana History of The Environmental Sciences (1992), 527–534; Greg Mittman, The State of Nature (1992), 201–209; Peter J. Taylor, 'Technocratic Optimism, H. T. Odum and the Partial Transformation of Ecological Metaphor after WWII', Journal of the History of Biology, 21 (1988), 213–244; George Gaylord Simpson, The Meaning of Evolution (1949); Richard Dawkins, The Selfish Gene (1976).
56 Taylor, 'Technocratic Optimism', 215–223; Bowler, History of the Environmental Sciences, 537–546; Thomas E. Lovejoy, 'George Evelyn Hutchinson, 1903–1991', Biographical Memoirs of Fellows of the Royal Society, 57 (2011): 167–177. See also Jonathan D. Oldfield and Denis Shaw, 'V. I. Vernadsky and the Noosphere Concept', Geoforum, 37 (2006).
57 Taylor, 'Technocratic Optimism' ,233–244.
58 Betty Jean Craige, Eugene Odum (2001), ch. 9; Chunglin Kwa, 'Radiation Ecology, Systems Ecology and the Management of the Environment', in Science and Nature ed. Michael Shortland (1993), 213–251.
59 Craige, Eugene Odum, xi–xii and chs 4–5; Mittman, State of Nature, 209–210.
60 Scientific American, The Biosphere (San Francisco: W. H. Freeman, 1970).
61 Fritjof Capra, The Web of Life (1996).
62 Rene Dubos, 'A Theology of the Earth', in Dubos (ed.), The God Within (1972),38–39.
63 The Last Whole Earth Catalog (1971), inside front cover.
64 Lewis Thomas, 'Foreword', in Paul R. Ehrlich et al., The Cold and the Dark (1984), xxi–xxiv.

Chapter 9: Gaia

1 Lewis Thomas, The Lives of a Cell (1974), quoted in the epigraph to James Lovelock, The

Ages of Gaia (2nd edn, 1995); James Lovelock, Gaia: A New Look at Life on Earth (1979; OUP edn, 1987), Introduction.

2 Worster, Nature's Economy, 378–387; Lovelock, Gaia, ix–x, 152.

3 James Lovelock, Homage to Gaia (2007), 227.

4 Lovelock, Gaia, 3–4; Hagen, The Entangled Bank, 189–197; Rene Dubos, 'A Theology of the Earth', Smithsonian Institution lecture 2 Oct. 1969, revised in The God Within (1973).

5 Andrea Wulf, The Invention of Nature (2015), 7, 25–26, 321, 337; Laura Dassow Wild, The Passage to Cosmos (2009), 217, 241.

6 Wulf, The Invention of Life, 243, 258–262, 288–296, 307–308, 331.

7 It's a nice phrase, but he meant 'motherhood' rather than 'spaceship'. Liberty Hyde Bailey, The Holy Earth ([1915] 1980), 5–15.

8 Loren Eiseley, The Firmament of Time (1960; London, 1961), ch. 1; Worster, Nature's Economy, 387.

9 Vladimir I. Vernadsky, The Biosphere ([1926] 1998), 41, 43–45, and Lyn Margulis et al., 'Foreword', 14–19.

10 Lovelock, Ages of Gaia, 192–193.

11 Lovelock, Homage to Gaia, 241–255.

12 Dian Hitchcock and James Lovelock, 'Life Detection by Atmospheric Analysis', Icarus 7 (1967), 149–159; J. Lovelock, 'A Physical Basis for Life Detection Experiments', Nature, 207 (1965), 568–570.

13 Lovelock, Homage to Gaia, 251–254.

14 Carl Sagan and Iosif S. Shklovskii, Intelligent Life in the Universe (1966), 221, 254.

15 Lyn Margulis (ed.), Proceedings of the Second Conference on the Origin of Life (1971).

16 Interview with Lyn Margulis, 1998, NASA History Office oral history collection, Washington, DC.

17 Lynn Margulis, The Symbiotic Planet (1998), 147–148; Lovelock, Homage to Gaia, 233–241, Gaia, ch. 1.

18 James Lovelock, 'Gaia as Seen through the Atmosphere', Atmospheric Environment 6:8 (1972), 579-580; James Lovelock and Lynn Margulis, 'Atmospheric Homeostasis by and for the Biosphere: the Gaia Hypothesis', Tellus, 26 (1974), 1–10; L. Margulis and J. Lovelock, 'Biological Modulation of the Earth's Atmosphere', Icarus, 21(1974), 471–489 (quotations on 471).

19 Lovelock & Margulis, 'The Gaia hypothesis', Coevolution Quarterly, 6, Summer 1975; Jeanne McDermott, 'Lynn Margulis', Coevolution Quarterly, 25, Spring 1980.

20 Conway, Atmospheric Science at NASA, 112–121.

21 On current population projections, that point will be reached about 2050. Lovelock, Gaia, 12, 40–42, 132; Lynn Margulis to The Ecologist, 16: 1 (1986), 52–53; Howard Odum, quoted in Anker, 'Ecological colonisation of space', 6–8.

22 Lovelock, Gaia, xiii, 148–149; Ages of Gaia, xx–xxi.

23 Lovelock, Homage to Gaia, 345 & ch. 7; Gaia, 123 & Preface; The Revenge of Gaia (2006); John Leslie, The End of the World (1996), 48–49.

24 Margulis, The Symbiotic Planet, ch. 8.

25 Lovelock, Ages of Gaia, 212; Homage to Gaia, xi–xix, 3. Despite this, Smith took the idea seriously.

26 Lovelock, Ages of Gaia, 19, 60–61; for Arendt, see the opening of Chapter 8 above.

27 Jon Turney, Lovelock and Gaia (London, 2003); Lovelock, Revenge of Gaia, 31–32.
28 Lovelock, Homage to Gaia, 316–319; Ages of Gaia, ch. 9; Hugh Montefiore, The Probability of God (London, 1985).
29 Lovelock, Revenge of Gaia, 2.
30 Richard Underwood, 'Lessons of the Lenses', NHO file 006579.
31 Conway, Atmospheric Science at NASA; Kim McQuaid, 'Selling the Space Age: NASA and Earth's Environment, 1958–1990', Environment and History, 12:2 (2006): 127–163.
32 Frank White, The Overview Effect (1987); Schick van Haften, The View from Space.
33 Association of Space Explorers website at http://www.space-explorers.org.
34 Darnovsky, 'Stories Less Told', 36–40; American Demographics, April 1990, 40–41; NASA website www.nasa.gov.
35 Quoted in James Baker, Planet Earth: the View from Space (1990), v.
36 Lovelock, Homage to Gaia, xvii–xviii.
37 Steven Weinberg, The First Three Minutes (1977; Fontana edn 1978) 148–149.
38 Jon Turney, 'Telling the Facts of Life: Cosmology and the Epic of Evolution', Science as Culture 10, 2 (2001), 239; Carl Sagan, Pale Blue Dot (1994), 174–175 & ch.1.
39 Sagan, Pale Blue Dot, 1–7; Sagan et al., Murmurs of Earth (1978).
40 Interview with Morton, In Context, 16 (1990); New York Times, 27 Feb. 1996.
41 National Catholic Reporter, 25 March 1994; Connie Barlow, Green Space, Green Time (1997), 11–12, 150–158, 212, 236–237 & ch. 5.
42 Al Gore, Earth in the Balance (1992), 384–385; Washington Post, 3 March 1998; Schweickart biographical file, NHO.
43 Steven J. Dick, The Biological Universe (1996); Frank Drake & Dava Sobel, Is Anyone Out There? (1991).
44 Donald Goldsmith (ed), The Quest for Extraterrestrial Life (1980), 2, vi.
45 Dick, The Biological Universe, ch. 8.
46 James Lawrence Powell, Mysteries of Terra Firma (2001); Peter Ward and Donald Brownlee, Rare Earth (1999; 2nd edn, 2000).
47 Ward and Brownlee, Rare Earth, 57, 61, 282–283.

Chapter 10: The Discovery of the Earth

1 Quoted in Smith, Moondust, 57.
2 Patrick Moore, Preface to The Race into Space: Man's First 50 Steps into the Universe (Brooke Bond Oxo, 1969); Harrison Schmitt, 'The new ocean of space', Sky and Telescope Oct. 1982, 327–329; Collins, Carrying the Fire, 476–478.
3 White, Overview Effect, 4–5, 65–67; Wyn Wachorst, The Dream of Spaceflight (New York, 2000), 92–95; Thore Bjornvig, 'Outer Space Religion and the Overview Effect', Astropolitics, xi, 1 (2013).
4 Sagan, Pale Blue Dot, 3.
5 Sagan, Pale Blue Dot, 1–7, 331–334.
6 Charles P. Boyle, Space Among Us (1974), quoted in Weber, Literary Responses, 71–72, 81n; Weber, Literary Responses, 71–72, 61, 81n, 121 & ch.4; What is the Value of Space Exploration? National Geographic Society, Washington DC, 1994, session 3; Robert Phillips, Moonstruck: an Anthology of Lunar Poetry (1974).

7 Scott L. Montgomery, The Moon and the Western Imagination (1999), 40; Wachorst, Dream of Spaceflight, 93.
8 Jay Winter, Dreams of Peace and Freedom (2006).
9 Jay Winter, Dreams of Peace and Freedom.
10 Jonathan Raban, 'The golden trumpet', The Guardian, 24 Jan. 2009.
11 Vicki Goldberg, The Power of Photography (1991), 54.
12 Lewis Thomas, The Lives of a Cell, quoted at the start of Lovelock, Ages of Gaia.
13 Collins, Carrying the Fire, 471.
14 The pictures, including a real-time video of Earthrise, can be seen at the Japanese Agency website, http://www.selene.jaxa.jp.
15 DSCOVR: EPIC website, https://epic.gsfc.nasa.gov/.
16 The Observer, 20 Jan. 2008 (Review section p.3); Cosgrove, 'Contested Global Visions'. Recent works include: Holly Henry & Amanda Taylor, 'Rethinking Apollo: Envisioning Environmentalism in Space', Sociological Review, 2009; Lazier,'Earthrise', American Historical Review, June 2011; Rens van Munster & Casper Sylvest (eds), The Politics of Globality Since 1945 (2016); Jeff Foust, Seeing our Planet Whole (2017).
17 Worster, 'Doing Environmental History' in his The Ends of the Earth (1988).
18 Thomas S. Kuhn, The Structure of Scientific Revolutions (1962), ch. 10.
19 See: White, The Overview Effect; Charles S. Cockell, Space on Earth (2007); Fred W. Spier, Big History and the Future of Humanity (2010).
20 Tim Lenton & Andrew Watson, Revolutions that Made the Earth (2011); WWF/Zoological Society of London Living Planet Report 2022, https://livingplanet.panda.org/en-GB/. This was discussed at a conference at the University of Portsmouth, UK, in December 2022, entitled *The Whole Earth: NASA's 'Blue Marble' Photograph Fifty Years On.* See R. Poole, Nick Pepin & Oliver Gruner, 'Blue Marble: how half a century of climate change has altered the face of the Earth', https://theconversation.com/blue-marble-how-half-a-century-of-climate-change-has-altered-the-face-of-the-earth-197998.

历史年表

公元前4世纪	柏拉图对设想的完整地球的描述是“组成地球的颜色比我们见过的颜色更多、更美丽”。
公元前1世纪至公元2世纪	西塞罗、奥维德、塞内加和卢西恩所述的罗马萨明时代（Somnium[1]），或地球的幻梦时代。
1543年	哥白尼否认了地球是宇宙的中心。
1630年代	欧洲的月球时刻：以开普勒为代表，想象月球旅行，以及看到地球的样子。
1791年	沃尔尼在《帝国的废墟》一书中对地球的全貌进行了设想。
1841—1859年	亚历山大·洪堡的《宇宙》第一次对地球上的生命进行了科学解释。
1870年	儒勒·凡尔纳在《环游月球》[2]中对地球进行了描述。
1900年	巴黎世界博览会，激发了阿尔伯特·卡恩的“地球档案”拍摄计划（持续时间约1908—1930年）。
1916年	康斯坦丁·齐奥尔科夫斯基出版《行星地球之外》（写作始于1896年）。
1926年	弗拉基米尔·维尔纳茨基出版《生物圈》。
1931年	大卫·拉瑟出版《征服太空》，预言如果人类能看到完整的地球，人类的分裂将会消除。

1 *Somnium*，即《梦》，作者是德国天文学家开普勒，本书是近代科幻小说的先驱，描述了月球之旅。

2 凡尔纳关于月球的著作包括《从地球到月球》（1865）和《环绕月球》（1870）。

1935年	探索者2号气球首次拍摄到有曲率的地球（高度22公里）。
1945年	第二次世界大战结束；联合国成立。
1946年	V-2火箭开始拍摄地球的曲线（高度104公里）。
1948年	发布了V-2火箭拍摄到的十分之一地球曲线全景图。 联合国《世界人权宣言》发表。
1950年	弗雷德·霍伊尔预言：一张包含完整地球的照片将触发历史上最强大的新想法。
1957年	人类第一颗人造卫星斯普特尼克（苏联）发射，以及国际地球物理年（1957—1958）开启了太空竞赛的第一阶段（1957—1972）。
1959年	美国阿特拉斯火箭（即宇宙神火箭）拍摄了六分之一地球周长的彩色照片（高度1 280公里）。 美国探索者号卫星传回了第一张“新地”的粗略图像（高度27 000公里）。
1960年	TIROS气象卫星开始从轨道上传回地球照片（高度720公里）。
1961年	尤里·加加林（苏联）进入太空，成为太空第一人。 水星计划（美国）开始，在轨拍摄了地球照片（高度约160公里）。
1962年	古巴导弹危机（美国vs苏联），核战争一触即发。
1963年	《部分禁止核试验条约》签订，太空核爆被禁止。
1965—1966年	双子座计划（美国）摄像机在轨拍摄了第一批高质量地球照片（高度160至1 280英里）。
1966年	芭芭拉·沃德的《地球号太空船》出版。

	2月：斯图尔特·布兰德发起了拍摄完整地球照片的运动。 8月：非载人的月球轨道器从月球传回第一张完整地球照片（距离地球38万公里）。 12月：ATS-1号气象卫星传回了地球黑白照片（高度两万36 000公里）。
1967年	1月：《联合国外空条约》签订。 8月：DODGE卫星传回了第一张人工上色的地球圆盘彩色照片（高度33 000公里）。 11月：非载人的阿波罗4号带回“新地”的彩色照片（高度11 000英里）。 11月：ATS-3号卫星传回了第一张包含完整地球的全彩色照片（高度36 000公里）。
1968年	4月：电影《2001：太空奥德赛》上映。 秋：第一期《全球概览》出版。 11月：非载人的探测器6号（苏联）带回了第一张黑白月球地出照片。 12月：阿波罗8号任务拍摄了彩色地出照片。
1969年	地球之友组织成立。 3月：阿波罗9号宇航员罗素·施韦卡特实施了太空行走。 夏：巴克明斯特·富勒的“世界游戏”风靡美欧学校。 7月：阿波罗11号成功登月；在纽约，观看登月的民众展示地球旗。
1970年	3月21日：约翰·麦康奈尔在旧金山发起地球日。 4月22日：盖洛德·威尔逊在美国东部发起地球日。
1972年	《增长的极限》报告了地球的经济模型，识别出了环境限制因素。

	6月：联合国人类环境会议在斯德哥尔摩召开，即第一次地球峰会。 12月：阿波罗17号拍摄蓝色弹珠照片。
1974年5月	林迪斯法恩协会举办“行星意识”研讨会。
1977年	旅行者1号拍摄了地球和月球合影。
1979年	詹姆斯·洛夫洛克出版《盖亚：地球生命的新视角》。
1982年3月	“超越战争”运动主推的电影《没有窗框，没有边界》上映。 乔纳森·谢尔的《地球的命运》出版。 卡尔·萨根提出“核冬天”假说。
1985年	第一届太空探索者协会大会召开，会议主题“行星地球，我们的家”。
1988年	联合国政府间气候变化专门委员会成立。
1990年	2月：旅行者号拍摄暗淡蓝点照片（距离64亿公里外）。 4月：地球日恢复。
1992年	第二届联合国地球峰会在里约热内卢举办。
1994年	关于全球变暖的《京都议定书》签订，各国在排放限制的原则上达成了共识，但未能落实具体实施细则。
1999年	对地观测卫星Landsat 7号开始连续监测全球环境。
2007年	阿尔·戈尔和联合国政府间气候变化专门委员会共同获得诺贝尔和平奖。 日本月亮女神号探测器从月球传回高清的地出视频。
2015年	1月：NASA深空气候观测站 DSCOVR 探测器发射升空，每天从100万公里外拍摄地球图像。

	12月：《巴黎气候变化协议》签订，各国就将全球升温控制在1.5—2℃之间达成近乎全球性的原则协议。
2022年	4月：政府间气候变化专门委员会第六次报告提出了落实《巴黎协定》所需的紧急措施。

后记（2023年第2版）

本书是《地出：人类初次看见完整地球》（*Earthrise: How Man First Saw the Earth*）的第二版，第一版由耶鲁大学出版社于2008年出版。本书新增了“冷战与蓝色星球”一章，探讨了地球科学的发展历程。经过增补、更正和更新，以及内容重新编排，本书更清晰地展现了人类发现地球的双重叙事：通过太空计划，地球成为可见的星球；通过环境科学，地球（实际上）成为一个有生命的实体。

我删去了一些冗余内容，缩短了脚注，因此第二版的篇幅与第一版基本相当，但第一版中的重要内容都保留了下来。电子书版本增加了更多、更好的彩色图片。

本书新章节的标题来自一次会议的名称，该会议由曼彻斯特大学科学、技术和医学史中心于2012年主办，会议论文结集出版为《监控的必要性》（*The Surveillance Imperative*）。我非常感谢西蒙娜·图尔凯蒂（Simone Turchetti）和该中心的热情招待。我还要感谢中央兰开夏大学（University of Central Lancashire）2013年授予我的吉尔德研究奖学金；史密森学会（Smithsonian Institution）2016年授予我在美国国家航空航天博物馆（National Air and Space Museum）访问的访问学者奖学金；柏林自由大学埃米·纳脱研究所（Emmy Noether Research Institute）和亚历山大·盖伯特（Alexander Geppert）以及他之前“星空中的未来”项目的同事；我要感谢杰出的太空学者托勒·比约恩维（Thore Bjornvig），以及行星识别研究中心的戴维·比弗（David Beaver）、迈克·西蒙斯（Mike Simmons）和阿娜希塔·尼扎米（Annahita Nezami）；我要感谢译林出版社中文版本的译者。我还要感谢保罗·菲茨杰拉德（Paul Fitzgerald），他为本书制作了精美的新封面；最后，我要感谢所有与我取得联系，为我提供更正内容，为我鼓励打气和提供新材料的人。

罗伯特·普尔

致谢（2008 年第 1 版）

历史学家迈出自己熟悉的领域需要鼓励和支持。对我而言，这些鼓励和支持来自英国的伊恩·伯尼（Ian Burney）、佩内洛普·科菲尔德（Penelope Corfield）、阿兰·法默（Alan Farmer）、戴维·加尔布雷思（David Galbraith）、杰夫·休斯（Jeff Hughes）、罗博·艾利夫（Rob Iliffe）、克利夫·奥尼尔（Cliff O'Neill）和约翰·斯威夫特（John Swift）。

耶鲁大学出版社作为本书英文版的出版商提供了支持，已故的丹尼斯·科斯格罗夫（Denis Cosgrove）是一位精益求精并且非常慷慨的批评家，希瑟·麦卡勒姆（Heather McCallum）和雷切尔·朗斯代尔（Rachael Lonsdale）不遗余力地对本书进行完善。在美国，很多人对我的研究抱有浓厚的兴趣并给予了我帮助，其中包括约翰逊航天中心的比尔·拉森（Bill Larsen）和格伦·斯旺森（Glen Swanson），美国国家航空航天局历史办公室的简·奥多姆（Jane Odom）、科林·弗里斯（Colin Fries）、约翰·哈肯里德（John Hargenrader）和利兹·苏科（Liz Suckow），美国国家航空航天局总部基思·格伦南纪念图书馆（Keith T. Glennan Memorial Library）的尼尔·斯潘塞（Neil Spencer），美国国家航空航天局媒体服务中心的格温·皮特曼（Gwen Pitman），国家航空航天博物馆的梅利萨·凯泽（Melissa Keiser）、马克·泰勒（Mark Taylor）、罗格·劳尼厄斯（Roger Launius）和戴维·德沃尔金（David Devorkin），美国历史国家博物馆的帕特里夏·戈塞尔（Patricia Gossel），以及约翰斯·霍普金斯大学应用物理实验室的珍妮弗·韦尔戈（Jennifer Huergo）。

弗兰克·博尔曼（Frank Borman）、詹姆斯·洛弗尔（James Lovell）和斯图尔特·布兰德（Stewart Brand）亲切回忆了过往，并提供了必要信息，理查德·安德伍德（Richard Underwood）慷慨地与我分享了他的想法和自己的非凡一生。我要感谢的这些人，他们都和本书中不可避免的错误无关。我在曼彻斯特大学历史系担任访问学者期间，有机会启动本书的写作计划，坎布里亚大学也提供了有益的支持，我特别感谢学校研究办公室的休·卡特勒（Hugh

Cutler）和索尼娅·梅森（Sonia Mason）。对我而言，曼彻斯特大学约翰·里兰兹图书馆是资源宝库，其他图书馆资源还包括历史研究所、伦敦大学、兰卡斯特大学和坎布里亚大学的图书馆，以及优秀的兰开夏郡图书馆服务中心。在几次研讨会中，我介绍了本书的内容，这些研讨会的主办方包括曼彻斯特大学科学、技术和医学史中心，兰卡斯特大学和坎布里亚大学，我对所有与会者表示感谢。

罗伯特·普尔

图书在版编目（CIP）数据

地出 ： 人类初次看见完整地球 / （英）罗伯特·普尔（Robert Poole）著 ； 吴季， 许永建译. -- 南京 ： 译林出版社， 2025. 4. -- ISBN 978-7-5753-0323-1

Ⅰ. P183-49

中国国家版本馆CIP数据核字第20242FY392号

著作权合同登记号　图字：10-2022-328号

地出：人类初次看见完整地球　[英国] 罗伯特·普尔 / 著　吴　季　许永建 / 译

责任编辑　侯擎昊
装帧设计　吴　悠
校　　对　王　敏　施雨嘉
责任印制　闻媛媛

出版发行　译林出版社
地　　址　南京市湖南路1号A楼
邮　　箱　yilin@yilin.com
网　　址　www.yilin.com
市场热线　025-86633278
排　　版　南京展望文化发展有限公司
印　　刷　南京新世纪联盟印务有限公司
开　　本　718毫米 ×1000毫米　1/16
印　　张　17.5
插　　页　4
版　　次　2025年4月第1版
印　　次　2025年4月第1次印刷
书　　号　ISBN 978-7-5753-0323-1
定　　价　79.00元